A mio figlio

Sergio Margarita

A mia madre

Ernesto Salinelli

S. Margarita, E. Salinelli

MultiMath

Matematica Multimediale
per l'Università

 Springer

SERGIO MARGARITA
Dipartimento di Statistica e Matematica
Applicata alle Scienze Umane "Diego de Castro"
Università di Torino, Torino

ERNESTO SALINELLI
Dipartimento di Scienze Economiche
e Metodi Quantitativi
Università del Piemonte Orientale, Novara

Parte del presente manuale è stata originariamente pubblicata dai due autori
con il titolo:
Appunti di matematica generale
Copyright DATANOVA Srl - Guido Tommasi Editore
Via de' Togni 27 - 20123 Milano

ISBN 978-88-470-0228-9

Springer-Verlag fa parte di Springer science+Business Media

springer.com

© Springer-Verlag Italia, Milano 2004
1a ristampa con modifiche novembre 2004
2a ristampa senza modifiche marzo 2008
3a ristampa senza modifiche giugno 2014
4a ristampa senza modifiche ottobre 2016
5a ristampa senza modifiche febbraio 2017
6a ristampa senza modifiche novembre 2018
7a ristampa senza modifiche agosto 2019
8a ristampa senza modifiche febbraio 2020

9

Riprodotto da copia camera-ready fornita dagli autori
Progetto grafico della copertina: Simona Colombo, Milano
Stampato in Italia: Intergrafica srl, Azzano San Paolo (Bergamo)

Springer-Verlag Italia Srl, Via Decembrio 28, 20137 Milano

Prefazione

Gli ultimi anni hanno visto l'affermarsi impetuoso a livello planetario di Internet, che ha modificato profondamente il modo di comunicare, di inviare, ricevere e cercare informazioni.

Il linguaggio delle nuove generazioni è sempre più permeato da espressioni quali "navigare" o "scaricare", dal preciso e peculiare significato nel mondo del Web.

Anche il mondo della matematica e del suo insegnamento ha risentito dell'affermarsi della nuova era informatica. Accanto all'amata coppia gesso-lavagna sempre di più il matematico è chiamato a confrontarsi con le nuove forme di comunicazione, multimediali e non.

L'avvento della riforma degli ordinamenti didattici ha comportato, in gran parte delle Facoltà universitarie italiane, sia in termini di contenuti, sia in termini di modalità di insegnamento, un ripensamento dei corsi del primo triennio, in particolare dei corsi di matematica che, in quanto corsi di base, sono spesso stati "ridotti" per dare maggior spazio ai corsi professionalizzanti.

L'opera che qui presentiamo è un tentativo, sviluppato in più anni di lavoro e sperimentazione, di raccogliere e rispondere ad alcune delle sfide summenzionate.

Innanzitutto nella scelta del supporto, che consente un approccio multimediale alla materia. Il formato scelto, quello elettronico, organizzato in un agile CD-ROM, permette il raggiungimento di differenti obiettivi: da una parte il superamento dei vincoli di spazio imposti dal supporto cartaceo, dall'altro la facilità di movimento in questo mare di informazioni grazie alla presenza costante nel testo di numerosi link ipertestuali, di riferimenti ai simboli adoperati e al loro significato, di pulsanti di navigazione, nonché di un indice e di un glossario sempre accessibili. È così possibile organizzare uno studio "a tutto campo", costruendo un percorso individuale personalizzato, difficile, se non impossibile, con un'opera cartacea.

Ciascun argomento presentato è organizzato in alcune pagine "teoriche" il più possibile autocontenute ma affiancate da grafici, esemplificazioni, esercizi interamente svolti e con diversi livelli di spiegazione. La dimostrazione dei teoremi, nonché numerosi complementi, sono accessibili a richiesta, consentendo così uno studio più approfondito.

Il CD-ROM si esplora con un semplice browser, dunque il nostro invito è quello di navigarci. La possibilità di muoversi solamente "cliccando" ha reso di fatto superflua ogni forma di numerazione delle pagine, delle definizioni, teoremi, osservazioni, formule, ecc.

L'organizzazione del materiale, tipico dei contenuti dei corsi di Matematica del primo anno di molte Facoltà, ben si presta ad un utilizzo sia ai fini dell'autoapprendimento, sia quale supporto ad un corso in presenza.

Ma il CD-ROM è destinato in una certa misura anche ai colleghi docenti: grazie ad un computer portatile o alla rete informatica della propria Facoltà, può facilmente essere utilizzato in aula.

Proprio a questo fine, consapevoli che l'informatizzazione dei mezzi di comunicazione sia un processo ancora in divenire, nient'affatto concluso, abbiamo deciso di affiancare al CD-ROM due ulteriori supporti.

Il primo, questo manuale, raccoglie una selezione, basata sulle esperienze didattiche degli autori, di alcune pagine del CD-ROM, opportunamente adattata al formato cartaceo. Dunque, non un libro, bensì una raccolta di pagine, volutamente scarna e priva di tutte quelle componenti, quali dimostrazioni, esemplificazioni, esercizi, che ne appesantirebbero l'utilizzo. Non proponiamo un libro con un CD-ROM allegato, ma un CD-ROM con un manuale allegato.

Il manuale ha proprio lo scopo di facilitare lo studente sia nel seguire la lezione senza il pesante fardello di trascrivere tutte le informazioni "scritte alla lavagna", sia nel sintetizzare alcuni punti fondamentali, più diffusamente sviluppati nel CD-ROM, rendendoli disponibili anche a computer spento.

Il secondo, dedicato esclusivamente al docente, previa richiesta di password all'editore (scrivere a bonadei@springer.it), riguarda il materiale presente in questo manuale, ma presentato in forma di lucidi (in formato Adobe PDF), suddivisi per capitoli, disponibili per l'utilizzo in aula. Così ogni docente ha a disposizione "lo scheletro" delle proprie lezioni, sul quale poi, in perfetta autonomia, grazie al proprio apporto di conoscenze, esperienza, gusto e fantasia, costruire il percorso completo da presentare ai propri allievi.

Vogliamo innanzitutto ringraziare l'editore Springer-Verlag Italia per il coraggio con il quale ha accolto ed appoggiato un'iniziativa che immodestamente ci spingiamo a definire innovativa, sicuramente una scommessa nei confronti dell'editoria tradizionale.

Un ringraziamento va poi a Guido Tommasi e all'editore DATANOVA per l'entusiasmo con il quale ci hanno permesso di sperimentare per tre anni con successo la possibilità di fare lezione con la traccia dei lucidi, mettendo a disposizione degli studenti la raccolta degli stessi, puntualmente all'inizio del corso.

Ringraziamo Paola Tamagnone, la cui qualificata collaborazione, costante e paziente, nella redazione del testo e nell'informatizzazione del materiale è stata determinante. E questo non soltanto per averci consentito di rispettare le scadenze, ma soprattutto per aver dato un senso compiuto alla mole di materiale preparato nei numerosi anni di sviluppo dell'opera.

Ad Alessandra Biglio, Francesca Centrone e Marina Marena va un ringraziamento per la precisa ed efficace ricerca degli errori nella prima stesura del manuale. Un ringraziamento va anche a Francesco Merlo per la collaborazione nel rendere il CD-ROM compatibile con Linux.

La responsabilità di errori che fossero rimasti nel CD-ROM, nel manuale o nei lucidi, rimane esclusivamente a carico degli autori.

Un sentito ringraziamento va infine anticipatamente al navigatore o lettore che ci vorrà accompagnare in questa avventura multimediale di studio della matematica e al quale saremo grati di segnalarci eventuali errori o disomogeneità di esposizione.

Milano, Torino, Luglio 2003   Gli Autori

Guida alla navigazione

Il CD-ROM è stato realizzato in modo da non richiedere nessuna installazione sul personal computer dove viene utilizzato, sul quale non viene quindi modificato nessun file di configurazione del sistema operativo. Si evita in questo modo di creare conflitti con altri programmi preesistenti. L'intera opera è consultabile direttamente dal CD-ROM.

Il video e il browser

Per utilizzare il CD-ROM occorre disporre di uno dei seguenti browser:

- Microsoft Internet Explorer, versione 5.5 o successiva, disponibile insieme al sistema operativo Microsoft Windows
- Mozilla, versione 1.4 o successiva, liberamente scaricabile dal sito http://www.mozilla.org e disponibile per Apple Macintosh (sistema operativo Mac OS X), Linux, nonché diverse versioni di Unix, oltre che per Windows.

È preferibile attivare la visualizzazione del browser a pieno schermo (tasto F11), per evitare di dover scorrere eccessivamente le pagine.
La risoluzione minima raccomandata per il video è di 800 × 600. Risoluzioni superiori consentono una migliore fruibilità dei contenuti.

L'accesso al CD-ROM

Con il browser, aprire la pagina index.htm presente nella cartella principale del CD-ROM. Se l'unità a CD-ROM è installata come unità D:, allora D:\index.htm sarà la pagina da aprire. Da questa prima pagina, si passa all'indice generale cliccando sul pulsante *Inizia*.

La navigazione

La navigazione nei contenuti del CD-ROM può avvenire in diversi modi ed in particolare tramite:

- l'indice generale o quello dei singoli capitoli
- i pulsanti di navigazione presenti nella parte destra della videata

- il richiamo ai simboli
- il richiamo ai matematici
- il glossario
- le funzioni standard del browser
- i collegamenti (link) ipertestuali presenti nel testo.

Gli indici

L'indice generale elenca, oltre al glossario, i dieci capitoli in cui sono organizzati i contenuti. Scegliendo uno dei link, appare nella parte destra, oltre al titolo del capitolo, il dettaglio degli argomenti trattati nel capitolo stesso.

Nella parte destra, scegliendo il titolo del capitolo, si accede all'indice dettagliato del capitolo stesso; scegliendo un singolo argomento, vi si accede direttamente.

L'indice di ogni capitolo riporta l'intera struttura dei temi trattati organizzata su due livelli: argomenti e sotto-argomenti, tutti sotto forma di link di accesso.

In tutte le pagine del CD-ROM:

- cliccando sul logo della Springer presente in alto a sinistra della videata, si ritorna all'indice generale
- è presente sulla sinistra l'indice dei capitoli e degli argomenti del capitolo corrente. L'argomento in corso di visualizzazione è evidenziato in rosso.

I pulsanti di navigazione

Nella parte destra della videata sono visualizzati, a seconda del contesto, i pulsanti di navigazione, che hanno il seguente significato:

Pagina successiva	Va alla pagina successiva, nell'ordine di esposizione degli argomenti
Pagina precedente	Va alla pagina precedente, nell'ordine di esposizione degli argomenti
Mail	Permette, se si è collegati ad Internet, di inviare un messaggio di posta elettronica agli autori
Esercizio	Richiama un esercizio da svolgere attinente all'argomento appena illustrato
Suggerimento	Visualizza un suggerimento per agevolare lo svolgimento dell'esercizio. Possono esserci più suggerimenti, a cascata, per lo stesso esercizio

Soluzione	Visualizza la soluzione dell'esercizio proposto
Spiegazione	Visualizza la spiegazione e la giustificazione della risposta all'esercizio proposto
Dimostrazione	In corrispondenza delle pagine dove è enunciato un teorema, consente di visualizzarne la dimostrazione
Approfondimento	Richiama un complemento destinato ad approfondire maggiormente gli aspetti teorici dell'argomento esposto. Possono esserci più approfondimenti per lo stesso argomento: in tal caso i pulsanti sono identificati con *Primo approfondimento* e *Secondo approfondimento*
Fine approfondimento	Consente di uscire dall'approfondimento e di tornare alla pagina di testo in cui viene proposto l'approfondimento stesso
Aiuto	Presente in tutte le pagine, permette di visualizzare il testo di aiuto
Glossario	Presente in tutte le pagine, permette di accedere al glossario nel quale effettuare una consultazione alfabetica dei termini impiegati

Il richiamo ai simboli

Nella parte centrale della videata, a sinistra sotto il testo, possono essere presenti alla voce I SIMBOLI uno o più richiami ai principali simboli presenti nella pagina. Il simbolo stesso e il suo nome costituiscono un link alla pagina in cui è definito. Il ritorno alla pagina corrente deve avvenire tramite il pulsante *Indietro* (*back*) del browser.

Il richiamo ai matematici

Nella parte centrale della videata, a destra sotto il testo, possono essere presenti alla voce I MATEMATICI uno o più richiami ai matematici citati nella pagina. La foto in formato ridotto (quando disponibile) del matematico e il suo nome costituiscono un link ad una sintetica biografia che viene visualizzata in una piccola finestra che si sovrappone a quella corrente. Il ritorno alla pagina corrente avviene chiudendo la finestra della biografia, o tramite il pulsante di chiusura della finestra (in alto a destra), o tramite il link *Chiudi* presente nella pagina.

Il glossario

Nell'indice generale e nell'indice di ogni capitolo si accede al glossario tramite un link in fondo alla colonna di sinistra. In tutte le pagine interne un apposito pulsante di navigazione è presente nella parte destra della videata.

Organizzato in ordine alfabetico, il glossario permette di ricercare i principali termini ed accedere immediatamente alla pagina in cui sono definiti. Anche qui, una volta consultato il glossario, il ritorno alla pagina corrente avviene tramite il pulsante *Indietro* (*back*) del browser.

Le funzioni standard del browser

Il pulsante *Indietro* (*back*) del browser consente, nell'ambito della cronologia di consultazione, di visualizzare la pagina precedentemente consultata. In particolare è da usare per ritornare alla pagina corrente dopo aver consultato il glossario, richiamato un simbolo o navigato tramite un link.

Il pulsante *Avanti* (*forward*) del browser consente, nell'ambito della cronologia di consultazione, di visualizzare la pagina successiva che è stata consultata.

I collegamenti ipertestuali

La navigazione infine può avvenire attraverso l'uso dei collegamenti ipertestuali ed in particolare:

- cliccando sulle parole blu sottolineate presenti nel testo, si accede alla definizione o all'argomento corrispondente. Il ritorno alla pagine precedente avviene con il pulsante *Indietro* del browser

- cliccando sull'icona che rappresenta un grafico, quando presente nel testo, viene visualizzato un grafico (animato se si usa Internet Explorer) attinente all'argomento corrente.

Le zone della pagina alle quali corrispondono link ipertestuali si riconoscono per il cambiamento di aspetto del cursore che assume la forma di una mano.

A volte compare, prevalentemente nelle dimostrazioni, un pallino giallo in corrispondenza di alcuni simboli che consente, a richiesta, di visualizzare la giustificazione di un passaggio. È sufficiente per questo posizionarvi sopra il cursore con il mouse, senza cliccare.

La struttura dei contenuti

L'insieme degli argomenti contenuti nel CD-ROM è strutturato in quattro categorie:

- il testo
- gli esercizi
- gli approfondimenti
- i test di autovalutazione.

Il testo

Le pagine di testo vero e proprio sono quelle prevalenti nell'esposizione dei contenuti. Presentano la parte più teorica degli argomenti quali le definizioni, le proprietà e i teoremi. Al termine di ogni argomento vengono proposti numerosi esempi destinati ad illustrare quanto appena esposto.

Gli esercizi

Dopo l'esposizione teorica e gli esempi, vengono proposti esercizi, tutti interamente svolti, ai quali si può accedere tramite il pulsante che compare a destra nella pagina. A seconda dell'argomento e del grado di difficoltà, lo svolgimento dell'esercizio è strutturato in modo diverso. I pulsanti di navigazione che compaiono permettono di accedere a queste diverse modalità:

Esercizio	Richiama un esercizio da svolgere attinente all'argomento appena illustrato
Suggerimento	Si riceve un suggerimento per impostare la risoluzione dell'esercizio. Alcuni esercizi propongono più suggerimenti, in sequenza
Soluzione	Si accede alla soluzione dell'esercizio o presentata con il procedimento dettagliato, o sotto forma di sola risposta
Spiegazione	Nel caso di soluzione sotto forma di sola risposta, si accede alla spiegazione dettagliata del procedimento da seguire

Talvolta in una stessa pagina sono proposti più esercizi: in questo caso è possibile accedere alla soluzione, ed eventualmente alla spiegazione, cliccando rispettivamente sul pallino celeste (che compare sopra il numero dell'esercizio) o sull'espressione matematica. In questi casi sono presenti delle nuvolette (call-out) di spiegazione che illustrano le modalità da seguire.

Queste diverse possibilità permettono al lettore di adattare il proprio studio sulla base delle sue conoscenze e del grado di dimestichezza che ha con l'argomento trattato.

Gli approfondimenti

Gli approfondimenti sono destinati a completare lo studio con l'analisi di argomenti più avanzati oppure con maggiori dettagli, non facenti parte di un livello base. Come accennato in precedenza, l'ingresso e l'uscita dal testo di approfondimento avviene con due specifici pulsanti (*Approfondimento* e *Fine approfondimento*). Uscendo dall'approfondimento, si ritorna alla prima pagina di testo che precede l'approfondimento stesso. La navigazione all'interno dell'approfondimento avviene con i soliti pulsanti di *Pagina successiva* e *Pagina precedente*.

In ogni capitolo dove sono presenti, una visione d'insieme degli approfondimenti è fornita dall'ultima pagina che ne presenta un indice.

I test di autovalutazione

Per ogni capitolo sono presenti dei test di autovalutazione, accessibili tramite la corrispondente voce dell'indice. Ogni test si compone di dieci domande, estratte casualmente dall'insieme dei test, alle quali si risponde scegliendo una fra le quattro soluzioni proposte. Fra le quattro risposte, una sola è quella corretta. Al termine del test, viene comunicato il punteggio ottenuto. È allora possibile:

- procedere alla correzione delle risposte, visualizzando per ognuna delle domande, la risposta scelta, l'esito e la motivazione per la quale questa è giusta o sbagliata
- richiedere lo svolgimento di altri test
- tornare all'indice generale.

Marchi registrati

Macintosh, Mac OS X sono marchi registrati di Apple Corporation, Inc. Microsoft, Windows, Internet Explorer sono marchi registrati di Microsoft Corporation. Tutti i nomi dei prodotti e società citati nel testo sono marchi registrati appartenenti alle rispettive società.

Indice

1. Nozioni introduttive

1.1 Elementi di teoria degli insiemi

Nel linguaggio comune una serie di termini, come ad esempio squadra, folla, pineta, servono per indicare un aggregato di oggetti caratterizzati da una o più caratteristiche comuni.

Anche nel linguaggio matematico vi è l'esigenza di far riferimento a collezioni di oggetti che siano univocamente distinguibili mediante qualche loro proprietà.

Si introduce quindi la nozione di insieme e si presentano alcune operazioni che permettono di combinarli fra loro.

Insiemi

La nozione di **insieme** si considera primitiva, nel senso che non ne viene fornita una definizione basata su concetti più elementari

Intuitivamente, riteniamo ben definito un insieme, identificabile anche con espressioni equivalenti come collezione, aggregato, famiglia, quando si riesce a stabilire quali sono gli oggetti che ne fanno parte.

Gli oggetti che costituiscono un dato insieme si dicono **elementi** dell'insieme stesso.

Si indica un insieme con una lettera maiuscola dell'alfabeto, i suoi elementi con la corrispondente lettera minuscola, generalmente dotata di un indice ove sia necessario distinguere fra loro gli elementi stessi. Ad esempio, se consideriamo l'insieme S "squadra di calcio", allora i suoi elementi sono gli undici giocatori $s_1, s_2, \ldots, s_{11}$ (si può estendere tale concetto considerando le riserve ...).

Descrizione di un insieme

Si può descrivere formalmente un insieme per elencazione dei suoi elementi, che vengono indicati fra parentesi graffe, ad esempio:

$$A = \{a_1, a_2, a_3, \ldots\}$$

ove i puntini stanno ad indicare la presenza di eventuali altri elementi. In alternativa, ove l'elencazione non risultasse possibile od opportuna, si può descrivere un insieme mediante la proprietà che accomuna i propri elementi. Scriviamo

$$X = \{x : \ P(x)\}$$

per indicare che sono elementi dell'insieme X tutte le x che soddisfano la proprietà rappresentata dal predicato $P(x)$.
Osserviamo inoltre che:

- un insieme è costituito da elementi a due a due distinti, cioè *sono vietate le ripetizioni*;
- *non conta l'ordine con il quale si elencano gli elementi di un insieme.*

Simbolo di appartenenza

Per indicare che un oggetto è elemento dell'insieme X si usa il simbolo di appartenenza $\in$.
La scrittura

$$x \in X$$

si legge "x appartiene ad X".
Per indicare che x non è elemento di X , si utilizza il simbolo di non appartenenza $\notin$.
La scrittura

$$x \notin X$$

si legge "x non appartiene ad X".

Insieme universo e insieme vuoto

Nella definizione di insieme è utile pensare di aver fissato a priori un insieme, detto **insieme universo** (o **insieme ambiente**) e spesso indicato con U, nel quale sono inclusi tutti gli insiemi.
È opportuno anche introdurre il cosiddetto insieme vuoto, indicato con $\emptyset$, caratterizzato dal fatto di non avere elementi.

Uguaglianza fra insiemi

Definizione *Due **insiemi** A e B si dicono **uguali**, e si scrive*

$$A = B$$

se e solo se hanno tutti gli elementi uguali, cioè:

$$\forall x : \quad x \in A \quad \Leftrightarrow \quad x \in B .$$

*Due insiemi A e B si dicono **differenti** e si scrive*

$$A \neq B$$

se esiste almeno un oggetto che è elemento di uno solo dei due insiemi.

Proprietà dell'uguaglianza fra insiemi

L'uguaglianza fra insiemi gode delle seguenti proprietà:

- **Proprietà riflessiva**:

$$\forall A : \quad A = A$$

- **Proprietà simmetrica**:

$$\forall A, \forall B : \quad A = B \quad \Leftrightarrow \quad B = A$$

- **Proprietà transitiva**:

$$\forall A, \forall B, \forall C : \quad (A = B) \wedge (B = C) \quad \Rightarrow \quad (A = C) .$$

Diagrammi di Venn

Gli insiemi si possono "rappresentare graficamente" mediante i cosiddetti **diagrammi di Venn**.
L'insieme universo U si rappresenta di solito con un rettangolo e gli altri insiemi come cerchi (o ovali) contenuti in tale rettangolo.

Inclusione e sottoinsiemi

Definizione   *Un insieme A si dice:*

- ***incluso** nell'insieme B, e si scrive $A \subseteq B$ (oppure $B \supseteq A$), se ogni elemento di A è anche elemento di B, cioè se:*

$$\forall x : \quad x \in A \quad \Rightarrow \quad x \in B .$$

*In tal caso si dice che A è **sottoinsieme** di B;*

- **strettamente incluso** *nell'insieme* B, *e si scrive* $A \subset B$ *(oppure* $B \supset A$*), se ogni elemento di* A *appartiene a* B *ma esiste (almeno) un elemento di* B *che non appartiene ad* A*, cioè se:*

$$(\forall x: \quad x \in A \quad \Rightarrow \quad x \in B) \wedge (\exists x \in B: x \notin A) \ .$$

In tal caso si dice che A *è* **sottoinsieme proprio** *di* B.

L'insieme vuoto è sottoinsieme di qualsiasi insieme A:

$$\forall A: \quad \emptyset \subseteq A \ .$$

Si noti che se un insieme A è sottoinsieme proprio di un insieme B, allora è anche sottoinsieme di B, cioè vale l'implicazione:

$$A \subset B \quad \Rightarrow \quad A \subseteq B \ .$$

Non vale invece l'implicazione inversa:

$$A \subseteq B \quad \not\Rightarrow \quad A \subset B$$

dato che A e B potrebbero coincidere.

Infatti, la scrittura $A \subseteq B$ significa

$$A \subset B \quad \text{oppure} \quad A = B \ .$$

Per indicare che un insieme A non è sottoinsieme di un insieme B si usa la scrittura:

$$A \not\subseteq B$$

e si legge "A non è incluso in B".

Precisamente, $A \not\subseteq B$ se esiste almeno un elemento di A che non è un elemento di B, cioè se:

$$\exists x \in A: \quad x \notin B \ .$$

Allo stesso modo, per indicare che A non è un sottoinsieme proprio di B si usa la scrittura

$$A \not\subset B$$

e si legge "A non è strettamente incluso in B".

Precisamente, $A \not\subset B$ se esiste almeno un elemento di A che non è un elemento di B, oppure se i due insiemi sono uguali, cioè se:

$$(\exists x \in A: \quad x \notin B) \vee (A = B) \ .$$

L'uguaglianza fra due insiemi si può esprimere mediante l'inclusione. Due insiemi A e B sono uguali se A è sottoinsieme di B e allo stesso tempo B è sottoinsieme di A:

$$A = B \quad \Leftrightarrow \quad (A \subseteq B) \wedge (B \subseteq A) \ .$$

Proprietà dell'inclusione

L'inclusione gode delle seguenti proprietà:

- **Proprietà riflessiva**:

$$\forall A : \quad A \subseteq A$$

- **Proprietà antisimmetrica**:

$$\forall A, \forall B : \quad (A \subseteq B) \wedge (B \subseteq A) \quad \Rightarrow \quad A = B$$

- **Proprietà transitiva**:

$$\forall A, \forall B, \forall C : \quad (A \subseteq B) \wedge (B \subseteq C) \quad \Rightarrow \quad A \subseteq C \ .$$

Operazioni fra insiemi

Attraverso le nozioni di uguaglianza ed inclusione si opera un confronto fra due (o più) insiemi per verificare se fra questi esiste una qualche "gerarchia".

È opportuno però fornire anche delle regole che consentano di "combinare" fra loro due (o più) insiemi per "generare" nuovi insiemi.

Tali regole si basano esclusivamente su un uso particolare della nozione di appartenenza e della sua negazione.

Definizione *Si dice **unione** di due insiemi A e B l'insieme, indicato con $A \cup B$, costituito da tutti gli elementi che appartengono ad A oppure a B:*

$$A \cup B = \{x : \ x \in A \ \text{oppure} \ x \in B\} \ .$$

Proprietà dell'unione

L'unione gode delle seguenti proprietà:

- **Proprietà di idempotenza**:

$$\forall A : \quad A \cup A = A$$

- **Proprietà commutativa**:
$$\forall A, \forall B : \qquad A \cup B = B \cup A$$

- **Proprietà associativa**:
$$\forall A, \forall B, \forall C : \quad (A \cup B) \cup C = A \cup (B \cup C)$$

Definizione *Si dice **intersezione** di due insiemi A e B l'insieme, indicato con $A \cap B$, costituito da tutti gli elementi che appartengono sia ad A sia a B:*
$$A \cap B = \{x : \ x \in A \text{ e } x \in B\} \ .$$

Due insiemi si dicono **disgiunti** se la loro intersezione è vuota:
$$A \cap B = \emptyset \ .$$

Proprietà dell'intersezione

L'intersezione gode delle seguenti proprietà:

- **Proprietà di idempotenza**:
$$\forall A : \qquad A \cap A = A$$

- **Proprietà commutativa**:
$$\forall A, \forall B : \qquad A \cap B = B \cap A$$

- **Proprietà associativa**:
$$\forall A, \forall B, \forall C : \qquad (A \cap B) \cap C = A \cap (B \cap C)$$

Inoltre, valgono le seguenti **proprietà distributive**:
$$\forall A, \forall B, \forall C : \ A \cup (B \cap C) = (A \cup B) \cap (A \cup C)$$
$$\forall A, \forall B, \forall C : \ A \cap (B \cup C) = (A \cap B) \cup (A \cap C)$$

Definizione *Si dice **differenza** di due insiemi A e B l'insieme, indicato con $A \backslash B$ (oppure $A - B$), costituito dagli elementi dell'insieme A che non sono elementi di B:*
$$A \backslash B = \{x : \ x \in A \ \text{ e } \ x \notin B\} \ .$$

Definizione *Si dice **complementare** di un insieme $A \subseteq U$ rispetto all'insieme U l'insieme, indicato con A^C, costituito dagli elementi di U che non appartengono ad A :*

$$A^C = \{x \in U : \ x \notin A\} \ .$$

Proprietà della complementazione

La complementazione gode delle seguenti proprietà:

- **Proprietà involutoria**: $\forall A : \quad \left(A^C\right)^C = A$

- **Leggi di De Morgan**:

$$\forall A, \forall B : \ (A \cup B)^C = A^C \cap B^C$$

$$\forall A, \forall B : \ (A \cap B)^C = A^C \cup B^C \ .$$

Definizione *Dati due insiemi A e B si dice **prodotto cartesiano** di A per B, l'insieme, indicato con $A \times B$, costituito da tutte le coppie ordinate (a, b) il cui primo elemento è un qualsiasi elemento dell'insieme A e il secondo elemento è un qualsiasi elemento di B:*

$$A \times B = \{(a, b) : \ a \in A, \ b \in B\} \ .$$

In generale $A \times B \neq B \times A$.
Per il prodotto cartesiano vale la

- **Proprietà associativa:**

$$\forall A, \forall B, \forall C : \quad (A \times B) \times C = A \times (B \times C)$$

Nella definizione di prodotto cartesiano di due insiemi A e B non vi è alcuna necessità che i due insiemi siano distinti.
Per indicare il prodotto cartesiano di un insieme A per se stesso, si impiega la notazione A^2 :

$$A^2 = A \times A \ .$$

Si può considerare il prodotto cartesiano di più di due insiemi:
se A_1, A_2, ..., A_n sono n insiemi, allora il prodotto cartesiano

$$A_1 \times A_2 \times \cdots \times A_n$$

è l'insieme delle n-uple ordinate $(a_1, a_2, \ldots, a_n)$ ove $a_1 \in A_1$, $a_2 \in A_2$, $\ldots$, $a_n \in A_n$.

Se $A_1 = A_2 = \cdots = A_n$, si scriverà per semplicità:

$$A^n = \underbrace{A \times A \times \cdots \times A}_{n \text{ volte}} .$$

Insiemi numerici

La definizione di numero, come quella di insieme, è primitiva, sfugge ad un approccio definitorio. Non possiamo quindi fare altro che invitare chi legge a pensare all'esigenza, non meglio precisata, di contare, di misurare.

Nel seguito prenderemo in considerazione alcuni insiemi numerici. Perché tale abbondanza? Possiamo affermare intuitivamente che i numeri servono non solo per contare ma anche per poter fare operazioni, ordinare e così via. Varie esigenze hanno condotto ad una estensione progressiva del concetto di numero a partire da quella più familiare di numero naturale.

1.2 Insieme dei numeri naturali

Definizione *Si definisce **insieme dei numeri naturali** l'insieme:*

$$\mathbb{N} = \{0, 1, 2, 3, \ldots\} .$$

Un generico numero naturale verrà spesso indicato con la lettera n; quindi, per affermare che n è un numero naturale scriveremo $n \in \mathbb{N}$. Indicheremo invece con $\mathbb{N}_0$ l'insieme dei numeri naturali privato dello zero:

$$\mathbb{N}_0 = \mathbb{N} \setminus \{0\} .$$

Operazioni fra numeri naturali

Sull'insieme dei numeri naturali si definiscono le **operazioni** di **addizione** e **moltiplicazione** che, a partire da due qualsiasi numeri naturali ne forniscono un terzo, il "risultato" dell'operazione.

Ciascuna di tali operazioni gode delle **proprietà associativa**, **commutativa** e **di esistenza dell'elemento neutro**.

Inoltre, fra le due operazioni introdotte esiste una "compatibilità" espressa dalla cosiddetta **proprietà distributiva**.

A partire dalla moltiplicazione si definisce poi l'**operazione di elevamento a potenza**.

Definizione *Dato un numero naturale* a, *definiamo l'operazione di* **elevamento di** a **alla potenza** n, *con* n *numero naturale maggiore di 1, l'operazione che corrisponde a moltiplicare* a *per se stesso* n *volte:*

$$a^n = \underbrace{a \cdot a \cdot \cdots \cdot a}_{n \text{ volte}} \ .$$

Il numero a *si dice* **base**, *il numero* n *si dice* **esponente** *(si legge "a alla n").*

Si pone inoltre
$$a^0 = 1 \qquad\qquad a^1 = a \ .$$

La scrittura 0^0 è priva di significato matematico.

Proprietà delle potenze

Valgono le seguenti proprietà dell'elevamento a potenza:

- $1^n = 1$ $\forall n \in \mathbb{N}$
- $0^n = 0$ $\forall n \in \mathbb{N}_0$
- **Prodotto di potenze:** $\forall a \in \mathbb{N}, \forall n, m \in \mathbb{N}_0:$ $a^{n+m} = a^n \cdot a^m$
- **Potenza di un prodotto:** $\forall a, b \in \mathbb{N}, \forall n \in \mathbb{N}_0:$ $(a \cdot b)^n = a^n \cdot b^n$
- **Potenza di potenza:** $\forall a \in \mathbb{N}, \forall n, m \in \mathbb{N}_0:$ $(a^n)^m = a^{n \cdot m} \ .$

Ordinamento

Dato un numero naturale n, poiché esiste il suo **successivo** $n + 1$ è possibile elencare i numeri naturali a partire dallo 0, fornendo ad $\mathbb{N}$ un ordinamento naturale.

Per indicare quale gerarchia sussiste fra due numeri naturali faremo uso dei due simboli

$$> \text{ che si legge "maggiore"}$$

$$< \text{ che si legge "minore".}$$

Dati due numeri naturali n, m diciamo che n **è minore di** m, e scriviamo $n < m$, se n precede m nella successione naturale, ossia se esiste un numero naturale non nullo h tale che $m = n + h$.

L'**ordinamento** dei numeri naturali è **totale**: dati due qualsiasi numeri naturali n ed m è sempre possibile confrontarli, ossia è sempre vera una ed una sola delle seguenti possibilità:

$$n = m \qquad \text{oppure} \qquad n < m \qquad \text{oppure} \qquad n > m.$$

Per indicare che fra due numeri naturali esiste un **ordinamento in senso debole**, nel senso che i due numeri possono coincidere, si usano i simboli

$$\geq \text{ che si legge "maggiore o uguale"}$$

$$\leq \text{ che si legge "minore o uguale".}$$

che hanno il seguente significato:

$$m \leq n \quad \Leftrightarrow \quad m < n \qquad \text{oppure} \qquad m = n$$
$$m \geq n \quad \Leftrightarrow \quad m > n \qquad \text{oppure} \qquad m = n \, .$$

Fattoriale di un numero naturale

Definizione *Dato un numero naturale $n > 1$ si definisce **fattoriale di** n, indicato con $n!$, il numero naturale che si ottiene moltiplicando n per tutti i numeri che lo precedono nell'ordinamento naturale fino al numero 1:*

$$n! = n\,(n-1)\,(n-2) \cdot \cdots \cdot 3 \cdot 2 \cdot 1 \qquad n \in \mathbb{N} \setminus \{0, 1\} \, .$$

Si pone inoltre:

$$1! = 1 \qquad \text{e} \qquad 0! = 1 \, .$$

Compatibilità fra ordinamento e operazioni

La possibilità di ordinare numeri naturali e allo stesso tempo di addizionarli o moltiplicarli fra loro, conduce a chiedersi se fra questi due modi di trattare i numeri naturali vi sia compatibilità. La risposta affermativa viene sancita dalle due seguenti proprietà:

- **Compatibilità fra ordinamento e addizione:**

$$\forall m, n, p \in \mathbb{N} : \quad m < n \quad \Rightarrow \quad m + p < n + p$$

- **Compatibilità fra ordinamento e moltiplicazione:**

$$\forall m, n \in \mathbb{N}, \, \forall p \in \mathbb{N}_0 : \quad m < n \quad \Rightarrow \quad m \cdot p < n \cdot p$$

1.3 Insieme dei numeri interi

Definizione   *Si definisce insieme dei **numeri interi (relativi)** l'insieme:*

$$\mathbb{Z} = \{\ldots, -3, -2, -1, 0, +1, +2, +3, \ldots\} \ .$$

I numeri -1, -2, -3, $\ldots$, *si dicono **interi negativi**.*
I numeri $+1$, $+2$, $+3$, $\ldots$, *si dicono **interi positivi**.*

Identificheremo il numero intero $+1$ con il numero naturale 1, cioè considereremo sempre valida l'uguaglianza $+1 = 1$, e così via per gli altri interi positivi. In tal modo, $\mathbb{N}$ e $\mathbb{N}_0$ sono sottoinsiemi propri di $\mathbb{Z}$.

Indicheremo con:

- $\mathbb{Z}_0 = \mathbb{Z} \setminus \{0\}$ l'insieme degli interi privato dello zero
- $\mathbb{Z}_+$ l'insieme dei numeri interi positivi
- $\mathbb{Z}_-$ l'insieme dei numeri interi negativi.

Operazioni fra numeri interi

Le operazioni di addizione e moltiplicazione di numeri naturali si estendono agli interi mantenendo le proprietà accennate, alle quali si aggiunge l'**esistenza dell'elemento opposto per l'addizione**. Grazie a tale proprietà è possibile definire una nuova operazione, detta **di sottrazione**, che ad ogni coppia ordinata di numeri interi a, b associa un unico intero, indicato con $a - b$, detto **differenza**, che si ottiene sommando ad a l'opposto di b:

$$\forall a, b \in \mathbb{Z}: \qquad a - b = a + (-b) \ .$$

Rispetto all'operazione di moltiplicazione vale la cosiddetta **regola dei segni**:

- *il prodotto di due numeri entrambi positivi o entrambi negativi è un numero positivo*
- *il prodotto di un numero positivo e un numero negativo è un numero negativo.*

Tale regola si estende facilmente al prodotto di più (di due) numeri interi.

Per quanto riguarda l'elevamento a potenza:

- se la **base** è **intera** e l'**esponente** è un **intero positivo**, allora:

$$a^n = \underbrace{a \cdot a \cdots \cdot a}_{n \text{ volte}} \qquad a \in \mathbb{Z}, \ n \in \mathbb{N}_0$$

Si pone poi:

$$a^0 = 1 \qquad a \in \mathbb{Z}_0 \ .$$

- se la **base** è **intera** e l'**esponente** è un **intero negativo**, l'operazione non è in generale ben definita, nel senso che non è detto che, se $n \in \mathbb{Z}_+$, la scrittura a^{-n} individui un numero intero.

Ordinamento

Sull'insieme $\mathbb{Z}$ si introduce una **relazione d'ordine totale** così definita:

$$\forall a, b \in \mathbb{Z}: \quad b < a \quad \Leftrightarrow \quad a - b \in \mathbb{N}_0 \ .$$

Scriveremo in modo equivalente $a > b$.

Valgono tutte le osservazioni già fatte a proposito dell'ordinamento dei numeri naturali. L'unica differenza notevole sta nell'enunciato della **compatibilità fra moltiplicazione e ordinamento**:

- moltiplicando per lo stesso numero intero positivo due numeri interi, non si modifica il loro ordinamento:

$$\forall z_1, z_2 \in \mathbb{Z}, \forall n \in \mathbb{N}_0 \qquad z_1 < z_2 \quad \Rightarrow \quad n \cdot z_1 < n \cdot z_2$$

- la moltiplicazione per un numero intero negativo inverte l'ordine:

$$\forall z_1, z_2 \in \mathbb{Z}, \forall z \in \mathbb{Z}_- \qquad z_1 < z_2 \quad \Rightarrow \quad z \cdot z_1 > z \cdot z_2 \ .$$

1.4 Insieme dei numeri razionali

Definizione *Si definisce **insieme dei numeri razionali**, indicato con $\mathbb{Q}$, l'insieme delle frazioni che hanno a numeratore un numero intero m, a denominatore un numero intero n non nullo, con m ed n primi fra loro:*

$$\mathbb{Q} = \left\{ \frac{m}{n} : \quad m \in \mathbb{Z}, \ n \in \mathbb{Z}_0, \quad m \text{ ed } n \text{ primi fra loro} \right\} \ .$$

Indicheremo con:

- $\mathbb{Q}_0 = \mathbb{Q} \setminus \{0\}$ l'insieme dei numeri razionali privo dello zero
- $\mathbb{Q}_+$ l'insieme dei numeri razionali positivi
- $\mathbb{Q}_-$ l'insieme dei numeri razionali negativi.

Identificando le frazioni con denominatore uguale a 1 con i numeri interi, vale l'inclusione $\mathbb{Z} \subset \mathbb{Q}$ e quindi

$$\mathbb{N} \subset \mathbb{Z} \subset \mathbb{Q} \,.$$

Operazione di addizione

Definizione *Si definisce **addizione** di due numeri razionali*

$$q_1 = \frac{m_1}{n_1} \qquad e \qquad q_2 = \frac{m_2}{n_2}$$

*con $m_1, m_2 \in Z$ e $n_1, n_2 \in Z_0$, l'operazione che a tali numeri associa un numero razionale detto **somma** di q_1 e q_2, indicato con $q_1 + q_2$, definito da*

$$q_1 + q_2 = \frac{m_1 n_2 + m_2 n_1}{n_1 n_2} \,.$$

Valgono le proprietà commutativa, associativa, di esistenza dell'elemento neutro ed opposto.

Operazione di moltiplicazione

Definizione *Si definisce **moltiplicazione** di due numeri razionali*

$$q_1 = \frac{m_1}{n_1} \qquad e \qquad q_2 = \frac{m_2}{n_2}$$

*con $m_1, m_2 \in Z$ e $n_1, n_2 \in Z_0$, l'operazione che a tali numeri associa un numero razionale detto **prodotto** di q_1 e q_2, indicato con $q_1 \cdot q_2$, definito da*

$$q_1 \cdot q_2 = \frac{m_1 \cdot m_2}{n_1 \cdot n_2} \,.$$

Valgono le proprietà commutativa, associativa, di esistenza dell'elemento neutro e la seguente:

- **Esistenza del reciproco** (o **inverso**):

$$\forall a \in \mathbb{Q}_0, \quad \exists b \in \mathbb{Q}: \quad ab = 1 \,.$$

Il reciproco di un numero razionale a non nullo si indica con a^{-1}.

La moltiplicazione $a \cdot b^{-1}$, $a \in \mathbb{Q}$, $b \in \mathbb{Q}_0$, si dice anche **divisione** di a per b, indicata con $\dfrac{a}{b}$.

Elevamento a potenza

- L'elevamento a potenza è ben definito in $\mathbb{Q}$ quando sia base, sia esponente sono numeri interi:

$$a^0 = 1 \qquad\qquad \forall a \in \mathbb{Z}_0$$

$$a^n = \underbrace{a \cdot a \cdots \cdot a}_{n \text{ volte}} \qquad\qquad \forall a \in \mathbb{Z}, \ \forall n \in \mathbb{Z}_+$$

$$a^{-n} = \frac{1}{a^n} \qquad\qquad \forall a \in \mathbb{Z}_0, \ \forall n \in \mathbb{Z}_+$$

Valgono inoltre le proprietà già individuate a proposito dell'elevamento a potenza di numeri interi.

- Se la base è un numero razionale q e l'esponente n è un intero, allora l'elevamento a potenza è ben definito:

$$q^0 = 1 \qquad\qquad \forall q \in \mathbb{Q}_0$$

$$q^n = \underbrace{q \cdot q \cdots \cdot q}_{n \text{ volte}} \qquad\qquad \forall q \in \mathbb{Q}, \ \forall n \in \mathbb{N}_0$$

$$q^{-n} = \frac{1}{q^n} \qquad\qquad \forall q \in \mathbb{Q}_0, \ \forall n \in \mathbb{N}$$

In ogni caso, q^z, con $q \in \mathbb{Q}_0$ e $z \in \mathbb{Z}$, è un numero razionale.

- Se la base è un numero razionale e anche l'esponente è un numero razionale, allora l'operazione di elevamento a potenza non è ben definita.

Riuscire a definire una potenza con esponente razionale risulta problema complesso anche se la base viene scelta sull'insieme dei numeri naturali.

Ordinamento

Sull'insieme $\mathbb{Q}$ è definita la seguente **relazione d'ordine totale**:

per ogni coppia q_1, $q_2 \in \mathbb{Q}$ tali che $q_1 = m_1/n_1$ e $q_2 = m_2/n_2$, si ha:

$$q_1 \leq q_2 \quad \Leftrightarrow \quad (m_2 n_1 - m_1 n_2)\, n_2 n_1 \leq 0 \ .$$

Scriveremo

$$q_1 < q_2$$

per indicare che

$$q_1 \leq q_2 \quad \text{e} \quad q_1 \neq q_2 \,.$$

Per indicare in termini tecnici che $\mathbb{Q}$ è dotato di due operazioni (addizione e moltiplicazione) dotate di alcune proprietà (commutativa, associativa, esistenza dell'elemento neutro, esistenza dell'elemento opposto) si dice che $\mathbb{Q}$ ha la struttura di **campo** (o **corpo commutativo**).

Inoltre, si ha compatibilità fra la struttura di campo e la relazione d'ordine. Tale compatibilità si esprime analogamente al caso dei numeri interi:

- $\forall a, b, c \in \mathbb{Q}:$ $\qquad\qquad a \geq b \quad \Rightarrow \quad a + c \geq b + c$

- $\forall a, b \in \mathbb{Q}, \ \forall c \in \mathbb{Q}_0:$ $\qquad a \geq b \quad \Rightarrow \quad ac \geq bc$

Per segnalare la coesistenza di una struttura algebrica e di una struttura d'ordine compatibili fra loro, diciamo che $\mathbb{Q}$ è un **campo ordinato**.

Densità dei numeri razionali

L'insieme dei numeri razionali gode, a differenza degli insiemi dei naturali e degli interi, di una particolare **proprietà**, detta **di densità**:

fra due razionali è sempre possibile trovarne un altro.

Formalmente:

$$\forall a, b \in \mathbb{Q} \,, \ \ a < b \ \ \exists c \in \mathbb{Q}: \quad a < c < b \,.$$

Per sottolineare che $\mathbb{N}$ e $\mathbb{Z}$ non sono densi si suole dire che sono **discreti**.

Rappresentazione geometrica dei numeri razionali

Consideriamo una retta. Stabiliamo che spostandosi da sinistra verso destra si incontrino numeri via via maggiori, ossia fissiamo un orientamento evidenziato da una freccia.

Fissiamo poi arbitrariamente due punti sulla retta: un punto O detto origine e un punto U, alla destra di O. A questi due punti associamo, rispettivamente, i numeri 0 e 1.

Il segmento OU si assume come **unità di misura** e ad esso viene assegnata misura $\overline{OU}$ unitaria. Ciò premesso, associamo ad ogni numero naturale n un punto P, a destra dell'origine, tale che la misura del segmento OP sia pari ad n.

Allo stesso modo, ad ogni numero intero relativo z associamo un punto sulla retta che si troverà a destra dell'origine se $z > 0$ e a sinistra dell'origine se $z < 0$.

Per rappresentare sulla retta orientata un numero razionale positivo $q = m/n$ con $m, n \in \mathbb{N}_0$, associamo ad esso un unico punto P sulla retta individuato suddividendo in n parti uguali il segmento OU e successivamente prendendo il segmento la cui lunghezza è esattamente m volte la lunghezza del segmento precedentemente trovato. Si procede allo stesso modo per i numeri razionali negativi, rimanendo a sinistra dell'origine.

Riassumendo:

> *ad ogni numero razionale è possibile associare un unico punto*
> *su una retta (orientata).*

1.5 Insieme dei numeri reali

L'insieme dei numeri razionali è dotato di due strutture, algebrica e d'ordine, che consentono di effettuare le quattro operazioni e il confronto fra numeri. Tuttavia, si scopre che $\mathbb{Q}$ è, per molti scopi, ancora troppo "piccolo".

Ad esempio, nonostante la loro densità, i razionali "non esauriscono" tutti i punti di una retta: rigorosamente, se è vero che ad ogni numero razionale corrisponde un punto sulla retta, non è vero che ad ogni punto di una retta corrisponde un numero razionale.

Un esempio è dato dal punto B che individua il segmento OA, diagonale del quadrato di lato unitario.

Introduciamo allora dei "nuovi" numeri che assieme ai numeri razionali costituiscono un nuovo insieme numerico. A tal fine, ricordiamo che un **allineamento decimale** è una qualsiasi sequenza del tipo

$$\alpha_0, \alpha_1 \alpha_2 \ldots \alpha_n \ldots$$

ove $\alpha_0 \in \mathbb{Z}$ e $\alpha_s \in \{0, 1, \ldots, 9\}$ per ogni $s \in \mathbb{N}_0$.

Numeri irrazionali

Definizione *Un allineamento decimale illimitato non periodico si dice numero irrazionale.*

Un esempio di numero irrazionale è dato dalla misura della diagonale del quadrato unitario, $\sqrt{2}$. Altri esempi sono $\sqrt{3}$, π, e.

Numeri reali

Definizione *Si definisce **numero reale** un qualsiasi allineamento decimale con segno.*

Dunque, l'insieme dei numeri reali, indicato con $\mathbb{R}$, è dato dall'unione degli insiemi dei numeri razionali e dei numeri irrazionali.
Indicheremo con:

- $\mathbb{R}_+$ l'insieme dei numeri reali positivi
- $\mathbb{R}_-$ l'insieme dei numeri reali negativi
- $\mathbb{R}_0$ l'insieme dei reali non nulli

Gli insiemi $\mathbb{N}$, $\mathbb{Z}$ e $\mathbb{Q}$ sono sottoinsiemi propri di $\mathbb{R}$, cioè

$$\mathbb{N} \subset \mathbb{Z} \subset \mathbb{Q} \subset \mathbb{R} \, .$$

Operazioni fra numeri reali

Sull'insieme dei numeri reali si definiscono le operazioni di addizione e moltiplicazione (di difficile definizione, ma non ci soffermiamo sul problema) che godono delle seguenti proprietà:

- **Proprietà dell'addizione**
  - ▷ **commutativa:** $\forall a, b \in \mathbb{R} : \quad a + b = b + a$
  - ▷ **associativa:** $\forall a, b, c \in \mathbb{R} : \quad a + (b + c) = (a + b) + c$
  - ▷ **esistenza dell'elemento neutro:** $\forall a \in \mathbb{R}_0 \quad \exists 0 \in \mathbb{R} : \quad a + 0 = a$
  - ▷ **esistenza dell'elemento opposto:** $\forall a \in \mathbb{R} \quad \exists b \in \mathbb{R} : \quad a + b = 0$
- **Proprietà della moltiplicazione**
  - ▷ **commutativa:** $\forall a, b \in \mathbb{R} : \quad a \cdot b = b \cdot a$
  - ▷ **associativa:** $\forall a, b, c \in \mathbb{R} : \quad a \cdot (b \cdot c) = (a \cdot b) \cdot c$
  - ▷ **esistenza dell'elemento neutro:** $\forall a \in \mathbb{R}_0 \quad \exists 1 \in \mathbb{R} : \quad a \cdot 1 = a$
  - ▷ **esistenza dell'elemento reciproco:** $\forall a \in \mathbb{R}_0 \quad \exists b \in \mathbb{R} : \quad a \cdot b = 1$

Come conseguenza delle proprietà delle operazioni di addizione e moltiplicazione, si possono dimostrare una serie di proprietà, di cui ricordiamo solo:

- **Moltiplicazione per zero**:

$$\forall a \in \mathbb{R} \qquad a \cdot 0 = 0$$

- **Legge di annullamento del prodotto**:

$$\forall a, b \in \mathbb{R} \qquad a \cdot b = 0 \quad \Rightarrow \quad a = 0 \quad \text{oppure} \quad b = 0$$

Equazioni di primo grado in una incognita

Assegnati $a, b \in \mathbb{R}$, si dice **equazione algebrica di primo grado** nell'**incognita** reale x, il problema

$$x \in \mathbb{R} : \qquad ax + b = 0 \ . \tag{*}$$

In generale, si hanno i seguenti casi:

- se $a \neq 0$, allora il problema (*) ammette l'**unica soluzione** $x = -\dfrac{b}{a}$
- se $a = 0$ e $b = 0$, allora il problema (*) è **indeterminato** perché ogni valore di x è soluzione;
- se $a = 0$ e $b \neq 0$, allora il problema (*) è **impossibile** perché non ammette soluzioni.

Simbolo di sommatoria

Definizione *Dati n numeri reali*

$$a_1, a_2, \ldots, a_n$$

indichiamo la loro somma con la seguente notazione:

$$\sum_{k=1}^{n} a_k = a_1 + a_2 + \cdots + a_n \ .$$

La lettera greca *sigma* maiuscolo $\sum$ si dice **simbolo di sommatoria**; il numero naturale si dice **indice della sommatoria**.

Proprietà della sommatoria

Dalle proprietà commutativa e associativa dell'addizione e dalla proprietà distributiva di addizione e moltiplicazione, si deducono le seguenti proprietà del simbolo di sommatoria:

- **Proprietà di additività:** $\displaystyle\sum_{k=1}^{n}(a_k + b_k) = \sum_{k=1}^{n} a_k + \sum_{k=1}^{n} b_k$

- **Proprietà di omogeneità:** $\forall c \in \mathbb{R}:$ $\displaystyle\sum_{k=1}^{n} c \cdot a_k = c \sum_{k=1}^{n} a_k$.

Somma dei termini di particolari progressioni

Supponiamo di dover determinare la somma

$$\sum_{k=0}^{n} a_k$$

di una determinata progressione di numeri reali $a_0, a_1, a_2, \ldots, a_n$ con $n \geq 1$. Se i termini a_k si "evolvono" in modo "casuale" non resta che rassegnarsi ed effettuare il calcolo "nel solito modo". Si noti che anche l'aiuto di un computer non può velocizzare oltre una certa soglia tale procedura dato che comunque bisogna preventivamente procedere all'immissione dei dati da addizionare.

Tuttavia, se i termini si evolvono in alcuni modi particolari, è possibile determinare delle semplici formule che esprimono la somma di tali termini in funzione del loro numero: tali formule ben si prestano alla soluzione di problemi nei più svariati campi applicativi.

Somma dei termini di una progressione aritmetica

I numeri reali

$$a_0, a_1, a_2, \ldots, a_{n-1}$$

si dicono in **progressione aritmetica** se ciascun termine a_k si ottiene addizionando al precedente a_{k-1} un dato numero reale h, detto **ragione** della progressione:

$$a_k = a_{k-1} + h \qquad k = 1, 2, ,\ldots, n-1 .$$

Dalla definizione segue che se a_0 indica il primo termine, allora i termini della progressione possono essere descritti esplicitamente nel seguente modo:

$$a_0, \quad a_0 + h, \quad a_0 + 2h, \quad \ldots, \quad a + (n-2)\,h, \quad a_0 + (n-1)\,h .$$

Dunque, la somma dei primi n termini di una progressione aritmetica di primo termine a_0 e ragione h si scrive mediante il simbolo di sommatoria come

$$\sum_{k=0}^{n-1}(a_0 + kh) = \sum_{k=0}^{n-1}a_0 + \sum_{k=0}^{n-1}kh = a_0 n + h\sum_{k=1}^{n-1}k =$$
$$= a_0 n + h\frac{n(n-1)}{2} .$$

Somma dei termini di una progressione geometrica

I numeri reali

$$a_0, a_1, a_2, \ldots, a_{n-1}$$

si dicono in **progressione geometrica** se ciascun termine a_k si ottiene moltiplicando il precedente a_{k-1} per un dato numero reale q, detto **ragione** della progressione

$$a_k = qa_{k-1} \qquad k = 1, 2, \ldots, n-1 .$$

Dalla definizione segue che se a_0 indica il primo termine, allora i termini della progressione possono essere descritti esplicitamente nel seguente modo:

$$a_0, \ a_0 q, \ a_0 q^2, \ a_0 q^3, \ \ldots, \ a_0 q^{n-2}, \ a_0 q^{n-1} .$$

Dunque, la somma dei primi n termini di una progressione geometrica di primo termine a_0 e ragione q si scrive mediante il simbolo di sommatoria come

$$\sum_{k=0}^{n-1} a_0 q^k .$$

Vale la seguente formula che esprime la somma dei primi termini n di una progressione geometrica in funzione del primo termine, della ragione e del numero degli addendi:

$$\sum_{k=0}^{n-1} a_0 q^k = \begin{cases} a_0 n & q = 1 \\ a_0 \dfrac{1-q^n}{1-q} & q \neq 1 \end{cases}$$

Ordinamento

Sull'insieme dei numeri reali introduciamo un **ordine totale** così definito:

assegnati due numeri reali positivi x_1 e x_2

$$x_1 = +\alpha_0, \alpha_1 \alpha_2 \ldots \alpha_n, \ldots$$
$$x_2 = +\beta_0, \beta_1 \beta_2 \ldots \beta_n, \ldots$$

con $x_1 \neq x_2$, α_0 e β_0 in $\mathbb{N}$, e α_n, $\beta_n \in \{0, 1, 2, \ldots, 9\}$ per ogni $n \in \mathbb{N}_0$ (non tutti nulli), diciamo che x_1 è minore di x_2 e scriviamo

$$x_1 < x_2$$

se e solo se

- $\alpha_0 < \beta_0$, *oppure*
- $\alpha_0 = \beta_0$ *ed esiste un indice $m \in \mathbb{N}_0$ tale che*

$$\alpha_j = \beta_j \quad 1 \leq j \leq m-1 \quad (m > 1)$$

$$\alpha_m < \beta_m$$

Se $x_1 \in \mathbb{R}_-$ e $x_2 \in \mathbb{R}_+ \cup \{0\}$, allora si pone per definizione $x_1 < x_2$. Se $x_1, x_2 \in \mathbb{R}_-$ allora si pone $x_1 < x_2$ se e solo se $-x_1 > -x_2$.

Si dimostra che l'ordinamento introdotto è compatibile con la struttura algebrica nel senso già chiarito a proposito dei numeri razionali. Possiamo dire che $\mathbb{R}$ è un campo ordinato.

Come conseguenza dell'esistenza di una relazione d'ordine totale compatibile con la struttura algebrica di campo, si possono dimostrare una serie di proprietà, delle quali ricordiamo:

- **Segno dell'elemento opposto:** $\forall a \in \mathbb{R}: \quad a \geq 0 \quad \Rightarrow \quad -a \leq 0$
- **Segno della differenza di numeri:**

$$\forall a, b \in \mathbb{R}: \quad a \geq b \quad \Rightarrow \quad a - b \geq 0$$

- **Segno di un quadrato:** $\quad \forall a \in \mathbb{R}: \quad a^2 \geq 0$
- **L'equazione** $x^2 + 1 = 0$ **non ammette soluzione**
- **Segno del reciproco:** $\forall a \in \mathbb{R}: \quad a > 0 \quad \Rightarrow \quad a^{-1} > 0$
- **Disuguaglianza fra reciproci:**

$$\forall a, b \in \mathbb{R}: \quad a > b > 0 \quad \Rightarrow \quad b^{-1} > a^{-1}$$

Disequazioni di primo grado in una incognita

Assegnati $a, b \in \mathbb{R}$, si dice **disequazione algebrica di primo grado** nell'incognita reale x, il problema

$$x \in \mathbb{R}: \qquad ax + b > 0 \ . \qquad\qquad (*)$$

(ove il simbolo $>$ può essere sostituito da $\geq, <, \leq$).

Risolvere una disequazione significa determinare gli eventuali valori dell'**incognita** $x \in \mathbb{R}$ tali che sia soddisfatta la relazione (*).

Osserviamo che:

- se $a = 0$, allora la (*) si riduce a

$$0 > b$$

relazione vera se $b < 0$, falsa se $b \geq 0$ (per ogni x);
- se $a \neq 0$, si presentano due casi:
  - $\triangleright$ se $a > 0$, allora per la compatibilità della moltiplicazione rispetto all'ordinamento, la (*) equivale a (il reciproco $1/a$ esiste perché $a \neq 0$):
  $$\frac{1}{a} \cdot ax > -\frac{1}{a} \cdot b \quad \Rightarrow \quad x > -\frac{b}{a}$$
  - $\triangleright$ se $a < 0$, allora moltiplichiamo entrambi i membri di (*) invertendo il segno di diseguaglianza:
  $$\frac{1}{a} \cdot ax < -\frac{1}{a}ab \quad \Rightarrow \quad x < -\frac{b}{a} \ .$$

Completezza dell'insieme dei numeri reali

L'insieme dei numeri reali $\mathbb{R}$, al pari di $\mathbb{Q}$, è un campo ordinato e dunque, dal punto di vista algebrico e dell'ordinamento, non si può cogliere il "vantaggio" dell'estensione da $\mathbb{Q}$ ad $\mathbb{R}$.

La differenza fondamentale fra i due insiemi sta nella cosiddetta **proprietà di completezza** (o **di continuità**) di $\mathbb{R}$, che si può così formulare:

> *Siano X e Y due sottoinsiemi non vuoti di $\mathbb{R}$; se $\forall x \in X$ e $\forall y \in Y$ si ha $x \leq y$ allora esiste un elemento $\lambda \in \mathbb{R}$ (detto* **elemento separatore***) tale che*
>
> $$\forall x \in X, \ \forall y \in Y \qquad x \leq \lambda \leq y \ .$$

Densità dei numeri razionali e irrazionali

Si dimostra che sia $\mathbb{Q}$ sia $\mathbb{R} \backslash \mathbb{Q}$ sono sottoinsiemi densi in $\mathbb{R}$ nel senso che fra due numeri reali diversi fra loro è sempre possibile trovare sia un numero razionale, sia un numero irrazionale: $\forall x, y \in \mathbb{R}: \ x < y$

- $\exists q \in \mathbb{Q}: \quad x < q < y$
- $\exists p \in \mathbb{R} \backslash \mathbb{Q}: \quad x < p < y$.

Parte intera e frazionaria di un numero reale

Dato un qualsiasi numero reale x, si dice

- **parte intera** di x e si indica con $[x]$, il numero intero m tale che $m \leq x < m + 1$ cioè

$$[x] = \text{ massimo numero intero non maggiore di } x$$

- **parte frazionaria** (oppure **parte decimale** o **mantissa**) di x, indicata con (x), la differenza fra x e la sua parte intera $[x]$:

$$(x) = x - [x] \ .$$

Risulta:
$$0 \leq (x) < 1 \qquad \forall x \in \mathbb{R} \ .$$

Radice n-esima di un numero reale

Se $n \in \mathbb{N}$, con $n \geq 2$, e a è un numero reale positivo, si può dimostrare che l'equazione

$$x \in \mathbb{R}: \quad x^n = a$$

ammette una ed una sola soluzione positiva, detta **radice n-esima aritmetica di** a, indicata con $\sqrt[n]{a}$.

Elevamento a potenza

Dato un qualsiasi numero reale positivo a, ha sempre senso l'operazione di elevamento a potenza a^b comunque scelto l'esponente b in $\mathbb{R}$.

Valgono le seguenti proprietà:

- $\forall a \in \mathbb{R}_+: \qquad\qquad a^0 = 1, \quad a^1 = a$
- $\forall a \in \mathbb{R}_+, \ \forall b, c \in \mathbb{R}: \quad a^b \cdot a^c = a^{b+c}$
- $\forall a \in \mathbb{R}_+, \ \forall b, c \in \mathbb{R}: \quad \left(a^b\right)^c = a^{b \cdot c}$
- $\forall a, b \in \mathbb{R}_+, \ \forall c \in \mathbb{R}: \quad (a \cdot b)^c = a^c \cdot b^c$.

In particolare, se la base è un numero reale positivo, dato un numero naturale n non nullo, se l'espressione $a^{1/n}$ deve avere significato, deve in particolare rispettare la proprietà relativa alla potenza di potenze:

$$\left(a^{1/n}\right)^n = a^{\frac{1}{n}\cdot n} = a^1 = a \ .$$

Ma allora $a^{1/n}$ è un numero che elevato alla n è uguale ad a, ossia è la radice n-esima aritmetica di a:

$$\forall a \in \mathbb{R}_+, \ \forall n \in \mathbb{N}: \qquad a^{1/n} = \sqrt[n]{a} \ .$$

Dunque, più in generale, si definisce:

$$\forall a \in \mathbb{R}_+, \ \forall q = \frac{m}{n} \in \mathbb{Q}: \qquad a^q = a^{m/n} = \sqrt[n]{a^m} = \left(\sqrt[n]{a}\right)^m \ .$$

Logaritmi

Dati due numeri reali a, b, con $a > 0$, consideriamo l'equazione

$$x \in \mathbb{R}: \qquad a^x = b$$

ossia il problema di determinare eventuali valori dell'esponente x tali che a^x sia uguale a b.
Risulta che:

- se $b \leq 0$, poiché $a > 0$, si deduce $a^x > 0$, $\forall x \in \mathbb{R}$ e dunque il problema non ammette soluzione;
- se $a = 1$ e $b = 1$, allora il problema è indeterminato, nel senso che ogni $x \in \mathbb{R}$ è soluzione;
- se $a > 0$, $a \neq 1$ e $b > 0$, si dimostra che il problema precedente ammette una ed una sola soluzione: tale soluzione si dice **logaritmo in base** a $(a > 0, a \neq 1)$ di b $(b > 0)$ e si scrive

$$x = \log_a b \ .$$

Dunque, per definizione, *il logaritmo in base a di b è l'esponente che bisogna dare ad a per ottenere b:*

$$a^{\log_a b} = b \ .$$

Se la base di un logaritmo è il numero di Nepero e, si parla di logaritmo naturale e si utilizzano equivalentemente i simboli log oppure ln (senza indicare la base).
La scrittura Log solitamente indica i logaritmi in base 10.

Proprietà dei logaritmi

A partire dalla definizione di logaritmo e tenendo conto delle proprietà delle potenze, si dimostrano le seguenti proprietà dei logaritmi:

- **Logaritmo di un prodotto**:

$$\forall a, b_1, b_2 \in \mathbb{R}_+, \ a \neq 1 \qquad \log_a (b_1 \cdot b_2) = \log_a b_1 + \log_a b_2$$

- **Logaritmo di un quoziente**:

$$\forall a, b_1, b_2 \in \mathbb{R}_+, \ a \neq 1 \qquad \log_a \left(\frac{b_1}{b_2} \right) = \log_a b_1 - \log_a b_2$$

- **Logaritmo di una potenza**:

$$\forall a, b \in \mathbb{R}_+, \ a \neq 1, \ c \in \mathbb{R} \qquad \log_a (b^c) = c \log_a b$$

- **Formula di cambiamento di base**:

$$\forall a, b, c \in \mathbb{R}_+, \ a \neq 1, \ c \neq 1 \qquad \log_a b = \frac{\log_c b}{\log_c a}$$

- Valgono inoltre i seguenti risultati:

$$\forall a \in \mathbb{R}_+ \setminus \{1\} \qquad \log_a a = 1 \qquad \log_a 1 = 0 \ .$$

Rappresentazione geometrica dei numeri reali

Ogni numero reale può essere rappresentato come punto su una retta orientata.

Viceversa, ad ogni punto di una retta orientata corrisponde un numero reale.

Possiamo affermare quindi che:

l'insieme dei numeri reali $\mathbb{R}$ *è in corrispondenza biunivoca con i punti di una retta (detta per questo motivo retta reale).*

Quanto affermato è una versione (geometrica) della proprietà di completezza di $\mathbb{R}$.

Intervalli

Poiché l'insieme $\mathbb{R}$ si può identificare con l'insieme dei punti di una retta, è conveniente introdurre dei particolari sottoinsiemi di $\mathbb{R}$, detti **intervalli**, ai quali corrisponde geometricamente l'idea di segmento eventualmente privato degli estremi:

- **intervallo chiuso** di estremi a e b:

$$[a, b] = \{x \in \mathbb{R} : \quad a \leq x \leq b\}$$

- **intervallo chiuso inferiormente e aperto superiormente**:

$$[a, b) = \{x \in \mathbb{R} : \quad a \leq x < b\}$$

- **intervallo aperto inferiormente e chiuso superiormente**:

$$(a, b] = \{x \in \mathbb{R} : \quad a < x \leq b\}$$

- **intervallo aperto** di estremi a e b:

$$(a, b) = \{x \in \mathbb{R} : \quad a < x < b\}$$

In particolare, se $a = b$, si parlerà di **intervallo degenere**.

La corrispondenza biunivoca fra gli elementi di R e i punti di una retta consente di fornire una "traduzione numerica" anche dell'idea di **semiretta**:

$$\{x \in \mathbb{R} : \quad x \geq a\} \qquad \{x \in \mathbb{R} : \quad x > a\}$$

$$\{x \in \mathbb{R} : \quad x \leq a\} \qquad \{x \in \mathbb{R} : \quad x < a\}$$

Al fine di realizzare una simbologia più sintetica per indicare gli intervalli sopra definiti è opportuno introdurre due oggetti (per il momento due simboli) indicati con

$$-\infty, \qquad +\infty$$

per i quali si pone convenzionalmente

$$-\infty < x < +\infty \qquad \forall x \in \mathbb{R}$$

In tal modo possiamo porre

$$[a, +\infty) = \{x \in \mathbb{R} : \quad x \geq a\} \qquad (a, +\infty) = \{x \in \mathbb{R} : \quad x > a\}$$

$$(-\infty, a] = \{x \in \mathbb{R} : \quad x \leq a\} \qquad (-\infty, a) = \{x \in \mathbb{R} : \quad x < a\}$$

Modulo di un numero reale

Definizione *Dato un numero reale x, si dice **modulo** (o **valore assoluto**) di x, indicato con $|x|$, il numero x se $x \geq 0$ oppure il suo opposto $-x$ se $x < 0$:*

$$|x| = \begin{cases} x & x \geq 0 \\ -x & x < 0 \end{cases} \ .$$

Il modulo $|x|$ di un numero reale x è per definizione non negativo:

$$|x| \geq 0 \qquad \forall x \in \mathbb{R}$$

ed è nullo se e solo se x è nullo:

$$|x| = 0 \quad \Leftrightarrow \quad x = 0 \ .$$

Modulo e moltiplicazione

Per ogni coppia di numeri reali x, y, il modulo del loro prodotto è uguale al prodotto dei loro moduli:

$$|x \cdot y| = |x| \cdot |y| \qquad \forall x, y \in \mathbb{R}$$

Di conseguenza vale anche l'uguaglianza

$$\left| \frac{x}{y} \right| = \frac{|x|}{|y|} \qquad \forall x \in \mathbb{R}, \ \forall y \in \mathbb{R}_0 \ .$$

Modulo e addizione

In generale non è vero che il modulo di una somma di numeri reali sia uguale alla somma dei rispettivi moduli.
Ad esempio:

$$|+3 + (-5)| = |+3 - 5| = |-2| = 2$$

ma

$$|+3| + |-5| = 3 + 5 = 8 \ .$$

Vale però la seguente disuguaglianza, nota come **disuguaglianza triangolare**:

$$|x + y| \leq |x| + |y| \qquad \forall x, y \in \mathbb{R} \ .$$

Insiemi in $\mathbb{R}$ e ordinamento

La presenza di una relazione d'ordine totale sull'insieme dei numeri reali $\mathbb{R}$ consente di ordinare gli elementi di un qualsiasi suo sottoinsieme.

In tal caso, è naturale porsi la domanda se un tale sottoinsieme ammetta un elemento "più grande" o "più piccolo" di tutti gli altri.

La risposta può essere data con differenti sfumature a seconda dei casi.

Massimo e minimo di un insieme

Definizione *Dato un insieme $X \subseteq \mathbb{R}$, un numero reale M si dice:*

- **massimo** *di X, e si pone*

$$M = \max X$$

  se $M \in X$ e $x \leq M \quad \forall x \in X$
- **minimo** *di X, e si pone*

$$M = \min X$$

  se $M \in X$ e $x \geq M \quad \forall x \in X$.

Maggiorante e minorante

Il fatto che un insieme come (ad esempio) $(-3, +\infty)$ non possieda né minimo, né massimo non sembra riconducibile allo stesso motivo.

La non esistenza del minimo è legata alla non appartenenza di -3 all'insieme e comunque "spostandosi alla sua sinistra" non si incontrano più elementi dell'insieme.

La non esistenza del massimo dipende invece dal fatto che comunque spostandosi "verso destra" si incontrano sempre elementi dell'insieme. Introduciamo alcune definizioni per formalizzare le idee suggerite dall'esempio considerato.

Definizione *Dato un insieme $X \subseteq \mathbb{R}$, non vuoto, un numero reale k si dice:*

- **maggiorante** *di X se*

$$k \geq x \qquad \forall x \in X$$

- **minorante** *di X se*

$$k \leq x \qquad \forall x \in X \ .$$

Evidentemente, un massimo è maggiorante e un minimo è minorante.

Insiemi limitati

Definizione *Un insieme $X \subseteq \mathbb{R}$, non vuoto, si dice:*

- *limitato superiormente se ammette almeno un maggiorante;*
- *limitato inferiormente se ammette almeno un minorante;*
- *limitato se risulta limitato sia superiormente, sia inferiormente.*

*Un insieme non limitato si dice **illimitato**.*

Estremo superiore ed inferiore di un insieme

La nozione di massimo (minimo) di un insieme, pur catturando l'idea di "elemento dell'insieme maggiore (minore) di tutti gli altri" ha il difetto di non essere sempre applicabile, nel senso che non sempre un insieme limitato di numeri reali ammette massimo (minimo).

D'altra parte, la nozione di maggiorante (minorante), pur essendo alla base della nozione di limitatezza superiore (inferiore), in certe situazioni risulta troppo vaga: un insieme limitato di numeri reali che ammette un maggiorante (minorante) ne ammette infatti necessariamente infiniti.

Le nozioni di estremo superiore e di estremo inferiore permettono di superare le difficoltà sopra segnalate.

Definizione *Dato un insieme $X \subseteq \mathbb{R}$, non vuoto, un numero reale:*

- *S si dice **estremo superiore** di X e si pone*

$$S = \sup X$$

se è il minimo dei maggioranti.
Se X è illimitato superiormente, allora si pone

$$S = +\infty \, .$$

- *s si dice **estremo inferiore** di X e si pone*

$$s = \inf X$$

se è il massimo dei minoranti.
Se X è illimitato inferiormente, allora si pone

$$s = -\infty \, .$$

Esistenza dell'estremo superiore ed inferiore

Diversamente da quella di massimo e minimo, le nozioni di estremo superiore od inferiore di un insieme di numeri reali sono associabili ad un qualsiasi insieme non vuoto e limitato (superiormente o inferiormente).

Teorema *Sia $X \subseteq \mathbb{R}$ non vuoto. Valgono le seguenti conclusioni:*

- *se X è superiormente limitato, allora ammette estremo superiore;*
- *se X è inferiormente limitato, allora ammette estremo inferiore.*

Nella dimostrazione del teorema di esistenza dell'estremo superiore (inferiore) di un insieme di numeri reali limitato superiormente (inferiormente) si fa un uso sostanziale della completezza di $\mathbb{R}$. Possiamo quindi aspettarci che tale proprietà non valga, ad esempio, in $\mathbb{Q}$.
In effetti, le cose stanno proprio così. Ad esempio, sia $X \subset \mathbb{Q}$ l'insieme dei razionali il cui quadrato è minore di 2:

$$X = \left\{ q \in \mathbb{Q} : \ q^2 < 2 \right\} \ .$$

Allora X è non vuoto perché $1 \in X$ ed è limitato superiormente (3 è un maggiorante): ma X non ammette estremo superiore in $\mathbb{Q}$, essendo questi dato da $\sqrt{2}$, numero irrazionale.

Struttura topologica di $\mathbb{R}$

Consideriamo un insieme X di numeri reali e un numero reale x_0, cioè $x_0 \in \mathbb{R}$.
Dal punto di vista insiemistico, se ci chiediamo in quale relazione possa essere x_0 rispetto ad X, due sole sono le risposte possibili:

$$x_0 \in X \qquad \text{oppure} \qquad x_0 \notin X \ .$$

In molte situazioni tale risposta risulta troppo grossolana e quindi ne cerchiamo un raffinamento.
A tale scopo è necessario introdurre un concetto che permetterà di catturare l'idea di "vicinanza" ad un punto, idea espressa in termini qualitativi.

Intorno di numero reale

Definizione *Dato un numero reale x_0, si definisce **intorno circolare** di x_0 di raggio δ, con $\delta > 0$, l'intervallo aperto, indicato con $I_\delta(x_0)$, di estremi $x_0 - \delta$ e $x_0 + \delta$:*

$$I_\delta(x_0) = (x_0 - \delta, x_0 + \delta) \ .$$

Quanto definito corrisponde al fatto che, fissato un punto x_0 sulla retta reale, si può costruire un suo intorno di raggio δ mediante un compasso: fissato il centro in x_0 e un'apertura pari a δ, si individuano univocamente sulla retta reale i punti $x_0 - \delta$ e $x_0 + \delta$, e il segmento (privato degli estremi) che unisce tali punti è l'immagine geometrica di $I_\delta(x_0)$.

Valgono alcune considerazioni a proposito di intorni:

- due intorni differenti dello stesso punto sono uno incluso nell'altro;
- l'intersezione di due intorni non disgiunti è ancora un intorno
- non è detto che l'unione di due intorni sia ancora un intorno; la conclusione è vera se e solo se i due intorni non sono disgiunti.

Proprietà di separazione degli intorni

Dati due punti distinti x_0 e x_1 sulla retta reale, è sempre possibile determinare due intorni circolari $I_\delta(x_0)$ e $I_\varepsilon(x_1)$ rispettivamente del primo e del secondo punto, che siano disgiunti fra loro:

$$I_\delta(x_0) \cap I_\varepsilon(x_1) = \emptyset .$$

Intorni sinistro e destro

Se si ha la necessità di osservare quanto accade solo a sinistra o a destra di un dato numero reale, si può limitare la definizione di intorno in tal senso.

Definizione *Dato un numero reale x_0, si dice:*

- ***intorno sinistro*** *di x_0 di raggio δ, $\delta \in \mathbb{R}_+$, indicato con $I_\delta^-(x_0)$, l'intervallo aperto a sinistra, chiuso a destra di estremi rispettivamente $x_0 - \delta$ e x_0:*

$$I_\delta^-(x_0) = (x_0 - \delta, x_0]$$

- ***intorno destro*** *di x_0 di raggio δ, $\delta \in \mathbb{R}_+$, indicato con $I_\delta^+(x_0)$, l'intervallo aperto a destra, chiuso a sinistra di estremi rispettivamente x_0 e $x_0 + \delta$:*

$$I_\delta^+(x_0) = [x_0, x_0 + \delta) .$$

Intorni di $-\infty$ e $+\infty$

Si dice:

- **intorno di** $-\infty$ un qualsiasi intervallo aperto, illimitato a sinistra (o inferiormente illimitato), cioè

$$(-\infty, a)$$

con a numero reale qualsiasi fissato;

- **intorno di** $+\infty$ un qualsiasi intervallo aperto, illimitato a destra (o superiormente illimitato), cioè

$$(a, +\infty)$$

con a numero reale qualsiasi fissato.

Si noti che, a differenza di quanto accade per intorni di numeri reali, non ha senso parlare di raggio di un intorno di $-\infty$ oppure di $+\infty$.

Punti interni, esterni, di frontiera

La nozione di intorno consente di dare un significato preciso all'idea di vicinanza ad un punto dato.

Mediante tale nozione, possiamo introdurre una triplice distinzione di quella che può essere la "posizione" di un punto rispetto ad un insieme di numeri reali:

- un punto appartiene ad un insieme e a partire da esso se ci si "sposta di poco" si resta nell'insieme, ossia "vicino" a tale punto si trovano soltanto elementi dell'insieme considerato;

- un punto non appartiene ad un insieme dato, e se ci si "sposta di poco", si resta fuori dall'insieme considerato, ossia "vicino" a tale punto si trovano solo elementi del complementare dell'insieme considerato;

- il confine fra le due situazioni precedenti è dato da quei punti vicino (arbitrariamente) ai quali si trovano sia elementi dell'insieme considerato, sia elementi del suo complementare.

Definizione *Dato un insieme $X \subseteq \mathbb{R}$, un punto $x_0 \in \mathbb{R}$ si dice:*

- **punto interno** ad X, se appartiene ad X ed esiste un suo intorno contenuto in X:
  1. $x_0 \in X$
  2. $\exists \delta > 0 : \quad I_\delta(x_0) \subseteq X$.

  L'insieme dei punti interni di X si dice **interno** (o **parte interna**) di X e si indica con $\overset{\circ}{X}$

- **punto esterno** ad X, se non appartiene ad X ed esiste un suo intorno contenuto nel complementare (in $\mathbb{R}$) di X:
  1. $x_0 \notin X$
  2. $\exists \delta > 0 : \quad I_\delta(x_0) \subseteq X^C$

- **punto di frontiera** di X, se qualunque intorno di tale punto contiene elementi sia di X che del suo complementare X^C:

$$\forall \delta > 0 : \qquad I_\delta(x_0) \cap X \neq \emptyset \ \text{ e } \ I_\delta(x_0) \cap X^C \neq \emptyset \ .$$

L'insieme dei punti di frontiera di un insieme X si dice **frontiera** di X, indicata con ∂X.

Insiemi aperti, chiusi

Definizione Un insieme $X \subseteq \mathbb{R}$ si dice:

- **insieme aperto**, se ogni suo punto è punto interno, cioè se coincide con il proprio interno

$$X = \overset{\circ}{X}$$

- **insieme chiuso**, se il suo complementare X^C è un insieme aperto.

Insiemi chiusi e frontiera

Il teorema che segue caratterizza completamente gli insiemi chiusi in termini della loro frontiera, fornendo uno strumento alternativo alla definizione per stabilire se un dato insieme è chiuso.

Teorema Un insieme $X \subseteq \mathbb{R}$ è chiuso se e solo se contiene la propria frontiera:

$$\partial X \subseteq X \ .$$

Osservazione Le proposizioni seguenti segnalano la compatibilità fra le operazioni insiemistiche e il fatto che un insieme sia chiuso o aperto.

- L'unione di due insiemi aperti è un insieme aperto
- L'unione di due insiemi chiusi è un insieme chiuso
- L'intersezione di due insiemi aperti è un insieme aperto
- L'intersezione di due insiemi chiusi è un insieme chiuso.

Punti di accumulazione ed isolati

La nozione di intorno consente di introdurre un modo per "catalogare" punti della retta reale a seconda del fatto che "arbitrariamente vicino" ad un punto vi siano elementi di un dato insieme oppure no.

Definizione *Dato un insieme $X \subseteq \mathbb{R}$, un punto $x_0 \in \mathbb{R}$ si dice:*

- *punto di accumulazione per X, se ad ogni intorno di x_0 appartiene almeno un elemento di X diverso da x_0:*

$$\forall \delta > 0 \qquad X \cap I_\delta(x_0) \setminus \{x_0\} \neq \emptyset .$$

  L'insieme dei punti di accumulazione di X si dice insieme derivato di X, indicato con X'

- *punto isolato di X, se $x_0 \in X$ ed esiste almeno un suo intorno a cui non appartengono altri elementi di X:*

$$\exists \delta > 0 : \qquad X \cap I_\delta(x_0) = \{x_0\} .$$

Punti di accumulazione ed insiemi chiusi

Teorema *Un insieme $X \subseteq \mathbb{R}$ è chiuso se e solo se ad esso appartengono tutti i propri punti di accumulazione, cioè se e solo se contiene il proprio insieme derivato.*

1.6 Insieme dei numeri complessi

Sull'insieme dei numeri reali $\mathbb{R}$ l'equazione di secondo grado

$$x^2 + 1 = 0 \qquad\qquad (*)$$

non ammette soluzione, cioè non esiste un numero reale tale che il suo quadrato sia uguale a -1. Equivalentemente, si può affermare che sul campo reale il polinomio di secondo grado $x^2 + 1$ non è fattorizzabile.

Analogamente a quanto fatto per gli altri insiemi numerici, ci chiediamo se si possa "costruire" un insieme numerico che sia (in questo caso) una estensione di $\mathbb{R}$ sul quale l'equazione (*) ammette soluzione.

Definizione   *L'insieme dei numeri complessi* $\mathbb{C}$ *è l'insieme delle coppie ordinate* (x, y) *di numeri reali*

$$\mathbb{C} = \{(x, y) : \ x \in \mathbb{R}, \ y \in \mathbb{R}\} \ .$$

Dato un numero complesso $z = (x, y)$

- il numero reale x si dice **parte reale** di z, indicata con $\mathrm{Re}\,(z)$:

$$x = \mathrm{Re}\,(z)$$

- il numero reale y si dice **parte immaginaria** di z, indicata con $\mathrm{Im}\,(z)$:

$$y = \mathrm{Im}\,(z) \ .$$

I numeri della forma

- $(x, 0)$ con x reale, si identificano con i numeri reali; in particolare, si identifica $(1, 0)$ con 1;
- $(0, y)$ con y reale, si dicono **numeri immaginari (puri)**; in particolare, il numero complesso $(0, 1)$ si dice **unità immaginaria,** indicato con la lettera i:

$$i = (0, 1) \ .$$

Da quanto detto segue la validità dell'inclusione

$$\mathbb{R} \subset \mathbb{C} \ .$$

Rappresentazione geometrica dei numeri complessi

Dalla definizione segue che ogni numero $(x, y) \in \mathbb{C}$ può essere rappresentato come un punto di un piano cartesiano (e viceversa) che prende il nome di **piano di Gauss**.

L'asse delle ascisse è costituito dai numeri complessi che sono numeri reali e per questo si dice anche **asse reale**; l'asse delle ordinate è costituito dai numeri immaginari puri e per questo si dice anche **asse immaginario**.

Forma algebrica (o cartesiana) di un numero complesso

Un qualsiasi numero complesso z si può rappresentare nella cosiddetta **forma algebrica** come

$$z = x + iy \qquad x, y \in \mathbb{R} .$$

Uguaglianza fra numeri complessi

Definizione *Due numeri complessi z_1 e z_2 si dicono uguali se e solo se sono uguali fra loro le corrispondenti parti reali e parti immaginarie:*

$$z_1 = z_2 \quad \Leftrightarrow \quad \begin{cases} \mathrm{Re}\,(z_1) = \mathrm{Re}\,(z_2) \\ \mathrm{Im}\,(z_1) = \mathrm{Im}\,(z_2) \end{cases}$$

Operazioni fra numeri complessi

Anche sull'insieme dei numeri complessi si possono definire due operazioni, di **addizione** e di **moltiplicazione**, dotate delle usuali proprietà: l'insieme dei numeri complessi rispetto a tali operazioni è quindi un **campo**. Grazie all'esistenza del reciproco di un numero complesso, si può introdurre anche una operazione di **divisione**.
Alle precedenti operazioni se ne aggiunge una peculiare dei numeri complessi, detta di **coniugio**.

Addizione di numeri complessi

Definizione *Si definisce **addizione** di due numeri complessi l'operazione che ad una coppia di numeri complessi $z_1 = x_1 + iy_1$ e $z_2 = x_2 + iy_2$ associa un numero complesso, detto **somma** (di z_1 e z_2) e indicato con $z_1 + z_2$, definito da:*

$$z_1 + z_2 = (x_1 + x_2) + i\,(y_1 + y_2) .$$

Proprietà dell'addizione

Valgono le seguenti proprietà:

- **Proprietà commutativa:**

$$\forall z_1, z_2 \in \mathbb{C} : \qquad z_1 + z_2 = z_2 + z_1$$

- **Proprietà associativa:**

$$\forall z_1, z_2, z_3 \in \mathbb{C}: \qquad (z_1 + z_2) + z_3 = z_1 + (z_2 + z_3)$$

- **Esistenza dell'elemento neutro:**

$$\forall z \in \mathbb{C} \quad \exists 0 \in \mathbb{C}: \quad z + 0 = z$$

- **Esistenza dell'elemento opposto:**

$$\forall z \in \mathbb{C} \quad \exists w \in \mathbb{C}: \qquad z + w = 0 \;.$$

Solitamente si pone $w = -z$.

Moltiplicazione di numeri complessi

Definizione *Si definisce* **moltiplicazione** *di due numeri complessi l'operazione che alla coppia di numeri complessi $z_1 = x_1 + iy_1$ e $z_2 = x_2 + iy_2$ associa un numero complesso, detto* **prodotto** *(di z_1 per z_2) e indicato con $z_1 \cdot z_2$ (o più semplicemente con $z_1 z_2$), definito da:*

$$z_1 \cdot z_2 = (x_1 x_2 - y_1 y_2) + i (x_1 y_2 + x_2 y_1) \;.$$

Si noti che, in particolare, se $z = i$ allora

$$i^2 = -1 \;. \tag{$*$}$$

La formula che definisce l'operazione di moltiplicazione si può pensare che sia ottenuta mediante le "solite" regole di manipolazione dei polinomi con l'aggiunta della relazione (*):

$$\begin{aligned} z_1 \cdot z_2 &= (x_1 + iy_1)(x_2 + iy_2) = \\ &= x_1 x_2 + i x_1 y_2 + i x_2 y_1 + i^2 y_1 y_2 = \\ &= (x_1 x_2 - y_1 y_2) + i (x_1 y_2 + x_2 y_1) \;. \end{aligned}$$

Proprietà della moltiplicazione

Valgono le seguenti proprietà della moltiplicazione di numeri complessi:

- **Proprietà commutativa:**

$$\forall z_1, z_2 \in \mathbb{C} : \qquad z_1 \cdot z_2 = z_2 \cdot z_1$$

- **Proprietà associativa:**

$$\forall z_1, z_2, z_3 \in \mathbb{C} : \qquad (z_1 \cdot z_2) \cdot z_3 = z_1 \cdot (z_2 \cdot z_3)$$

- **Esistenza dell'elemento neutro:**

$$\forall z \in \mathbb{C} \quad \exists 1 \in \mathbb{C} : \qquad z \cdot 1 = z$$

- **Esistenza dell'elemento reciproco:**

$$\forall z \in \mathbb{C} \backslash \{0\} \ \exists \, z^{-1} \in \mathbb{C} : \qquad z \cdot z^{-1} = 1$$

- **Proprietà distributiva:**

$$\forall z_1, z_2, z_3 \in \mathbb{C} : \qquad (z_1 + z_2) \cdot z_3 = z_1 \cdot z_3 + z_2 \cdot z_3 \ .$$

Divisione fra numeri complessi

Grazie all'esistenza e all'unicità del reciproco di un numero complesso non nullo, si può definire la **divisione** fra due numeri complessi $z_1 = x_1 + iy_1$ e $z_2 = x_2 + iy_2$, con $z_2 \neq 0$, come l'operazione che a z_1 e z_2 associa un numero complesso, detto **quoziente** ed indicato con z_1/z_2, definito da:

$$\frac{z_1}{z_2} = \frac{x_1 x_2 + y_1 y_2}{x_2^2 + y_2^2} - i \frac{x_1 y_2 - x_2 y_1}{x_2^2 + y_2^2} \ .$$

In particolare:

$$\forall z \in \mathbb{C} \backslash \{0\} : \qquad z^{-1} = \frac{1}{z} \ .$$

Il campo complesso

L'insieme dei numeri complessi $\mathbb{C}$ munito delle operazioni di addizione e moltiplicazione con le loro proprietà è quello che tecnicamente si dice un **campo**.

A differenza del campo reale, il campo complesso non è però un campo ordinato. Infatti, si può dimostrare che in un campo ordinato si ha

$$x^2 + 1 > 0$$

mentre l'unità immaginaria, che appartiene a $\mathbb{C}$, è tale che

$$i^2 + 1 = 0 \ .$$

Coniugato di un numero complesso

Definizione *Si dice **coniugio** l'operazione che ad ogni numero complesso $z = (x, y)$ associa un unico numero complesso, detto **coniugato** di z e indicato con $\overline{z}$, definito da:*

$$\overline{z} = (x, -y) \ .$$

In forma algebrica il coniugato di un numero complesso $z = x + iy$ è

$$\overline{z} = x - iy \ .$$

Vale il seguente risultato:

> *un numero complesso z è reale se e solo se $z = \overline{z}$.*

Coniugio e le quattro operazioni

L'operazione di coniugio è compatibile con le quattro operazioni, come evidenziato dalle seguenti relazioni :

- $\overline{z_1 \pm z_2} = \overline{z_1} \pm \overline{z_2}$ $\forall z_1, z_2 \in \mathbb{C}$

- $\overline{z_1 \cdot z_2} = \overline{z_1} \cdot \overline{z_2}$ $\forall z_1, z_2 \in \mathbb{C}$

- $\overline{z_1/z_2} = \dfrac{\overline{z_1}}{\overline{z_2}}$ $\forall z_1 \in \mathbb{C},\ z_2 \in \mathbb{C} \backslash \{0\}$

Dato un numero complesso z, valgono inoltre le seguenti uguaglianze:

- $z + \overline{z} = 2 \operatorname{Re}(z)$
- $z - \overline{z} = 2 \operatorname{Im}(z) \, i$.

Modulo di un numero complesso

Definizione *Dato un numero complesso $z = x + iy$ si dice modulo di z, indicato con $|z|$, la radice quadrata (aritmetica) della somma dei quadrati della parte reale e della parte immaginaria di z:*

$$|z| = \sqrt{x^2 + y^2} \ .$$

Il modulo di un numero complesso z è un numero reale non negativo:

$$|z| \geq 0$$

nullo se e solo se z è nullo:

$$|z| = 0 \quad \Leftrightarrow \quad z = 0 \ .$$

Proprietà del modulo

Valgono le seguenti proprietà che mettono in relazione il modulo con le operazioni fra numeri complessi:

- **modulo di una somma** (o **disuguaglianza triangolare**):

$$\forall z_1, z_2 \in \mathbb{C}: \quad |z_1 + z_2| \leq |z_1| + |z_2|$$

- **modulo di un prodotto**:

$$\forall z_1, z_2 \in \mathbb{C}: \quad |z_1 \cdot z_2| = |z_1| \cdot |z_2|$$

- **modulo di un quoziente**:

$$\forall z_1 \in \mathbb{C}, \ z_2 \in \mathbb{C} \setminus \{0\}: \quad \left| \frac{z_1}{z_2} \right| = \frac{|z_1|}{|z_2|}$$

- **modulo di un coniugato**:

$$\forall z \in \mathbb{C}: \quad |\overline{z}| = |z| \ .$$

Coordinate polari

Nel piano è possibile introdurre un sistema di riferimento alternativo a quello cartesiano, detto **sistema di riferimento polare**. Gli ingredienti necessari sono:

- una semiretta, detta **asse polare**, la cui origine si dice **polo;**
- un **verso** per la misura degli angoli aventi vertice nel polo, verso che supporremo sia quello antiorario;
- una **unità di misura** per gli angoli, che supporremo sia il radiante, e una per le lunghezze.

Fissato un sistema di riferimento polare, ad ogni punto P del piano corrisponde una ed una sola coppia (ρ, θ) con:

$\rho = $ distanza di P dal polo O

$\theta = $ misura dell'angolo che il segmento $\overline{OP}$ forma con l'asse polare.

I numeri ρ e θ si dicono **coordinate polari** di P.
Dalla definizione segue:

$$\rho \geq 0 \quad \text{e} \quad \rho = 0 \iff P = O$$
$$\theta \in [0, 2\pi) \ .$$

Coordinate polari e coordinate cartesiane

Fissato un sistema di riferimento cartesiano consideriamo l'origine come il polo, il semiasse positivo delle ascisse come asse polare.
Utilizzando la medesima unità di misura per le lunghezze in entrambi i sistemi di riferimento, un punto P ha rispettivamente:

- coordinate cartesiane (x, y)
- coordinate polari (ρ, θ)

se e solo se è soddisfatto il sistema di relazioni:

$$\begin{cases} x = \rho \cos \theta \\ y = \rho \operatorname{sen} \theta \end{cases} \qquad (*)$$

Noti ρ e θ dalla (*) si deducono x e y.
Viceversa, se $x = y = 0$, allora $\rho = \theta = 0$. Se $(x, y) \neq (0, 0)$, allora i valori di ρ e θ sono le soluzioni del sistema

$$\begin{cases} \rho = \sqrt{x^2 + y^2} \\ \cos \theta = \dfrac{x}{\sqrt{x^2 + y^2}} \\ \operatorname{sen} \theta = \dfrac{y}{\sqrt{x^2 + y^2}} \end{cases} \qquad (**)$$

Affinché il sistema (**) ammetta un'unica soluzione è opportuno imporre la condizione aggiuntiva

$$\theta \in [0, 2\pi) \ .$$

Forma trigonometrica (o polare) di un numero complesso

Per ogni numero complesso z esiste un unico angolo $\theta \in [0, 2\pi)$, detto **argomento** (**principale**) di z (indicato a volte con $\arg(z)$), e un unico numero reale positivo ρ pari al **modulo** $|z|$, tali che:

$$z = \rho \left(\cos \theta + i \operatorname{sen} \theta \right) \ . \tag{*}$$

La (*) si dice **forma trigonometrica** (o **polare**) del numero complesso z.

Formule di De Moivre

La forma polare di un numero complesso risulta particolarmente utile per calcolare prodotti e potenze di numeri complessi, come illustrato dalle seguenti formule, dette **formule di De Moivre**:

- dati due numeri complessi

$$z_1 = \rho_1 \left(\cos \theta_1 + i \operatorname{sen} \theta_1 \right) \qquad z_2 = \rho_2 \left(\cos \theta_2 + i \operatorname{sen} \theta_2 \right)$$

  il loro prodotto è

$$z_1 \cdot z_2 = \rho_1 \rho_2 \left(\cos \left(\theta_1 + \theta_2 \right) + i \operatorname{sen} \left(\theta_1 + \theta_2 \right) \right)$$

- dati due numeri complessi

$$z_1 = \rho_1 \left(\cos \theta_1 + i \operatorname{sen} \theta_1 \right) \qquad z_2 = \rho_2 \left(\cos \theta_2 + i \operatorname{sen} \theta_2 \right)$$

  con $z_2 \neq 0$, il loro quoziente è

$$\frac{z_1}{z_2} = \frac{\rho_1}{\rho_2} \left(\cos \left(\theta_1 - \theta_2 \right) + i \operatorname{sen} \left(\theta_1 - \theta_2 \right) \right) \ ;$$

- per ogni numero complesso $z = \rho \left(\cos \theta + i \operatorname{sen} \theta \right)$ e per ogni intero positivo $n \geq 1$ si ha:

$$z^n = \rho^n \left(\cos \left(n\theta \right) + i \operatorname{sen} \left(n\theta \right) \right) \ .$$

Si noti che l'applicazione delle due formule precedenti può condurre a considerare numeri complessi con argomento minore di 0 oppure maggiore o uguale a 2π. Ciò non costituisce un problema, in quanto si può comunque sempre determinare un argomento in $[0, 2\pi)$ grazie alle uguaglianze:

$$\cos(\theta) = \cos(\theta + 2k\pi)$$
$$\operatorname{sen}(\theta) = \operatorname{sen}(\theta + 2k\pi)$$
$$\forall k \in \mathbb{Z} \ .$$

Radice n-esima di un numero complesso

Come già fatto nel campo reale, anche sul campo complesso possiamo definire l'operazione inversa dell'elevamento a potenza intera positiva.

Definizione   *Dato $n \in \mathbb{N}_0$, un numero complesso w si dice **radice** n-**esima complessa** del numero complesso z se vale l'uguaglianza*

$$w^n = z \ .$$

Calcolo delle radici n-esime complesse

Stabilito che cosa sia la radice n-esima complessa di un numero complesso, è importante sapere se ogni numero complesso ammette almeno una radice n-esima, qualunque sia n naturale non nullo, eventualmente stabilendo quante radici ammette e come fare a calcolarle. A tutte quante queste domande risponde il seguente risultato.

Teorema   *Ogni numero complesso $z = \rho(\cos\theta + i\operatorname{sen}\theta)$ diverso da zero ammette esattamente n radici n-esime complesse $w_1, w_2, \ldots, w_n$ distinte, date da:*

$$w_k = \rho^{1/n}\left(\cos\frac{\theta + 2k\pi}{n} + i\operatorname{sen}\frac{\theta + 2k\pi}{n}\right) \qquad k = 0, 1, \ldots, n-1$$

ove $\rho^{1/n}$ indica la radice n-esima aritmetica del numero reale positivo ρ.

Teorema (fondamentale dell'Algebra)   *Dato il polinomio di grado n, $n \in \mathbb{N}_0$, a coefficienti complessi $a_j \in \mathbb{C}$ ($a_n \neq 0$)*

$$P(z) = a_n z^n + a_{n-1} z^{n-1} + \cdots + a_1 z + a_0$$

l'equazione

$$P(z) = 0$$

ammette esattamente n soluzioni, dette **zeri** *di $P(z)$, ciascuna contata con la propria molteplicità in $\mathbb{C}$.*

Una conseguenza del teorema fondamentale dell'algebra è che ogni polinomio $P(z)$ di grado n a coefficienti complessi si fattorizza in modo unico in $\mathbb{C}$ come

$$P(z) = a_n \prod_{j=1}^{n} (z - z_j)$$

ove z_j al variare di $j = 1, 2, \ldots, n$, sono gli zeri di P.

Equazioni di primo grado nel campo complesso

Assegnati $a, b \in \mathbb{C}$, si dice **equazione algebrica di primo grado** nel campo complesso, l'equazione

$$z \in \mathbb{C} : \qquad az + b = 0 .$$

Se $a \neq 0$, tale equazione ammette l'unica soluzione

$$z = -\frac{b}{a} .$$

Equazioni di secondo grado nel campo complesso

Assegnati $a, b, c \in \mathbb{C}$, un'**equazione algebrica di secondo grado** nel campo complesso è un'equazione del tipo

$$z \in \mathbb{C} : \qquad az^2 + bz + c = 0$$

con $a \neq 0$.

Se si indicano rispettivamente con w_1 e w_2 le due radici seconde complesse del discriminante

$$\Delta = b^2 - 4ac$$

si possono scrivere le formule che individuano le due soluzioni dell'equazione in funzione dei suoi coefficienti:

$$z_1 = \frac{-b + w_1}{2a} \qquad\qquad z_2 = \frac{-b + w_2}{2a} .$$

1.7 Elementi di geometria analitica

Piano cartesiano

La corrispondenza biunivoca fra gli elementi di $\mathbb{R}$ e i punti di una retta permette una lettura "geometrica" di quanto noto a proposito di numeri reali e allo stesso tempo ha permesso la costruzione di particolari insiemi, gli intervalli, identificabili con precisi oggetti geometrici.

Si può estendere tale impostazione andando a considerare i punti di un piano ed $\mathbb{R}^2$, l'insieme delle coppie ordinate di numeri reali. Tutto ciò consente di "visualizzare" sottoinsiemi di $\mathbb{R}^2$ di particolare rilevanza e allo stesso tempo di tradurre oggetti geometrici in "forma algebrica".

Consideriamo su un piano due rette r_1 e r_2, ortogonali. Indichiamo con O il punto di intersezione, detto **origine degli assi.** Scegliamo ora su ciascuna delle due rette un punto unità U_1 e U_2 in modo tale che valga l'uguaglianza

$$\overline{OU_1} = \overline{OU_2} \, .$$

Consideriamo ora un punto P nel piano e tracciamo la retta parallela ad r_2 passante per P: necessariamente tale retta intersecherà r_1 in un punto P_1. Tracciamo allora la retta parallela ad r_1 passante per P ed arriviamo a determinare un unico punto P_2 su r_2.

Poiché r_1 è in corrispondenza biunivoca con $\mathbb{R}$, al punto $P_1 \in r_1$ corrisponde uno ed uno solo numero reale x, detto **ascissa** del punto P.

Poiché r_2 è in corrispondenza biunivoca con $\mathbb{R}$, al punto $P_2 \in r_2$ corrisponde uno ed uno solo numero reale y, detto **ordinata** del punto P.

In conclusione, al punto P del piano corrisponde la coppia ordinata di numeri reali $(x, y) \in \mathbb{R}^2$. In particolare, all'origine O corrisponde la coppia $(0, 0)$.

Tale corrispondenza è biunivoca: a partire dalla coppia ordinata di numeri reali $(x, y) \in \mathbb{R}^2$ è possibile invertire il ragionamento sopra esposto, arrivando a determinare in modo unico il punto P.

Notiamo che quanto fatto, può essere ripetuto senza introdurre l'ipotesi che r_1 ed r_2 siano ortogonali e senza scegliere necessariamente sulle due rette ugual unità di misura.

Assi cartesiani

Dimostrando la corrispondenza biunivoca fra un piano e $\mathbb{R}^2$, risulta introdotto sul piano un **sistema di riferimento ortogonale di coordinate cartesiane:**

- l'insieme dei punti del piano che hanno ordinata nulla si dice **asse delle ascisse**

$$\{(x,y) \in \mathbb{R}^2 : \quad y = 0\}$$

- l'insieme dei punti del piano che hanno ascissa nulla si dice **asse delle ordinate**

$$\{(x,y) \in \mathbb{R}^2 : \quad x = 0\} \ .$$

In generale si parlerà di **assi cartesiani**, per riferirsi all'asse delle ascisse e all'asse delle ordinate.

Quadranti

Dato un piano, se si tracciano gli assi cartesiani (ortogonali), il piano risulta suddiviso in quattro regioni, dette **quadranti**.
Ciascuno dei quadranti si caratterizza in base al segno delle coordinate dei punti che vi appartengono:

- al I quadrante appartengono i punti con entrambe le coordinate positive:

$$\text{I} \quad \text{quadrante} = \{(x,y) \in \mathbb{R}^2 : \quad x > 0, \ y > 0\}$$

- al II quadrante appartengono i punti con ascissa negativa e ordinata positiva:

$$\text{II} \quad \text{quadrante} = \{(x,y) \in \mathbb{R}^2 : \quad x < 0, \ y > 0\}$$

- al III quadrante appartengono i punti con entrambe le coordinate negative:

$$\text{III} \quad \text{quadrante} = \{(x,y) \in \mathbb{R}^2 : \quad x < 0, \ y < 0\}$$

- al IV quadrante appartengono i punti con ascissa positiva e ordinata negativa:

$$\text{IV} \quad \text{quadrante} = \{(x,y) \in \mathbb{R}^2 : \quad x > 0, \ y < 0\} \ .$$

Distanza fra due punti

Definizione *Dati due punti P_1 e P_2 del piano, rispettivamente di coordinate (x_1, y_1) e (x_2, y_2) si definisce **distanza fra i due punti**, indicata con $d(P_1, P_2)$, il numero reale non negativo*

$$d(P_1, P_2) = \sqrt{(x_1 - x_2)^2 + (y_1 - y_2)^2} \ .$$

Per capire come si giunge alla definizione sopra esposta, ricordiamo che si definisce distanza fra due punti P_1 e P_2 del piano, la misura $\overline{P_1 P_2}$ del segmento di retta che li unisce. Allora, se

$$P_1 = (x_1, y_1) \qquad\qquad P_2 = (x_2, y_2)$$

si possono presentare tre casi:

- se $y_1 = y_2$, allora $\overline{P_1 P_2} = |x_1 - x_2|$
- se $x_1 = x_2$, allora $\overline{P_1 P_2} = |y_1 - y_2|$
- se $x_1 \neq x_2$ e $y_1 \neq y_2$, applicando il teorema di Pitagora al triangolo di vertici O, P_1 e P_2 si deduce

$$\overline{P_1 P_2} = \sqrt{(x_1 - x_2)^2 + (y_1 - y_2)^2} \ .$$

Equazioni in due variabili

Si dice **equazione nelle variabili reali** x ed y la relazione

$$f(x, y) = 0 \qquad (x, y) \in \mathbb{R}^2 \qquad\qquad (*)$$

ove $f(x, y)$ è una espressione nelle variabili x e y.

Risolvere l'equazione $(*)$ significa determinare tutte le coppie $(\overline{x}, \overline{y})$ appartenenti a $\mathbb{R}^2$, dette **soluzioni** dell'equazione, che sostituite al posto di (x, y) rendono la $(*)$ una identità.

L'**insieme delle soluzioni** S dell'equazione $(*)$ è l'insieme delle coppie ordinate di numeri reali che soddisfano l'equazione stessa:

$$S = \left\{ (x, y) \in \mathbb{R}^2 : \ f(x, y) = 0 \right\} \ .$$

Consideriamo alcuni significativi esempi di equazioni alle quali corrispondono insiemi di soluzioni dal particolare significato geometrico.

La retta

Riteniamo familiare al lettore il concetto geometrico di retta sul quale non ci soffermiamo.

Ciò che considereremo più in dettaglio è la possibilità di "catturare" mediante una equazione ciascuno degli esempi grafici sopra descritti. Più precisamente, osserveremo la possibilità di introdurre una opportuna equazione in due variabili il cui insieme delle soluzioni (nel piano) è rappresentato da una retta.

Equazione implicita della retta

Assegnati tre numeri reali a, b, c l'equazione lineare nelle due variabili reali x e y

$$ax + by + c = 0 \qquad (x, y) \in \mathbb{R}^2$$

si dice **equazione della retta in forma implicita.**

Fissati i valori di a, b, e c, l'insieme delle soluzioni dell'equazione lineare in due variabili

$$S = \left\{ (x, y) \in \mathbb{R}^2 : \ ax + by + c = 0 \right\}$$

è in corrispondenza biunivoca con i punti di una retta.

Ricordiamo che per poter disegnare una retta è necessario e sufficiente conoscere le coordinate di due punti distinti della retta stessa.

Equazione esplicita della retta

A partire dall'equazione in forma implicita di una retta

$$ax + by + c = 0 \qquad (x, y) \in \mathbb{R}^2$$

con $a, b, c \in \mathbb{R}$ se vale la condizione

$$b \neq 0$$

si può scrivere in modo equivalente

$$y = -\frac{a}{b} x - \frac{c}{b} \qquad (x, y) \in \mathbb{R}^2 . \tag{*}$$

L'equazione (*) si dice **equazione in forma esplicita della retta**, solitamente scritta nella seguente forma

$$y = mx + q \qquad (x, y) \in \mathbb{R}^2$$

(avendo posto $m = -a/b$ e $q = -c/b$).

Il parametro m si dice **coefficiente angolare**, il parametro q si dice **ordinata all'origine**.

Facciamo alcune osservazioni a proposito dell'equazione in forma esplicita della retta:

- a differenza di quanto accade per l'equazione in forma implicita, a partire dall'equazione in forma esplicita di una retta non è possibile ottenere l'equazione di una retta verticale in quanto quest'ultima si caratterizza per la richiesta $b = 0$;

- se $x = 0$, allora dall'equazione in forma esplicita della retta si ottiene $y = q$ e ciò giustifica per q l'appellativo di ordinata all'origine;

- il coefficiente angolare m dipende dall'angolo formato dalla retta con la direzione positiva dell'asse delle ascisse e dunque fornisce una misura della **pendenza** di una retta.

Equazione della retta passante per due punti

Siano P_1 e P_2 due punti distinti del piano di coordinate rispettivamente (x_1, y_1) e (x_2, y_2) non appartenenti ad una retta parallela ad uno dei due assi cartesiani, cioè tali che

$$x_1 \neq x_2 \quad \text{e} \quad y_1 \neq y_2 \,.$$

L'equazione della retta passante per i punti P_1 e P_2 è in **forma implicita**

$$\frac{x - x_2}{x_1 - x_2} = \frac{y - y_2}{y_1 - y_2} \qquad (x, y) \in \mathbb{R}^2.$$

oppure, ricavando y in termini di x, in **forma esplicita**:

$$y = y_2 + \frac{y_1 - y_2}{x_1 - x_2} (x - x_2) \qquad (x, y) \in \mathbb{R}^2.$$

Equazione della retta passante per un punto con pendenza fissata

Per un punto del piano passano infinite rette.

Si può notare però, che se si fissa una pendenza (inclinazione) allora si identifica una ed una sola retta.

L'equazione (in forma esplicita) di una retta passante per un punto di coordinate (x_0, y_0) e di coefficiente angolare m è

$$y = y_0 + m (x - x_0) \qquad (x, y) \in \mathbb{R}^2.$$

Posizione reciproca di due rette nel piano

Date due rette sul piano è interessante classificare quali possano essere le posizioni reciproche qualitativamente differenti che tali rette possono assumere. La questione non ha solo rilevanza quale risposta ad un problema di natura geometrica ma si collega allo studio dell'esistenza e dell'unicità delle soluzioni di un sistema di equazioni lineari algebriche.

Rette parallele

Due rette in forma esplicita

$$y = m_1 x + q_1 \qquad y = m_2 x + q_2 \qquad (x, y) \in \mathbb{R}^2$$

sono **parallele** se e solo se hanno ugual pendenza:

$$m_1 = m_2 \ .$$

In tal caso, se $q_1 \neq q_2$, le due rette non si intersecano mai.
Se, invece, in aggiunta all'uguaglianza dei coefficienti angolari, vale anche la condizione

$$q_1 = q_2$$

le due rette si dicono **coincidenti (uguali)**.

Rette incidenti

Due rette in forma esplicita

$$y = m_1 x + q_1 \qquad y = m_2 x + q_2 \qquad (x, y) \in \mathbb{R}^2$$

sono **incidenti** se e solo se non sono parallele:

$$m_1 \neq m_2 \ .$$

In tal caso le due rette si intersecano in uno ed un solo punto.
In particolare, due rette (in forma esplicita) non parallele agli assi coordinati si dicono **perpendicolari** (o **ortogonali**) se vale la condizione

$$m_1 = -\frac{1}{m_2} \ .$$

Sistemi di due equazioni lineari algebriche

Assegnato il **sistema di due equazioni lineari (algebriche)**

$$\begin{cases} ax + by + c = 0 \\ a'x + b'y + c' = 0 \end{cases} \qquad (x, y) \in \mathbb{R}^2 \qquad (*)$$

nelle variabili reali x e y con a, b, c, a', b', c' parametri reali fissati, l'insieme delle soluzioni è costituito dall'insieme delle coppie $(\overline{x}, \overline{y})$ che sono soluzione sia della prima sia della seconda equazione. Geometricamente, ciò significa che ad ogni soluzione del sistema corrisponde un punto che appartiene a ciascuna delle due rette di equazione rispettivamente

$$ax + by + c = 0 \qquad (x, y) \in \mathbb{R}^2$$
$$a'x + b'y + c' = 0 \qquad (x, y) \in \mathbb{R}^2$$

Possiamo così concludere che:

- il sistema (*) ammette una ed una sola soluzione se e solo se le due rette sono incidenti;
- il sistema (*) ammette infinite soluzioni se e solo se le due rette sono uguali fra loro;
- il sistema (*) non ammette soluzioni se e solo se le due rette sono parallele e diverse fra loro.

La parabola

Al concetto geometrico di **parabola** (definito come il luogo geometrico dei punti del piano equidistanti da una retta, detta *direttrice*, e da un punto, detto *fuoco*) con asse di simmetria parallelo all'asse delle ordinate si può far corrispondere la seguente **equazione di secondo grado** in due incognite reali:

$$y = ax^2 + bx + c \qquad (x, y) \in \mathbb{R}^2 \qquad (*)$$

ove a, b e c sono parametri reali, detti **coefficienti**, con $a \neq 0$.
Dunque, una parabola si identifica con l'insieme delle soluzioni dell'equazione (*), dato da

$$\left\{ (x, y) \in \mathbb{R}^2 : \quad y = ax^2 + bx + c \right\} \ .$$

Il punto V della parabola, di coordinate

$$\left(-\frac{b}{2a}, -\frac{\Delta}{4a} \right)$$

con $\Delta = b^2 - 4ac$, si dice **vertice della parabola**.
La retta di equazione

$$x = -\frac{b}{2a} \qquad (x, y) \in \mathbb{R}^2$$

si dice **asse di simmetria della parabola**.

Forma canonica di una parabola

Si dimostra che l'equazione di una qualsiasi parabola può essere ricondotta, mediante un cambio di coordinate, alla cosiddetta **forma canonica**:

$$y = ax^2 \qquad (x, y) \in \mathbb{R}^2 .$$

Forma e posizione di una parabola

La forma e la posizione nel piano cartesiano di una parabola di equazione

$$y = ax^2 + bx + x \qquad (x, y) \in \mathbb{R}^2$$

sono influenzate dai valori dei coefficienti a, b e c.

Per comprendere a grandi linee in quale modo ciascuno di tali coefficienti influisce, osserviamo che l'equazione precedente può essere riscritta come:

$$y = a \left(x + \frac{b}{2a} \right)^2 - \frac{b^2 - 4ac}{4a} .$$

Avendo posto $\Delta = b^2 - 4ac$, si possono fare le seguenti osservazioni:

- se $a > 0$, allora la parabola è convessa, se $a < 0$ la parabola è concava
- fissato $a > 0$, al crescere (decrescere) di b il vertice della parabola si sposta verso sinistra (destra)

  fissato $a < 0$, al crescere (decrescere) di b il vertice della parabola si sposta verso destra (sinistra)
- se $\Delta > 0$, allora la parabola interseca l'asse delle ascisse nei punti di coordinate

$$\left(\frac{-b - \sqrt{\Delta}}{2a}, 0 \right) \qquad \left(\frac{-b + \sqrt{\Delta}}{2a}, 0 \right)$$

se $\Delta = 0$, allora la parabola interseca l'asse delle ascisse in corrispondenza del vertice

se $\Delta < 0$, allora la parabola non interseca l'asse delle ascisse.

Equazioni di secondo grado in una incognita

Fissati i parametri reali a, b e c, con $a \neq 0$, si dice **equazione di secondo grado in una incognita** l'equazione

$$ax^2 + bx + c = 0 \qquad x \in \mathbb{R} . \qquad (*)$$

Geometricamente, tale equazione corrisponde alla ricerca del valore dell'ascissa di eventuali punti di intersezione fra la parabola di equazione

$$y = ax^2 + bx + c \qquad (x, y) \in \mathbb{R}^2$$

e l'asse delle ascisse

$$y = 0 \qquad (x, y) \in \mathbb{R}^2 \, .$$

Possiamo così concludere che:

• se $\Delta < 0$, allora l'equazione (*) non ammette soluzioni
• se $\Delta = 0$, allora l'equazione (*) si riscrive come

$$a\left(x + \frac{b}{2a}\right)^2 = 0$$

ossia

$$a\left(x + \frac{b}{2a}\right)\left(x + \frac{b}{2a}\right) = 0 \, .$$

Per la legge di annullamento del prodotto, possiamo concludere che l'equazione (*) ammette due soluzioni reali coincidenti, pari a

$$x = -\frac{b}{2a} \, .$$

In tal caso si dice anche che la soluzione $-b/2a$ ha **molteplicità algebrica** 2
• se $\Delta > 0$, allora l'equazione (*) ammette le due soluzioni reali distinte

$$x_1 = \frac{-b - \sqrt{\Delta}}{2a} \qquad x_2 = \frac{-b + \sqrt{\Delta}}{2a} \, .$$

La circonferenza

Al concetto geometrico di **circonferenza** (definito come il luogo geometrico dei punti del piano equidistanti da un punto detto *centro*) corrisponde la seguente **equazione di secondo grado** in due incognite reali:

$$(x - x_0)^2 + (y - y_0)^2 = r^2 \qquad (x, y) \in \mathbb{R}^2$$

ove (x_0, y_0) sono le coordinate del centro, $r > 0$ è il **raggio**, cioè la distanza fra un qualsiasi punto della circonferenza ed il centro.

2. Funzioni reali di variabile reale

2.1 Definizioni principali

Consideriamo un esempio iniziale. L'insieme dei possibili piani di consumo relativi a due beni è descritto dalla relazione

$$p_1 x_1 + p_2 x_2 = M \qquad x_1, x_2 \in \mathbb{R}_+ . \qquad (+)$$

Fissati i prezzi $p_1 > 0$ e $p_2 > 0$ ed il livello $M > 0$ di reddito disponibile , la relazione precedente individua le quantità x_1 e x_2 dei due beni che si possono acquistare spendendo interamente il proprio reddito M. Poiché, ad esempio, $p_2 > 0$ possiamo ricavare l'espressione

$$x_2 = -\frac{p_1}{p_2} x_1 + \frac{M}{p_2} \qquad x_1 \in \mathbb{R}_+ . \qquad (*)$$

In dipendenza dai valori assunti da x_1, scelti nell'insieme $\mathbb{R}_+$, la $(*)$ indica quale deve essere il valore di x_2 al fine di soddisfare la $(+)$.

Dunque, x_1 nella $(*)$ assume il ruolo di **variabile indipendente** (scelta in un certo insieme fissato) mentre x_2 si dice **variabile dipendente**. La relazione espressa nella $(*)$ permette di associare ad ogni valore di x_1 un unico valore di x_2.

Quanto descritto nell'esempio può essere generalizzato e formalizzato mediante l'idea di legame funzionale fra due grandezze.

Definizione *Diciamo che è assegnata una **funzione reale di variabile reale**, indicata con*

$$f : X \to \mathbb{R}, \quad X \subseteq \mathbb{R}$$

se è data una relazione che ad ogni elemento x appartenente all'insieme di numeri reali X associa uno ed uno solo numero reale y.

La specificazione della legge f può essere fatta in vari modi. Spesso però la legge viene espressa mediante una formula che coinvolge determinate operazioni. In tal caso, si usa scrivere:

$$f(x) = \text{"formula"} .$$

L'insieme X si dice **dominio** della funzione, indicato con dom(f). Il **codominio** sarà, salvo diversa indicazione, l'insieme dei numeri reali.

Sottolineiamo che è assegnata una funzione reale di variabile reale una volta che si siano dati:

- il *dominio*, cioè un sottoinsieme X dell'insieme dei numeri reali $\mathbb{R}$, cioè un insieme di informazioni in ingresso (input)
- la *legge* f che associa ad ogni elemento di X uno ed un solo numero reale, cioè un modo per trasformare ciascun input in una sola informazione in uscita (output).

Attenzione: Le lettere impiegate per indicare la variabile indipendente e la legge possono essere scelte arbitrariamente nel senso che, ad esempio, le scritture

$$f(x) = x^3 \qquad h(t) = t^3 \qquad g(\delta) = \delta^3$$

sono da intendersi equivalenti.
In talune occasioni può essere opportuno distinguere meglio i simboli per sottolineare l'appartenenza ad insiemi differenti delle variabili in questione.

Dominio naturale

Consideriamo, ad esempio, la scrittura:

$$f(x) = x^2 \qquad\qquad (*)$$

Non essendo indicato in quale insieme si scelgono i valori della variabile indipendente x, la (*) indica la legge che trasforma un valore in ingresso in un unico valore in uscita. In casi come questi, si può pensare che sia assegnata una funzione definita sul più ampio insieme di numeri reali per cui risulta ben definita la legge assegnata ossia il più ampio insieme di numeri reali ai quali ha senso applicare f.
In questo contesto tale insieme si dice **dominio naturale** di f.
Nell'esempio, il dominio naturale è $\mathbb{R}$.

Restrizione, prolungamento

Dalla definizione di funzione segue che le funzioni

$$f : [0, 1] \to \mathbb{R} \qquad f(x) = x^3$$

$$g : \mathbb{R} \to \mathbb{R} \qquad g(x) = x^3$$

sono differenti fra loro: pur avendo uguale legge, differiscono fra loro i relativi domini.

In casi come questo è possibile comunque segnalare il fatto che, a parità di legge, ci sia una "gerarchia" (in termini di inclusione insiemistica) fra i domini corrispondenti.

Definizione *Siano*

$$f : X_1 \to \mathbb{R}, \quad X_1 \subseteq \mathbb{R} \quad e \quad g : X_2 \to \mathbb{R}, \quad X_2 \subseteq \mathbb{R}$$

due funzioni. Se

$$X_1 \subset X_2 \quad e \quad f(x) = g(x) \qquad \forall x \in X_1$$

*allora f si dice **restrizione** di g a X_1 e g si dice **prolungamento** di f a X_2.*

Grafico

Assegnata una funzione reale di variabile reale $f : X \to \mathbb{R}$, ad ogni valore x della variabile indipendente corrisponde uno ed un solo valore $f(x)$.

Una descrizione completa della relazione fra variabile indipendente e dipendente viene quindi fornita "collezionando" tutte le possibili coppie $(x, f(x))$.

Definizione *Il **grafico** di una funzione $f : X \to \mathbb{R}$, $X \subseteq \mathbb{R}$, indicato con G_f, si definisce come il sottoinsieme di $\mathbb{R}^2$ dei punti la cui prima coordinata appartiene a X e la seconda coordinata è la corrispondente immagine tramite f :*

$$G_f = \left\{ (x, y) \in \mathbb{R}^2 : \ x \in X, \ y = f(x) \right\} \ .$$

Poiché il grafico di una funzione reale di variabile reale è un sottoinsieme di $\mathbb{R}^2$ è prassi cercare di visualizzarlo con un disegno rispetto ad un sistema di riferimento cartesiano, ottenendo una descrizione di come la variabile dipendente cambia al variare della variabile indipendente.

Non si deve confondere il grafico con il suo eventuale disegno: è possibile comunque fornire esempi di funzioni il cui grafico non è disegnabile! Nel seguito verranno elaborate alcune tecniche per giungere (ove sia possibile) a disegnare il grafico di una funzione, a partire dalla conoscenza della legge che la definisce.

Se si ha a disposizione il disegno del grafico di una funzione se ne può ricavare il dominio:

> *un punto sull'asse delle ascisse appartiene al dominio se la retta parallela all'asse delle ordinate e passante per quel punto interseca il grafico della funzione.*

Insieme immagine

Data la funzione

$$f : \mathbb{R} \to \mathbb{R} \qquad f(x) = x^2$$

al variare di $x \in \mathbb{R}$ possiamo "collezionare" i corrispondenti valori $f(x)$.

Ad esempio, a $x = 2$ corrisponde $f(2) = 4$, a $x = -1$, corrisponde il numero $f(-1) = 1$.

Introduciamo alcune definizioni che consentono, in generale, di individuare tutti i valori assunti da una data funzione.

Definizione *Data una funzione $f : X \to \mathbb{R}$, $X \subseteq \mathbb{R}$, se $y \in \mathbb{R}$ è in relazione ad $x \in \mathbb{R}$ mediante f, diciamo che y è **immagine** di x mediante f e scriviamo $y = f(x)$.*

*Si dice **insieme immagine**, indicato con $\mathrm{im}(f)$ o $f(X)$, il sottoinsieme di tutti i numeri reali che sono immagine tramite f di qualche elemento $x \in X$:*

$$\mathrm{im}(f) = f(X) = \{y \in \mathbb{R} : \ y = f(x), \ x \in X\} \ .$$

Se W è un sottoinsieme di X , indicheremo con $f(W)$ l'immagine tramite f di W:

$$f(W) = \{y \in \mathbb{R} : \ y = f(x), \ x \in W\} \ .$$

Per determinare l'insieme immagine di una funzione reale di variabile reale $f : X \to \mathbb{R}$, $X \subseteq \mathbb{R}$, si può procedere in due modi:

- **per via analitica**, determinando tutti i valori $y \in \mathbb{R}$ tali che l'equazione

$$y = f(x) \qquad x \in X$$

ammetta almeno una soluzione in X.

In generale, fornire una risposta esplicita a tale questione risulta particolarmente difficile;

- **per via grafica**, tracciando in corrispondenza ad ogni punto y sull'asse delle ordinate la retta parallela all'asse delle ascisse e passante per il punto $(0, y)$, verificando se esiste almeno una intersezione con il grafico di f: in tal caso y appartiene all'insieme immagine di f.

Controimmagine

Assegnata la funzione di domanda

$$Q(p) = 2 - \frac{1}{2}p \qquad p \in [0, 4]$$

si supponga di voler determinare per quali livelli di prezzo il livello della domanda supera il livello 1.

Ciò significa che è assegnato un dato insieme nel codominio, l'insieme $[1, +\infty)$, e si vuole determinare per quali valori (se esistono) della variabile indipendente p le immagini corrispondenti $Q(p)$ appartengono a tale insieme.

Nel caso in questione il problema equivale dal punto di vista analitico a risolvere la disequazione

$$2 - \frac{1}{2}p \geq 1 \qquad p \in [0, 4]$$

che ammette per soluzione

$$0 \leq p \leq 2 \, .$$

L'analisi grafica evidenzia come, fissato un insieme nel codominio il problema affrontato equivalga a "tornare indietro" per determinare eventuali valori nel dominio della funzione considerata.

Formalizziamo le idee esposte.

Definizione *Data una funzione $f : X \to \mathbb{R}$, $X \subseteq \mathbb{R}$, e un insieme $Y \subseteq \mathbb{R}$, si dice **controimmagine** di Y secondo f, indicato con*

$f^{-1}(Y)$, *il sottoinsieme del dominio X i cui elementi hanno immagine tramite f appartenente a Y:*

$$f^{-1}(Y) = \{x \in X : f(x) = y, \ y \in Y\} \ .$$

Assegnata una funzione $f : X \to \mathbb{R}$, $X \subseteq \mathbb{R}$, ed un insieme $Y \subseteq \mathbb{R}$, per *determinare la controimmagine* di Y tramite f, si può procedere in due modi:

- **per via analitica**, risolvendo l'insieme di problemi:

$$\forall y \in Y : \qquad y = f(x) \qquad x \in X$$

  che si formalizzano mediante sistemi di disequazioni (o equazioni);
- **per via grafica**: a partire dal disegno del grafico di f, per ogni $y \in Y$ si traccia la retta parallela all'asse delle ascisse e si determinano eventuali punti di intersezione con il grafico di f. Le ascisse di tali punti rappresentano le (eventuali) controimmagini di y tramite f.

2.2 Funzioni elementari

Le tipologie di funzioni che si possono considerare sono ovviamente sterminate. Tuttavia è possibile classificare una serie di "casi fondamentali" solitamente denominati funzioni elementari. Ciò non significa che si ha a che fare con casi banali ma che tali funzioni si possono considerare gli elementi costitutivi con i quali realizzare funzioni più complesse.

Come si noterà, la maggior parte delle funzioni elementari si definiscono mediante operazioni che al lettore dovrebbero risultare note.

Funzioni lineari

Definizione   *Fissato un numero reale m, si dice* **funzione lineare** *da $\mathbb{R}$ in $\mathbb{R}$ la legge che ad ogni numero reale $x \in \mathbb{R}$ associa il numero reale mx ottenuto moltiplicando x per m:*

$$f : \mathbb{R} \to \mathbb{R} \qquad f(x) = mx \ .$$

Una funzione lineare esprime un legame di **proporzionalità diretta** fra variabile indipendente x e variabile dipendente $y = f(x)$, con costante di proporzionalità m.

Scelti infatti $x_1, x_2 \in \mathbb{R}$ con $x_1 \neq x_2$, il rapporto fra la variazione della variabile indipendente $x_1 - x_2$ e la corrispondente variazione della variabile dipendente $f(x_1) - f(x_2)$:

$$\frac{f(x_1) - f(x_2)}{x_1 - x_2} = \frac{mx_1 - mx_2}{x_1 - x_2} = m$$

è costante e dunque variabile dipendente ed indipendente variano nella stessa proporzione, data da m.

Proprietà

Il grafico di una funzione lineare è quello di una retta passante per l'origine di coefficiente angolare pari a m.
L'insieme immagine è tutto $\mathbb{R}$ se $m \neq 0$, è $\{0\}$ se $m = 0$.

Casi particolari notevoli di funzioni lineari sono:

- per $m = 1$, la **funzione identità**, indicata con id, che associa ad ogni numero reale x lo stesso numero reale:

$$\text{id} : \mathbb{R} \to \mathbb{R} \qquad \text{id}(x) = x$$

Il suo grafico è dato dalla bisettrice del I e III quadrante;

- per $m = -1$, la **funzione opposto** che ad ogni numero reale associa il suo opposto:

$$f : \mathbb{R} \to \mathbb{R} \qquad f(x) = -x$$

Il suo grafico è dato dalla bisettrice del II e IV quadrante.

Funzioni (lineari) affini

Definizione *Fissati due numeri reali m e q, si dice **funzione (lineare) affine** da $\mathbb{R}$ a $\mathbb{R}$, la legge che ad ogni numero reale x associa il numero reale $mx + q$:*

$$f : \mathbb{R} \to \mathbb{R} \qquad f(x) = mx + q \ .$$

Analogamente al caso particolare delle funzioni lineari, anche le funzioni affini esprimono un legame di proporzionalità diretta fra le variabili dipendente e indipendente.

Proprietà

Il grafico di una funzione lineare affine è quello di una retta di coefficiente angolare m ed ordinata all'origine q. L'insieme immagine è tutto $\mathbb{R}$ se $m \neq 0$, è $\{q\}$ se $m = 0$.

Funzioni potenza

Definizione *Si definisce **funzione potenza** di esponente reale α, α numero reale fissato, la funzione definita da*

$$f : \mathbb{R}_+ \to \mathbb{R} \qquad f(x) = x^\alpha \ .$$

Se α assume particolari valori, allora cambiano il dominio naturale ed alcune delle proprietà. Tralasciamo dalla nostra analisi il caso banale $\alpha = 0$, a cui corrisponde la funzione

$$f : \mathbb{R}_+ \to \mathbb{R} \qquad f(x) = 1 \ .$$

Alcune proprietà si ricavano immediatamente dalle proprietà delle potenze ad esponente reale.

Se $\alpha \in \mathbb{R}_+$, allora una funzione potenza è definita per $x \in \mathbb{R}_+ \cup \{0\}$ con $f(0) = 0$, $f(1) = 1$ e $\operatorname{im}(f) = \mathbb{R}_+ \cup \{0\}$.

Funzioni esponenziali

Definizione *Dato un numero $a \in \mathbb{R}_+ \setminus \{1\}$, si dice **funzione esponenziale** di base a ed esponente x la funzione $f : \mathbb{R} \to \mathbb{R}$ definita da*

$$f(x) = a^x \ .$$

Parleremo di **base naturale** quando $a = e$ (numero di Nepero).

Dalla definizione e dalle proprietà delle potenze segue che, qualsiasi sia il valore della base, una funzione esponenziale è sempre positiva, $f(0) = 1$, $\operatorname{im}(f) = \mathbb{R}_+$.

Funzioni logaritmiche

Definizione *Dato un numero $a \in \mathbb{R}_+ \setminus \{1\}$, si dice **funzione logaritmica** di base a ed argomento x la funzione $f : \mathbb{R}_+ \to \mathbb{R}$ definita da*

$$f(x) = \log_a x \ .$$

Dalla definizione di logaritmo di un numero reale positivo si deduce che $f(1) = 0$. Inoltre $\operatorname{im}(f) = \mathbb{R}$.

Funzioni trigonometriche

Data la circonferenza di centro nell'origine e raggio unitario (detta circonferenza goniometrica) possiamo associare ad ogni punto P su di essa una coppia ordinata di numeri reali (a, b) che rappresentano le sue coordinate cartesiane.

La collocazione del punto P è però anche univocamente determinata dall'angolo x (misurato in radianti) formato dal raggio congiungente l'origine e il punto stesso, con la direzione positiva dell'asse delle ascisse.

Ad ogni valore dell'angolo x risultano così associati due valori $a(x)$ e $b(x)$. Le quantità a e b sono quindi funzione di x : la prima si dice "coseno di x", indicata con $\cos x$, la seconda "seno di x", indicata con $\operatorname{sen} x$.

In tutti e due i casi si ha $\operatorname{im}(f) = [-1, 1]$.

Ovviamente la definizione stessa permette di concludere immediatamente che

$$(\cos x)^2 + (\operatorname{sen} x)^2 = 1 \qquad \forall x \in \mathbb{R} .$$

Funzioni di uso comune

Accanto alle cosiddette funzioni elementari è opportuno conoscere altre funzioni di semplice definizione e di uso frequente nelle applicazioni.

Funzione modulo

Definizione

*Si definisce **funzione modulo**, indicata con $|\cdot|$, la legge che ad ogni numero reale x associa il numero reale stesso, se questi è non negativo, oppure il suo opposto se x è negativo:*

$$|\cdot| : \mathbb{R} \to \mathbb{R} \qquad |x| = \begin{cases} x & x \geq 0 \\ -x & x < 0 \end{cases}$$

Funzione segno

Definizione *Si definisce **funzione segno**, indicata con sgn, la legge che ad ogni numero reale x associa 1 se x è positivo, 0 se x è nullo oppure -1 se x è negativo:*

$$\operatorname{sgn} : \mathbb{R} \to \mathbb{R} \qquad \operatorname{sgn}(x) = \begin{cases} 1 & x > 0 \\ 0 & x = 0 \\ -1 & x < 0 \end{cases}$$

Funzione parte intera

Definizione *Si definisce **funzione parte intera**, indicata con $[\cdot]$ la legge che ad ogni numero reale associa la sua parte intera:*

$$[\cdot] : \mathbb{R} \to \mathbb{R} \qquad [x] = \text{ max numero intero non maggiore di } x \ .$$

Funzione parte frazionaria (o **mantissa**)

Definizione *Si definisce **funzione parte frazionaria**, indicata con $(\cdot)$ la legge che ad ogni numero reale x associa la sua parte frazionaria:*

$$(\cdot) : \mathbb{R} \to \mathbb{R} \qquad (x) = x - [x] \ .$$

Funzione massimo

Definizione *Date due funzioni $f, g : X \to \mathbb{R}$, $X \subseteq \mathbb{R}$, si definisce **funzione massimo** (fra f e g), indicata con $f \vee g$, la funzione che ad ogni $x \in X$ associa il maggiore fra i valori $f(x)$ e $g(x)$:*

$$f \vee g : X \to \mathbb{R} \qquad (f \vee g)(x) = \max\{f(x), g(x)\} \ .$$

Funzione minimo

Definizione *Date due funzioni $f, g : X \to \mathbb{R}$, $X \subseteq \mathbb{R}$, si definisce **funzione minimo** (fra f e g), indicata con $f \wedge g$, la funzione che ad ogni $x \in X$ associa il minore fra i valori $f(x)$ e $g(x)$:*

$$f \wedge g : X \to \mathbb{R} \qquad (f \wedge g)(x) = \min\{f(x), g(x)\} \ .$$

Funzione parte positiva e parte negativa

Definizione *Si dice **parte positiva**, indicata con $(\cdot)^+$, la funzione che ad ogni numero reale associa il numero stesso se questi è positivo, e 0 se il numero è nullo o negativo:*

$$(\cdot)^+ : \mathbb{R} \to \mathbb{R} \qquad (x)^+ = \max\{x, 0\} \ .$$

*Si dice **parte negativa**, indicata con $(\cdot)^-$, la funzione che ad ogni numero reale associa il numero stesso cambiato di segno se questi è negativo, e 0 se il numero è nullo oppure positivo:*

$$(\cdot)^- : \mathbb{R} \to \mathbb{R} \qquad (x)^- = \max\{-x, 0\} \ .$$

2.3 Funzioni suriettive, iniettive, biiettive

Data una funzione reale di variabile reale $f : X \to \mathbb{R}$ ad ogni elemento del dominio è associato un unico numero reale.

Tuttavia, assegnato un qualsiasi numero reale (appartenente al codominio) non è detto che esso sia immagine di qualche elemento di X e, in caso affermativo che sia immagine di un unico elemento di X.

Funzioni suriettive

Definizione *Una funzione $f : X \to \mathbb{R}$, $X \subseteq \mathbb{R}$, si dice **suriettiva** se il proprio insieme immagine coincide con il codominio:*

$$f(X) = \mathbb{R} \ .$$

Una qualunque funzione "può diventare" suriettiva se la si considera a valori nel proprio insieme immagine.

Per poter determinare se una data funzione è suriettiva, si può procedere in due modi:

- **per via analitica**, osservando che una funzione a valori reali è suriettiva se per ogni valore fissato $y \in \mathbb{R}$, l'equazione $y = f(x)$ ammette almeno una soluzione $x \in X$;

- **per via grafica**, osservando che:

   una funzione a valori reali è suriettiva se ogni retta parallela all'asse delle ascisse interseca in almeno un punto il suo grafico.

Funzioni iniettive

Definizione *Una funzione $f : X \to \mathbb{R}$, $X \subseteq \mathbb{R}$, si dice **iniettiva** se valori distinti della variabile indipendente hanno immagini, tramite f, distinte:*

$$\forall x_1, x_2 \in X : \quad x_1 \neq x_2 \quad \Rightarrow \quad f(x_1) \neq f(x_2) \ .$$

Per determinare se una data funzione $f : X \to \mathbb{R}$, $X \subseteq \mathbb{R}$, è iniettiva si può procedere in due modi:

- **per via analitica**, osservando che una funzione è iniettiva se per ogni $y \in f(X)$ fissato, l'equazione $y = f(x)$ ammette una ed una sola soluzione $x \in X$;

- **per via grafica:**
  una funzione reale di variabile reale è iniettiva se ogni retta parallela all'asse delle ascisse interseca in al più un punto il suo grafico.

Funzioni biiettive

Definizione *Una funzione $f : X \to \mathbb{R}$, $X \subseteq \mathbb{R}$ si dice **biiettiva** se è sia suriettiva, sia iniettiva.*

Una funzione è biiettiva se per ogni $y \in \mathbb{R}$ fissato, l'equazione $y = f(x)$ ammette una ed una sola soluzione $x \in X$.

2.4 Operazioni fra funzioni

Il fatto di considerare funzioni a valori reali consente di definire alcune delle usuali operazioni fra numeri reali anche per funzioni. Ciò conduce alla definizione di alcune particolari funzioni.

Funzioni somma e differenza

Definizione *Date due funzioni reali di variabile reale f e g definite sullo stesso insieme $X \subseteq \mathbb{R}$, si dice **funzione somma** la funzione, indicata con $f + g$, che ad ogni elemento di X associa la somma delle sue immagini tramite f e g :*

$$f + g : X \to \mathbb{R} \qquad (f + g)(x) = f(x) + g(x) \ .$$

In modo del tutto analogo si definisce la funzione differenza :

$$f - g : X \to \mathbb{R} \qquad (f - g)(x) = f(x) - g(x) \ .$$

Funzione prodotto

Definizione *Date due funzioni reali di variabile reale f e g definite sullo stesso insieme $X \subseteq \mathbb{R}$, si dice **funzione prodotto** la funzione, indicata con $f \cdot g$, che ad ogni elemento di X associa il prodotto delle sue immagini tramite f e g :*

$$f \cdot g : X \to \mathbb{R} \qquad (f \cdot g)(x) = f(x) \cdot g(x) \ .$$

Funzioni razionali (intere)

Definizione   *Assegnati $n + 1$ numeri reali $a_0, a_1, \ldots, a_n$, si dice funzione razionale intera una qualsiasi funzione così definita:*

$$f : \mathbb{R} \to \mathbb{R} \qquad f(x) = a_0 + a_1 x + \cdots + a_n x^n \qquad n \in \mathbb{N}. \qquad (*)$$

*I numeri $a_0, a_1, \ldots, a_n$ si dicono **coefficienti** e, se $a_n \neq 0$, allora n si dice **grado**.*

Si noti che:

- se $n = 0$ allora $(*)$ definisce le funzioni costanti
- se $n = 1$ allora $(*)$ definisce le funzioni lineari affini
- se $n = 2$ allora $(*)$ definisce le cosiddette funzioni quadratiche, il cui grafico è quello di una parabola (con asse di simmetria parallelo all'asse delle ordinate).

Si noti che le funzioni razionali si costruiscono utilizzando prodotti e somme di funzioni costanti e funzioni potenza con esponente intero positivo.

Funzione quoziente

Definizione *Date due funzioni reali di variabile reale f e g definite sullo stesso insieme $X \subseteq \mathbb{R}$, indicato con Y l'insieme degli zeri di g:*

$$Y = \{x \in X : \ g(x) = 0\}$$

*si dice **funzione quoziente** fra f e g la funzione, indicata con f/g, che ad ogni elemento di $X \backslash Y$ associa il quoziente fra le sue immagini tramite f e g :*

$$\frac{f}{g} : X \backslash Y \to \mathbb{R} \qquad \left(\frac{f}{g} \right)(x) = \frac{f(x)}{g(x)} \ .$$

Funzioni razionali fratte

Definizione *Si dice **funzione razionale fratta** una qualsiasi funzione che sia esprimibile come quoziente di due funzioni razionali intere:*

$$f : X \to \mathbb{R} \qquad f(x) = \frac{P(x)}{Q(x)}$$

con $P, Q : X \to \mathbb{R}$ funzioni razionali intere e

$$X = \mathbb{R} \setminus \{x_1, x_2, \ldots, x_k\}$$

ove $\{x_1, x_2, \ldots, x_k\}$ è l'insieme degli zeri di Q.

Funzioni omografiche

Definizione *L'esempio più semplice (e non banale) di funzione razionale fratta è costituito dal rapporto fra due funzioni affini, che dà origine alla cosiddetta funzione omografica:*

$$f : X \to \mathbb{R} \qquad f(x) = \frac{ax + b}{cx + d} \ .$$

È necessario fare alcune precisazioni sul dominio X e sui parametri a, b, c, d:

- deve essere $c \neq 0$ per non ritrovarsi nel caso di funzione affine;
- per $c \neq 0$, il dominio X di f è tutto $\mathbb{R}$ meno il punto di coordinate $-d/c$:

$$X = \mathbb{R} \setminus \left\{ -\frac{d}{c} \right\} \ ;$$

- per $c \neq 0$ e $a \neq 0$, poiché

$$\frac{ax + b}{cx + d} = \frac{a}{c} \cdot \frac{cx + \dfrac{bc}{a}}{cx + d} = \frac{a}{c} \cdot \frac{cx + d + \dfrac{bc}{a} - d}{cx + d} =$$

$$= \frac{a}{c} + \frac{a}{c} \cdot \frac{\dfrac{bc}{a} - d}{cx + d} = \frac{a}{c} + \frac{a}{c} \cdot \frac{bc - ad}{a(cx + d)}$$

per non ricadere nel caso di funzione costante, è necessario richiedere che $ad \neq bc$.

Il grafico di una funzione omografica è quello di un'iperbole equilatera con asintoti di equazione

$$x = -\frac{d}{c} \qquad\qquad y = \frac{a}{c} \qquad\qquad c \neq 0 \ .$$

2.5 Funzioni composte

Dato, ad esempio, il numero reale 3, supponiamo di svolgere in
sequenza le seguenti operazioni, con una calcolatrice:

- calcolare $\log 3$
- calcolare il quadrato del risultato precedentemente ottenuto: $(\log 3)^2$.

Dunque, al numero 3 è associato uno ed uno solo numero: $(\log 3)^2$.
Se ripetessimo la sequenza di operazioni precedente per ogni x reale
positivo, otterremmo ogni volta il risultato $(\log x)^2$.
Possiamo quindi dire che mediante le funzioni

$$f : \mathbb{R}_+ \to \mathbb{R} \qquad f(x) = \log x$$

$$g : \mathbb{R} \to \mathbb{R} \qquad g(x) = x^2$$

siamo riusciti a costruire una nuova funzione:

$$h : \mathbb{R}_+ \to \mathbb{R} \qquad h(x) = (\log x)^2 \ .$$

La definizione che segue formalizza in generale l'idea esposta, precisando quando sia possibile procedere come nell'esempio considerato.

Definizione *Siano $f : X \to \mathbb{R}$, $X \subseteq \mathbb{R}$, e $g : Y \to \mathbb{R}$, $Y \subseteq \mathbb{R}$, due
funzioni. Se*

$$f(X) \subseteq Y$$

*allora risulta definita una funzione, detta **funzione composta**, indicata con $g \circ f$ e definita da:*

$$g \circ f : X \to \mathbb{R} \qquad (g \circ f)(x) = g(f(x)) \ .$$

La scrittura , si legge "g composto f ", ove il simbolo "$\circ$" indica il
prodotto di composizione.
La definizione data si può estendere facilmente ad un qualsiasi numero
finito di funzioni.
Se $Y = \mathbb{R}$ la condizione di composizione $f(X) \subseteq Y$ è sicuramente
soddisfatta.
Il prodotto di composizione gode della **proprietà associativa**: assegnate tre funzioni

$$f : X \to \mathbb{R} \quad X \subseteq \mathbb{R}$$
$$g : Y \to \mathbb{R} \quad Y \subseteq \mathbb{R}$$
$$h : Z \to \mathbb{R} \quad Z \subseteq \mathbb{R}$$

con

$$f(X) \subseteq Y \qquad e \qquad g(Y) \subseteq Z$$

vale l'uguaglianza

$$(f \circ g) \circ h = f \circ (g \circ h) \ .$$

Ciò implica che si possa semplicemente scrivere $f \circ g \circ h$, omettendo la parentesi.

Il prodotto di composizione **non gode della proprietà commutativa**: se, ad esempio, consideriamo le funzioni definite su $\mathbb{R}$ da

$$f(x) = x^2 \qquad e \qquad g(x) = \operatorname{sen} x$$

allora

$$(f \circ g)(x) = (\operatorname{sen} x)^2 \qquad e \qquad (g \circ f)(x) = \operatorname{sen}(x^2) \ .$$

Determinazione del grafico di particolari funzioni composte

In generale, noti i grafici di due funzioni f e g non è possibile da questi determinare il grafico delle funzioni composte $f \circ g$ e $g \circ f$.

Tuttavia, la composizione di una funzione $f : X \to \mathbb{R}$, $X \subseteq \mathbb{R}$, con particolari funzioni, determina una nuova funzione di cui è possibile disegnare il grafico quando risulta noto il grafico di f.

Composizione con funzioni lineari e lineari affini

Assegnata una funzione $f : X \to \mathbb{R}$, $X \subseteq \mathbb{R}$, se

$$g : \mathbb{R} \to \mathbb{R} \qquad g(x) = ax \qquad a \in \mathbb{R}_0$$

allora la funzione $g \circ f : X \to \mathbb{R}$ definita da

$$(g \circ f)(x) = af(x) \qquad a \in \mathbb{R}_0$$

è la funzione che si ottiene moltiplicando per a i valori di f.

In particolare, se $a = -1$, si ottiene

$$g(f(x)) = -f(x)$$

ossia la **funzione opposta** di f.

Se $(x, y) \in G_f$, allora $(x, -y) \in G_{g \circ f}$. Dunque:

il grafico di $-f$ si ottiene da quello di f operando una simmetria rispetto all'asse delle ascisse.

Se

$$g : \mathbb{R} \to \mathbb{R} \qquad g(x) = x + k \qquad k \in \mathbb{R}$$

allora la funzione composta $g \circ f : X \to \mathbb{R}$ è definita da

$$(g \circ f)(x) = f(x) + k$$

Se $(x, y) \in G_f$, allora $(x, y + k) \in G_{g \circ f}$. Dunque:

> *il grafico di $f + k$ si ottiene da quello di f mediante una traslazione verticale, verso l'alto se $k > 0$, verso il basso se $k < 0$.*

Se

$$g : Y \to \mathbb{R} \qquad g(x) = x + k \qquad k \in \mathbb{R}$$

con $Y \subseteq \mathbb{R}$ tale che valga l'inclusione $g(Y) \subseteq X$, allora la funzione composta $f \circ g : Y \to \mathbb{R}$ è definita da

$$(f \circ g)(x) = f(x + k) \ .$$

Se $(x, y) \in G_f$, allora $(x - k, y) \in G_{f \circ g}$. Dunque:

> *il grafico di $f(x + k)$ si ottiene da quello di f mediante una traslazione orizzontale, verso sinistra se $k > 0$, verso destra se $k < 0$.*

Composizione con la funzione modulo

Assegnata una funzione $f : X \to \mathbb{R}$, $X \subseteq \mathbb{R}$, se

$$g : \mathbb{R} \to \mathbb{R} \qquad g(x) = |x|$$

allora la funzione composta $g \circ f : X \to \mathbb{R}$ è definita da

$$(g \circ f)(x) = |f(x)|$$

Dalla definizione di modulo, ricaviamo che:

- se $(x, y) \in G_f$ e $y \geq 0$, allora $(x, y) \in G_{g \circ f}$
- se $(x, y) \in G_f$ e $y < 0$, allora $(x, -y) \in G_{g \circ f}$.

Dunque:

> *il grafico di $|f|$ coincide con quello di f, quando f presenta valori non negativi, mentre si ottiene "ribaltando" il grafico di f rispetto all'asse delle ascisse quando f presenta valori negativi.*

Se

$$g : Y \to \mathbb{R} \qquad g(x) = |x|$$

con $Y \subseteq \mathbb{R}$ tale che valga l'inclusione $g(Y) \subseteq X$, allora la funzione composta $f \circ g : Y \to \mathbb{R}$ definita da

$$(f \circ g)(x) = f(|x|)$$

è la funzione definita da $f(x)$ se $x \geq 0$, da $f(-x)$ se $x < 0$.

Il grafico di $f(|x|)$ si ottiene disegnando quello di $f(x)$ per $x \geq 0$ e, per $x < 0$, ribaltando quanto ottenuto simmetricamente rispetto all'asse delle ordinate.

Le considerazioni sulla possibilità di determinare il grafico di una funzione che sia composizione di una funzione di cui è noto il grafico con una particolare funzione (lineare, lineare affine, modulo) si possono estendere a situazioni più complesse ove siano presenti più composizioni del tipo analizzato. In tal caso, per disegnare il grafico della funzione composta conviene procedere per passi successivi.

Attenzione: È noto che le lettere impiegate per indicare variabili indipendente e dipendente in generale sono arbitrarie. Quando si tratta con funzioni composte può essere importante sottolineare che "la funzione più esterna" ha come dominio un insieme sul quale la "funzione più interna" assume i propri valori: in tal caso è opportuno impiegare lettere differenti per indicare le variabili.

Se, ad esempio, consideriamo due funzioni $f : X \to \mathbb{R}$, $X \subseteq \mathbb{R}$ e $g : Y \to \mathbb{R}$, $Y \subseteq \mathbb{R}$, con $\mathrm{im}(f) \subseteq Y$, può essere opportuno indicare le rispettive leggi con $f(x)$ e $g(y)$; poiché si può definire la funzione composta $g \circ f$ per indicare che ogni valore di f può essere visto come elemento del dominio di g scriveremo $y = f(x)$.

2.6 Funzioni inverse

Si dice **funzione di domanda** relativa ad un dato bene, la funzione

$$Q : \mathbb{R}_+ \cup \{0\} \to \mathbb{R}$$

che associa ad ogni livello di prezzo al quale il bene è venduto, la quantità venduta del bene.

Dunque, una funzione di domanda risponde al quesito:

in corrispondenza di un dato prezzo, quale sarà la quantità venduta del bene?

È tuttavia possibile porsi un'altra domanda:

fissato un dato obiettivo di vendita, ossia per un dato livel-lo di merce venduta, quale deve essere il livello di prezzo che garantisce il raggiungimento di tale obiettivo?

Si noti che per rispondere al secondo quesito è necessario scambiare i ruoli delle variabili prezzo e quantità: il prezzo è la variabile dipendente, la quantità è la variabile indipendente.
Ad esempio, se consideriamo la funzione di domanda

$$Q(p) = 2p - 1 \qquad p \geq 0$$

per rispondere al secondo quesito è necessario ricavare p in funzione di Q:

$$p(Q) = \frac{1}{2}Q + \frac{1}{2} \qquad Q \geq 0 .$$

Nel seguito formalizzeremo l'idea alla base dell'esempio considerato.

Definizione *Una funzione $f : X \to f(X)$, $X \subseteq \mathbb{R}$, si dice **invertibile** se, per ogni elemento $y \in f(X)$, esiste un unico $x \in X$ tale che $y = f(x)$, ossia se e solo se è iniettiva.*
*La funzione che ad ogni elemento $y \in f(X)$ associa l'unico $x \in X$ tale che $y = f(x)$ si dice **funzione inversa** di f, indicata con f^{-1}:*

$$f^{-1} : f(X) \to X \qquad f^{-1}(y) = x .$$

Se $f : X \to f(X)$ è una funzione invertibile, dalle relazioni

$$y = f(x) \qquad\qquad x = f^{-1}(y)$$

con $x \in X$ e $y \in f(X)$, si deducono le identità

$$y = f(f^{-1}(y)) = (f \circ f^{-1})(y)$$
$$x = f^{-1}(f(x)) = (f^{-1} \circ f)(x) .$$

Dunque, in termini di prodotto di composizione:

una funzione $f : X \to f(X)$, $X \subseteq \mathbb{R}$, è invertibile se esiste una funzione $g : f(X) \to X$ tale che

$$g \circ f = \mathrm{id}_X \qquad\qquad f \circ g = \mathrm{id}_{f(X)} \ .$$

dove id_X e $\mathrm{id}_{f(X)}$ sono rispettivamente la funzione di identità su X e su $f(X)$.

Studio dell'invertibilità di una funzione

Per stabilire se una data funzione $f : X \to \mathbb{R}$, $X \subseteq \mathbb{R}$ sia invertibile, si può procedere in due modi:

- **per via analitica**, f è invertibile se e solo se per ogni $y \in f(X)$ l'equazione
$$y = f(x) \qquad\qquad x \in X$$
ammette una ed una sola soluzione.
Se si riesce ad esplicitare x in funzione di y, si ottiene in forma esplicita la legge che definisce la funzione inversa;

- **per via grafica**: a partire dal disegno del suo grafico, f è invertibile se ogni retta parallela all'asse delle ascisse tracciata in corrispondenza di un qualsiasi elemento dell'insieme immagine di f, interseca il grafico di f in uno ed un solo punto.

Relazione fra funzioni esponenziali e logaritmiche

Poiché la funzione logaritmica è la funzione inversa dell'esponenziale (e viceversa!), si può ricavare una relazione che risulta utile sia nel calcolo dei limiti, sia nel calcolo di derivate.

Data una funzione $f : X \to \mathbb{R}$, $X \subseteq \mathbb{R}$, positiva, e una funzione $g : X \to \mathbb{R}$, consideriamo la funzione $h : X \to \mathbb{R}$ definita da

$$h(x) = [f(x)]^{g(x)} \ .$$

Allora, poiché se $y = a^x$ si ha $x = \log_a y$, possiamo scrivere

$$h(x) = a^{\log_a [f(x)]^{g(x)}} = a^{g(x) \log_a [f(x)]} \ .$$

Risulta poi particolarmente utile la scelta della base naturale, per la quale risulta

$$h(x) = e^{\log [f(x)]^{g(x)}} = e^{g(x) \log [f(x)]} \ .$$

Attenzione: *Non si deve confondere l'esistenza della funzione inversa con la possibilità di determinarne esplicitamente la legge analitica.* Ad esempio, la funzione

$$f : \mathbb{R} \to \mathbb{R} \qquad f(x) = 2^x + x$$

è invertibile; infatti, per ogni coppia $x_1, x_2 \in X$ tale che $x_1 < x_2$ $(x_1 > x_2)$ si ha:

$$f(x_1) - f(x_2) = (2^{x_1} - 2^{x_2}) + (x_1 - x_2) < 0 \quad (> 0) \ .$$

Tuttavia, non è possibile esprimere in "termini elementari" la legge della funzione inversa.

Grafico di una funzione inversa

Se $f : X \to \mathbb{R}$, $X \subseteq \mathbb{R}$, è una funzione invertibile, il grafico della sua funzione inversa f^{-1} è dato da

$$G_{f^{-1}} = \left\{ (y, x) \in \mathbb{R}^2 : \ y \in f(X), x = f^{-1}(y) \right\} \ .$$

Quindi il grafico di f^{-1} si ottiene da quello di f scambiando i ruoli di x e y.

Qualora si abbia a disposizione il disegno del grafico di f, per disegnare il grafico di f^{-1} si procede nel seguente modo. Se (x_0, y_0) è un punto del grafico di f, per disegnare il corrispondente punto (y_0, x_0) sul grafico di f^{-1} si riporta il valore di x_0 sull'asse delle ordinate e il valore di y_0 sull'asse delle ascisse applicando la funzione identità. Ripetendo il ragionamento per tutti i punti del grafico di si conclude che:

> *il grafico di f^{-1} si ottiene a partire da quello di f operando una simmetria rispetto alla bisettrice del primo e terzo quadrante.*

Funzioni trigonometriche inverse

Le funzioni seno, coseno e tangente non sono iniettive sul proprio dominio (naturale) in quanto periodiche. Tuttavia, è possibile determinare delle opportune restrizioni che risultano invertibili.

Funzione arcoseno

Definizione *La funzione* sen $: [-\pi/2, \pi/2] \to \mathbb{R}$ *è iniettiva, con insieme immagine l'intervallo* $[-1, 1]$. *Risulta così definita la sua funzione* *inversa, detta **arcoseno**, indicata con* arcsen, *definita su* $[-1, 1]$, *a valori in* $[-\pi/2, \pi/2]$.

Funzione arcocoseno

Definizione   *La restrizione della funzione* cos *all'intervallo* $[0, \pi]$ *è una funzione iniettiva, con insieme immagine l'intervallo* $[-1, 1]$. *Risulta allora definita la sua funzione inversa, detta **arcocoseno**, indicata con* arccos, *definita su* $[-1, 1]$, *a valori in* $[0, \pi]$.

Funzione arcotangente

Definizione *La restrizione della funzione* tg *all'intervallo* $(-\pi/2, \pi/2)$ *è una funzione iniettiva, con insieme immagine tutto* $\mathbb{R}$. *Risulta allora definita la sua funzione inversa, detta **arcotangente**, indicata con* arctg, *definita su tutto* $\mathbb{R}$, *a valori in* $(-\pi/2, \pi/2)$.

2.7 Funzioni e struttura d'ordine su $\mathbb{R}$

La presenza di una struttura d'ordine su $\mathbb{R}$ consente di operare un confronto fra elementi del dominio e dell'insieme immagine di una funzione reale di variabile reale. Tutto ciò conduce all'introduzione di alcune definizioni di grande rilevanza, che fanno riferimento sia al confronto di differenti valori assunti da una stessa funzione, sia a valori assunti nello stesso punto da funzioni differenti.

Confronto fra funzioni differenti

Definizione   *Siano* $f, g : X \to \mathbb{R}$, $X \subseteq \mathbb{R}$, *due funzioni reali di variabile reale definite sullo stesso insieme* X.
Diciamo che:

- *f è **maggiore** (oppure **non minore**) di g, e scriviamo $f \geq g$, se*

$$f(x) \geq g(x) \qquad \forall x \in X;$$

  *in questo caso g si dice **minore** (o **non maggiore**) di f e si scrive $g \leq f$;*

- *f è **strettamente maggiore** di g, e scriviamo $f > g$, se*

$$f(x) > g(x) \qquad \forall x \in X;$$

  *in questo caso g si dice **strettamente minore** di f e si scrive $g < f$.*

In particolare, se g è la funzione identicamente nulla, allora f si dice:

- **funzione positiva** se $f > 0$, cioè se $f(x) > 0$ per ogni $x \in X$
- **funzione non negativa** se $f \geq 0$, cioè se $f(x) \geq 0$ per ogni $x \in X$
- **funzione negativa** se $f < 0$, cioè se $f(x) < 0$ per ogni $x \in X$
- **funzione non positiva** se $f \leq 0$, cioè se $f(x) \leq 0$ per ogni $x \in X$.

Osservazione Il confronto fra due numeri reali ha sempre un esito: dati due numeri reali a e b una sola fra le tre possibilità

$$a > b \qquad a = b \qquad a < b$$

può verificarsi.

Date due funzioni reali di variabile reale f e g definite sullo stesso dominio, oltre alle tre possibilità

$$f > g \qquad f = g \qquad f < g$$

vi sono altre situazioni che si riconducono al fatto che i grafici delle due funzioni si intersechino almeno una volta.

Confronto fra valori assunti da una funzione

Data una funzione reale di variabile reale $f : X \to \mathbb{R}$, $X \subseteq \mathbb{R}$, l'insieme delle immagini tramite f degli elementi del dominio X, cioè l'insieme immagine $f(X)$ è un sottoinsieme di $\mathbb{R}$. Dunque tutte le definizioni di insieme limitato, maggiorante, ecc., possono essere "recuperate" e rilette come risultato del confronto fra i valori assunti da una funzione in corrispondenza degli elementi del suo dominio.

Funzioni superiormente o inferiormente limitate

Definizione *Una funzione $f : X \to \mathbb{R}$, $X \subseteq \mathbb{R}$, si dice*

- *superiormente limitata se il suo insieme immagine $f(X)$ è superiormente limitato, cioè se esiste una costante $k \in \mathbb{R}$ tale che*

$$f(x) \leq k \qquad \forall x \in X$$

- *inferiormente limitata se il suo insieme immagine $f(X)$ è inferiormente limitato, cioè se esiste una costante $k \in \mathbb{R}$ tale che*

$$f(x) \geq k \qquad \forall x \in X$$

- *limitata se è sia superiormente sia inferiormente limitata*

Si dimostra che f è limitata se e solo se esiste una costante reale $k > 0$ tale che:

$$|f(x)| \leq k \qquad \forall x \in X .$$

Per studiare la limitatezza superiore o inferiore di una funzione reale di variabile reale $f : X \to \mathbb{R}$, $X \subseteq \mathbb{R}$, si può procedere in due modi:

- **analiticamente**, determinando (se esiste) una costante $k \in \mathbb{R}$ tale che

$$f(x) \leq k \qquad \forall x \in X$$

  oppure

$$f(x) \geq k \qquad \forall x \in X .$$

  In generale, tali problemi si presentano di difficile soluzione;

- **graficamente**: a partire dal disegno del grafico si verifica l'esistenza di una retta parallela all'asse delle ascisse tale che il grafico di f si trovi al di sotto (se f è superiormente limitata) o al di sopra (se f è inferiormente limitata) per ogni $x \in X$.

Estremo superiore, massimo di una funzione

Definizione *Un numero reale S si dice **estremo superiore** di una funzione $f : X \to \mathbb{R}$, $X \subseteq \mathbb{R}$, e si scrive*

$$S = \sup_{x \in X} f(x)$$

se esso risulta estremo superiore dell'insieme immagine $f(X)$.
Se f è superiormente illimitata si pone $S = +\infty$.
*Se $S \in f(X)$, cioè se esiste un $x_0 \in X$ tale che $f(x_0) = S$, allora S si dice **massimo** di f e si scrive*

$$S = \max_{x \in X} f(x) .$$

*In tal caso, x_0 si dice **punto di massimo** per f.*

Estremo inferiore, minimo di una funzione

Definizione *Un numero reale s si dice **estremo inferiore** di una funzione $f : X \to \mathbb{R}$, $X \subseteq \mathbb{R}$, e si scrive*

$$s = \inf_{x \in X} f(x)$$

se esso risulta estremo inferiore dell'insieme immagine $f(X)$.
Se f è inferiormente illimitata si pone $s = -\infty$.
Se $s \in f(X)$, cioè se esiste un $x_0 \in X$ tale che $f(x_0) = s$, allora s si dice **minimo** *di f e si pone*

$$s = \min_{x \in X} f(x) \ .$$

In tal caso, x_0 si dice **punto di minimo** *per f.*

Determinazione di sup, inf, max, min di una funzione

Assegnata una funzione $f : X \to \mathbb{R}$, $X \subseteq \mathbb{R}$, per determinare estremo superiore e massimo si può procedere in due modi:

- **analiticamente**, $S \in \mathbb{R}$ è estremo superiore di f se è maggiorante, cioè

$$f(x) \leq S \qquad \forall x \in X$$

  ed è il minimo dei maggioranti: per ogni $\varepsilon > 0$, esiste un $\overline{x} \in X$ tale che

$$f(\overline{x}) > S - \varepsilon \ .$$

  Se, inoltre, $S \in f(X)$, allora S è il massimo di f;

- **graficamente**: se si ha il disegno del grafico di f, allora $S \in \mathbb{R}$ è estremo superiore se il grafico di f si trova non al di sopra della retta di equazione $y = S$ e al di sopra in almeno un punto rispetto ad una qualsiasi retta ottenuta dalla precedente mediante una traslazione verso il basso.

Con le opportune modifiche, si procede analogamente per la determinazione di estremo inferiore e minimo.

Massimi e minimi relativi

Le definizioni di massimo e minimo hanno natura "globale" in quanto coinvolgono i valori che una funzione assume al variare della variabile indipendente su tutto il dominio.
È opportuno però introdurre delle definizioni "locali", che faranno cioè riferimento solo a quanto accade in un intorno di un dato punto.

Definizione *Sia $f : X \to \mathbb{R}$, $X \subseteq \mathbb{R}$. Un punto $x_0 \in X$ si dice di:*

- *massimo relativo debole (o **improprio**) per f se esiste un suo intorno $I_\delta(x_0)$ tale che:*

$$f(x) \leq f(x_0) \qquad \forall x \in X \cap I_\delta(x_0)$$

- *massimo relativo **forte** (o **proprio**) per f se esiste un suo intorno $I_\delta(x_0)$ tale che:*

$$f(x) < f(x_0) \qquad \forall x \in X \cap I_\delta(x_0) \setminus \{x_0\}$$

- *minimo relativo debole (o **improprio**) per f se esiste un suo intorno $I_\delta(x_0)$ tale che:*

$$f(x) \geq f(x_0) \qquad \forall x \in X \cap I_\delta(x_0)$$

- *minimo relativo **forte** (o **proprio**) per f se esiste un suo intorno $I_\delta(x_0)$ tale che:*

$$f(x) > f(x_0) \qquad \forall x \in X \cap I_\delta(x_0) \setminus \{x_0\}$$

- *punto di estremo (o **estremante**) per f se è punto di massimo o punto di minimo.*

Se nelle definizioni precedenti le disuguaglianze sono verificate in tutti i punti del dominio (con $x \neq x_0$ se l'estremo è proprio) si parlerà di **punti di massimo o di minimo assoluto.**

Valgono le seguenti conclusioni:

- un punto di massimo (minimo) assoluto è anche di massimo (minimo) relativo
- condizione necessaria affinché una funzione ammetta massimo (minimo) assoluto è che sia superiormente (inferiormente) limitata
- se massimo e minimo assoluto coincidono la funzione è costante.

Una funzione ammette (se esiste) un unico massimo (minimo) assoluto, mentre i punti di massimo (minimo) assoluto possono essere più di uno, anche infiniti.

2.8 Funzioni monotòne

Assegnare una funzione reale di variabile reale $f : X \to \mathbb{R}$, $X \subseteq \mathbb{R}$, significa evidenziare una relazione di dipendenza fra due grandezze: al variare della variabile indipendente nell'insieme X si associano i corrispondenti valori della variabile dipendente in $\mathbb{R}$.

Poiché gli insiemi X ed $\mathbb{R}$ sono (totalmente) ordinati, è possibile studiare che cosa accade ai valori $f(x)$ quando la variabile indipendente assume valori via via maggiori.

Funzioni crescenti, decrescenti

Definizione *Una funzione $f : X \to \mathbb{R}$, $X \subseteq \mathbb{R}$, si dice*

- *crescente se, per ogni coppia di punti $x_1 \in X$, $x_2 \in X$ tali che $x_1 < x_2$ si ha $f(x_1) \le f(x_2)$*
- *strettamente crescente se per ogni coppia di punti $x_1 \in X$, $x_2 \in X$ tali che $x_1 < x_2$ si ha $f(x_1) < f(x_2)$*
- *decrescente se per ogni coppia di punti $x_1 \in X$, $x_2 \in X$ tali che $x_1 < x_2$ si ha $f(x_1) \ge f(x_2)$*
- *strettamente decrescente se per ogni coppia di punti $x_1 \in X$, $x_2 \in X$ tali che $x_1 < x_2$ si ha $f(x_1) > f(x_2)$.*

Una funzione si dice **monotòna** se è crescente e/o decrescente, **strettamente monotòna** se è strettamente crescente e/o decrescente.

Studio della monotonia di una funzione

Per stabilire se una data funzione $f : X \to \mathbb{R}$, $X \subseteq \mathbb{R}$, sia monotòna o strettamente monotòna, si può procedere in due modi. Li illustriamo con riferimento allo studio della crescenza:

- **analiticamente**, mostrando che, comunque scelti x_1 e x_2 in X, si ha

$$f(x_2) - f(x_1) \ge 0 \qquad \text{se} \qquad x_1 < x_2$$

- **graficamente**: se si ha il disegno del grafico di f, si verifica che al crescere dei valori della variabile indipendente, cioè spostandosi da sinistra verso destra sull'asse delle ascisse, i punti del grafico si trovano ad ordinate via via crescenti (o al più costanti).

Teorema di caratterizzazione

Il teorema che segue fornisce un modo per definire una funzione monotòna del tutto equivalente alla definizione. Tale formulazione si rive-
lerà utile quando cercheremo criteri per studiare la monotonia di una
funzione.

Teorema *Una funzione* $f : X \to \mathbb{R}$, $X \subseteq \mathbb{R}$, *è crescente se e solo se*
$\forall x_1, x_2 \in X$ *con* $x_1 \neq x_2$ *si ha*

$$\frac{f(x_1) - f(x_2)}{x_1 - x_2} \geq 0 \ .$$

Sostituendo l'ultimo segno di disuguaglianza si trovano le equivalenti
definizioni di funzione strettamente crescente ($>$), decrescente ($\leq$) e
strettamente decrescente ($<$).

Monotonia e invertibilità

Teorema *Una funzione* $f : X \to \mathbb{R}$, $X \subseteq \mathbb{R}$, *strettamente crescente (decrescente) è invertibile e la sua funzione inversa è strettamente
crescente (decrescente).*

2.9 Funzioni simmetriche

Data una funzione reale di variabile reale, si è spesso interessati alla
determinazione del suo grafico o comunque di alcune sue proprietà.
Questo compito risulta agevolato se la funzione in questione presenta qualche tipo di regolarità che permetta di studiarla solo in parte,
potendo poi immediatamente ricavare tutte le informazioni da quelle
parziali di cui si è in possesso.

Funzioni pari

Definizione *Una funzione* $f : X \to \mathbb{R}$, $X \subseteq \mathbb{R}$, *si dice **funzione
pari** se il suo dominio è simmetrico rispetto all'origine e l'immagine
di un qualsiasi elemento del dominio coincide con l'immagine del suo
opposto.*

In simboli, $f : X \to \mathbb{R}$, $X \subseteq \mathbb{R}$ è pari se e solo se per ogni $x \in X$ sono
soddisfatte le seguenti due condizioni:

i) $x \in X \ \Rightarrow \ -x \in X$

ii) $f(-x) = f(x)$.

Grafico di una funzione pari

Se f è una funzione pari e $(x, y) \in G_f$ allora $(-x, y) \in G_f$:

> *il grafico di una funzione pari è quindi un insieme simmetrico rispetto all'asse delle ordinate.*

Ricaviamo così la seguente regola pratica: per disegnare il grafico di una funzione pari $f : X \to \mathbb{R}$, $X \subseteq \mathbb{R}$, innanzitutto si disegna il grafico in corrispondenza delle $x \in X$ che sono positive.
Il grafico corrispondente alle x negative si ottiene poi "ribaltando" simmetricamente rispetto all'asse delle ordinate quanto precedentemente ottenuto.

Funzioni dispari

Definizione   *Una funzione $f : X \to \mathbb{R}$, $X \subseteq \mathbb{R}$, si dice **funzione dispari** se il suo dominio è simmetrico rispetto all'origine e ogni elemento del dominio ha immagine uguale all'opposto dell'immagine dell'elemento opposto a quello considerato.*

In simboli, $f : X \to \mathbb{R}$, $X \subseteq \mathbb{R}$ è dispari se e solo se per ogni $x \in X$ valgono le seguenti due condizioni:

i) $x \in X \quad \Rightarrow \quad -x \in X$

ii) $f(-x) = -f(x)$.

Grafico di una funzione dispari

Se f è una funzione dispari e $(x, y) \in G_f$, allora $(-x, -y) \in G_f$:

> *il grafico di una funzione dispari è quindi un insieme simmetrico rispetto all'origine degli assi.*

Ricaviamo così la seguente regola pratica: per disegnare il grafico di una funzione dispari $f : X \to \mathbb{R}$, $X \subseteq \mathbb{R}$, è sufficiente disegnarlo in corrispondenza delle $x \in X$ positive e poi ottenere il grafico corrispondente alle x negative per simmetria rispetto all'origine degli assi.

2.10 Funzioni convesse e concave

Se si considerano i grafici delle funzioni

$$f(x) = e^x \qquad x \in \mathbb{R}$$

$$g(x) = x \qquad x \in \mathbb{R}$$

$$h(x) = \log x \qquad x \in \mathbb{R}_+$$

si osserva che tutte e tre sono funzioni strettamente crescenti ma che, visibilmente, crescono in maniera differente.

Per cercare di catturare formalmente questa diversità, osserviamo che nel caso di f, a variazioni costanti della variabile indipendente, corrispondono incrementi via via maggiori delle corrispondenti immagini.

Nel caso del grafico di g, a variazioni costanti della variabile indipendente, corrispondono variazioni costanti delle corrispondenti immagini. Infine, nel caso del grafico di h, a variazioni costanti della variabile indipendente, corrispondono variazioni via via minori delle corrispondenti immagini.

La definizione di funzione convessa/concava, come vedremo, cattura proprio questa differenza di comportamento (anche per funzioni non crescenti).

L'idea alla base della definizione che segue è quella di operare un confronto su un intervallo qualsiasi contenuto nel dominio di una data funzione fra il comportamento della funzione stessa e il comportamento della funzione lineare affine che assume uguali valori agli estremi dell'intervallo preso in esame.

Definizione *Una funzione $f : I \to \mathbb{R}$, I intervallo di $\mathbb{R}$, si dice:*

- *convessa, se per ogni coppia $x_1, x_2 \in I$, il segmento di estremi $(x_1, f(x_1))$ e $(x_2, f(x_2))$ giace non al di sotto del grafico di f*
- *strettamente convessa, se per ogni coppia $x_1, x_2 \in I$, il segmento di estremi $(x_1, f(x_1))$ e $(x_2, f(x_2))$e giace al di sopra del grafico di f (con esclusione dei due estremi del segmento)*
- *concava, se per ogni coppia $x_1, x_2 \in I$, il segmento di estremi $(x_1, f(x_1))$ e $(x_2, f(x_2))$ giace non al di sopra del grafico di f*

- *strettamente concava*, se per ogni coppia $x_1, x_2 \in I$, il segmento di estremi $(x_1, f(x_1))$ e $(x_2, f(x_2))$ giace al di sotto del grafico di f (con esclusione dei due estremi del segmento).

Relazione tra funzioni convesse e concave

Dalla definizione si ricava immediatamente che se $f : I \to \mathbb{R}$ è una funzione convessa, allora la funzione $g : I \to \mathbb{R}$ definita da $g(x) = -f(x)$ è concava.

Ciò significa che, con le opportune modifiche, tutto quanto vale per la classe delle funzioni convesse vale anche per la classe delle funzioni concave. Per questo motivo, spesso ometteremo di occuparci di entrambi i casi, lasciando al lettore l'onere di operare l'opportuna traduzione dei risultati.

Teorema di caratterizzazione

La definizione "geometrica" di funzioni convesse risulta poco pratica se non si ha a disposizione il disegno del grafico di una funzione.

Il teorema che segue introduce una caratterizzazione di tipo analitico, di non facile applicazione ma utile per determinare ulteriori criteri per studiare la convessità di una funzione.

Teorema *Sia $f : I \to \mathbb{R}$ una funzione definita sull'intervallo $I \subseteq \mathbb{R}$. Valgono le seguenti conclusioni:*

- *f è **convessa**, se e solo se per ogni coppia $x_1, x_2 \in I$ e per ogni valore di $t \in [0, 1]$, vale la disuguaglianza:*

$$f(tx_1 + (1-t)x_2) \leq tf(x_1) + (1-t)f(x_2) \ .$$

- *f è **strettamente convessa**, se la disuguaglianza precedente vale in senso stretto per ogni valore di $t \in (0, 1)$.*

- *f è **concava** se per ogni coppia $x_1, x_2 \in I$ e per ogni valore di $t \in [0, 1]$, vale la disuguaglianza:*

$$f(tx_1 + (1-t)x_2) \geq tf(x_1) + (1-t)f(x_2) \ .$$

- *f è **strettamente concava**, se la disuguaglianza precedente vale in senso stretto per ogni valore di $t \in (0, 1)$.*

Ai fini del riconoscimento della convessità di una funzione, possono risultare utili i seguenti risultati:

1. se $f : I \to \mathbb{R}$ è una funzione convessa, allora anche $c \cdot f$ è convessa per ogni costante reale non negativa c;

2. se $f, g : I \to \mathbb{R}$ sono due funzioni convesse, allora $f + g$ è una funzione convessa;

3. se $f : I \to \mathbb{R}$, $I \subseteq \mathbb{R}$, è una funzione convessa e $g : J \to \mathbb{R}$, $J \subseteq \mathbb{R}$, è crescente e convessa, con $f(I) \subseteq J$, allora $g \circ f$ è una funzione convessa;

4. se $f, g : I \to \mathbb{R}$ sono due funzioni non negative, crescenti e convesse, allora anche $g \cdot f$ è una funzione convessa.

Convessità e ottimizzazione

La classe delle funzioni convesse (concave) ha particolare rilevanza nella soluzione dei problemi di ottimizzazione cioè di quei problemi che riguardano la ricerca del massimo o del minimo (assoluto) di una data funzione.

Teorema *Se una funzione convessa (concava) $f : I \to \mathbb{R}$, I intervallo di $\mathbb{R}$, ammette minimo (massimo) relativo allora questo è anche punto di minimo (massimo) assoluto.*

Teorema *L'insieme dei punti di minimo (massimo) di una funzione $f : I \to \mathbb{R}$, I intervallo di $\mathbb{R}$, convessa (concava) è un intervallo.*

Teorema *Se una funzione $f : I \to \mathbb{R}$, I intervallo di $\mathbb{R}$, strettamente convessa (concava) ammette un punto di minimo (massimo), allora questo è unico.*

3. Limiti di funzioni e continuità

3.1 Limite di una funzione reale di variabile reale

Consideriamo, per esempio, la funzione definita da:

$$f : \mathbb{R} \to \mathbb{R} \qquad f(x) = \begin{cases} \dfrac{1}{|x|} & x \neq 0 \\[2ex] 1 & x = 0 \end{cases}$$

Il disegno del grafico fornisce una descrizione completa del suo "andamento".

In mancanza però di tale informazione "visiva", come si possono ricavare informazioni sul comportamento di f tramite l'analisi della sua legge analitica?

Dato un punto $x_0 \in \mathbb{R}$ il calcolo di $f(x_0)$ non sempre è sufficiente. Ad esempio, il comportamento di f "vicino" a $x = 0$ non viene catturato efficacemente dal calcolo di $f(0) = 1$.

Infatti, "avvicinandosi" a 0 i valori di f crescono arbitrariamente come suggerito, ad esempio, dalla seguente tabella:

x	$f(x)$
$\pm 10^{-1}$	10
$\pm 10^{-2}$	10^2
$\pm 10^{-3}$	10^3
$\vdots$	$\vdots$
$\pm 10^{-50}$	10^{50}
$\vdots$	$\vdots$

Allo stesso modo ci si può chiedere quale sia un modo efficace e rigoroso per catturare il fatto che se x assume valori arbitrariamente grandi (in modulo) allora $f(x)$ "tende" ad assumere valori prossimi a 0.

L'analisi del comportamento di una funzione f quando la variabile indipendente x assume valori "vicini" ad un assegnato punto x_0 si basa sulla seguente idea, diversa dal calcolo di $f(x_0)$:

> *il comportamento di f quando x "si avvicina" a x_0 è sintetizzato da un valore L se valori "arbitrariamente vicini" a L sono l'immagine (tramite f) di punti "arbitrariamente vicini" a x_0.*

Dunque, la nozione centrale è quella di intorno, mediante la quale si rende rigorosa l'idea di vicinanza ad un punto.

Definizione *Diciamo che una funzione $f : X \to \mathbb{R}$, $X \subseteq \mathbb{R}$, ha per **limite** $L \in \mathbb{R} \cup \{\pm\infty\}$ quando x tende a $x_0 \in \mathbb{R} \cup \{\pm\infty\}$, punto di accumulazione per X, se per ogni intorno U di L esiste un corrispondente intorno V di x_0 tale che, per ogni elemento $x \in V \cap X$, con esclusione al più di x_0, si abbia $f(x) \in U$.*

In tal caso, scriveremo

$$\lim_{x \to x_0} f(x) = L \ .$$

In simboli, la scrittura $\lim_{x \to x_0} f(x) = L$ equivale a

$$\forall U(L) \ \exists V(x_0): \quad \forall x \in X \cap V(x_0), \ x \neq x_0 \quad \Rightarrow \quad f(x) \in U(L) \ .$$

A proposito della definizione di limite, osserviamo che:

- x_0 deve essere punto di accumulazione per il dominio di f ma non è necessario x_0 che appartenga a tale dominio;

- in generale, non è detto che L sia un elemento dell'insieme immagine $f(X)$: se non vi appartiene è comunque un suo punto di accumulazione;

- la variabile indipendente x può tendere ad un valore finito (ad un numero reale) oppure ad un valore infinito ($+\infty$ o $-\infty$); ugual ragionamento vale per il valore del limite L;

- la definizione generale di limite si può caratterizzare caso per caso a seconda del tipo di punti (e quindi di intorni) considerati, sia per quanto riguarda la variabile indipendente, sia per la sua immagine.

Verranno quindi di volta in volta adoperate le nozioni, già introdotte, di intorno di un numero reale (completo, destro e sinistro) e di intorno di $+\infty$ e di $-\infty$.

Limiti ed intorni sinistro e destro

Non sempre risulta conveniente o possibile studiare localmente una funzione ricorrendo ad un'analisi di quanto accade in intorni completi di un dato punto (numero reale).

Ad esempio, se si procede in tal modo, si conclude che la funzione reciproco

$$f : \mathbb{R}_0 \to \mathbb{R} \qquad f(x) = \frac{1}{x}$$

non ammette limite per $x \to 0$. Per come è definita la funzione, i soli valori possibili del limite sono $+\infty$ e $-\infty$. Ma se il limite fosse, ad esempio, $+\infty$, fissato un valore di M, in un intorno dell'origine si dovrebbe avere

$$\frac{1}{x} > M$$

il che non è possibile dato che in tale intorno x, e di conseguenza $1/x$, assume anche valori negativi (in modulo arbitrariamente grandi).

Il grafico suggerisce l'opportunità di condurre lo studio locale di f distinguendo separatamente ciò che accade a sinistra da ciò che accade a destra di 0.

Ancora, l'impiego di intorni solo sinistri o solo destri consente, quando sia possibile, di precisare se una data funzione tende ad un certo limite finito per valori inferiori o superiori.

Limite sinistro o destro

Definizione *Data una funzione $f : X \to \mathbb{R}$, $X \subseteq \mathbb{R}$, e un punto $x_0 \in X'$, diciamo che f tende a $L \in \mathbb{R} \cup \{\pm\infty\}$ quando x tende a x_0*

- *da sinistra, se per ogni intorno U di L esiste un corrispondente intorno sinistro V^- di x_0 tale che per ogni x appartenente a $V^-(x_0)$, con esclusione al più di x_0, la corrispondente immagine tramite f appartiene a U, e scriveremo*

$$\lim_{x \to x_0^-} f(x) = L$$

- **da destra**, se per ogni intorno U di L esiste un corrispondente intorno destro V^+ di x_0 tale che per ogni x appartenente a $V^+(x_0)$, con esclusione al più di x_0, la corrispondente immagine tramite f appartiene a U e scriveremo

$$\lim_{x \to x_0^+} f(x) = L \ .$$

Teorema *Condizione necessaria e sufficiente affinché una funzione $f : (a, b) \to \mathbb{R}$, ammetta limite per x tendente a $x_0 \in (a, b)$, è che esistano i limiti da sinistra $\lim_{x \to x_0^-} f(x)$ e da destra $\lim_{x \to x_0^+} f(x)$ e siano uguali fra loro.*

Limite per difetto e per eccesso

Definizione *Data una funzione $f : X \to \mathbb{R}$, $X \subseteq \mathbb{R}$, e un punto $x_0 \in X'$, diciamo che, quando x tende a x_0, f tende a $L \in \mathbb{R}$*

- **per difetto**, se, per ogni intorno sinistro U^- di L, esiste un corrispondente intorno V di x_0 tale che, per ogni $x \in X$ appartenente a V, con esclusione al più di x_0, la corrispondente immagine $f(x)$ appartiene a U^-. Scriveremo in tal caso

$$\lim_{x \to x_0} f(x) = L^-$$

- **per eccesso**, se, per ogni intorno destro U^+ di L, esiste un corrispondente intorno V di x_0 tale che, per ogni $x \in X$ appartenente a V, con esclusione al più di x_0, la corrispondente immagine $f(x)$ appartiene a U^+. Scriveremo in tal caso

$$\lim_{x \to x_0} f(x) = L^+ \ .$$

Attenzione: La scrittura $\lim_{x \to 3^-} f(x) = -5^+$ sta ad indicare che la funzione f tende per eccesso al valore -5 quando x tende da sinistra al valore 3: quindi -5^+ e 3^- **non sono numeri** ma solo simboli che assumono un particolare significato sotto il segno di limite!

Teorema di unicità

Ogni "buona" operazione matematica deve garantire l'unicità del risultato o perlomeno caratterizzare precisamente i possibili risultati.
Il teorema che segue afferma che quando l'operazione di limite "si può effettuare" allora il risultato che si ottiene è unico.

Teorema *Sia $f : X \to \mathbb{R}$, $X \subseteq \mathbb{R}$, e $x_0 \in X'$. Se esiste il $\lim\limits_{x \to x_0} f(x)$, allora esso è unico.*

Teorema di esistenza

In generale non è detto che una funzione ammetta limite quando la variabile indipendente tende ad un punto di accumulazione del proprio dominio.
Ad esempio, non esiste il limite di

$$f : \mathbb{R} \to \mathbb{R} \qquad f(x) = \operatorname{sen} x$$

quando $x \to +\infty$. Infatti, se per assurdo esistesse, dovrebbe essere un valore $L \in [-1, 1]$. Data la sua periodicità, la funzione assume infinite volte ciascun valore appartenente al proprio insieme immagine: ma ciò significa che non esiste alcun intorno di $+\infty$ sul quale la distanza fra il valore L e i valori che assume la funzione $\operatorname{sen} x$ possa essere resa piccola a piacere.
Analoghe considerazioni valgono per $x \to -\infty$.

Il teorema che segue individua una classe di funzioni per le quali l'esistenza del limite è garantita.

Teorema *Sia $f : (a, b) \to \mathbb{R}$, $a, b \in \mathbb{R}$, una funzione monotòna.*
Allora esistono, finiti o infiniti i limiti di f per $x \to a^+$ e $x \to b^-$.
Più precisamente:

- *se f è crescente, allora:*

$$\lim_{x \to a^+} f(x) = \inf_{x \in (a,b)} f(x) \qquad\qquad \lim_{x \to b^-} f(x) = \sup_{x \in (a,b)} f(x)$$

- *se f è decrescente, allora:*

$$\lim_{x \to a^+} f(x) = \sup_{x \in (a,b)} f(x) \qquad\qquad \lim_{x \to b^-} f(x) = \inf_{x \in (a,b)} f(x) \ .$$

3.2 Limiti delle funzioni elementari

Ci occupiamo di stabilire il comportamento rispetto all'operazione di limite delle principali funzioni elementari: come vedremo, a partire da questi risultati, grazie ad alcuni teoremi, saremo poi in grado di determinare limiti di funzioni più complicate.

Funzioni potenza

Le funzioni del tipo

$$f : \mathbb{R}_+ \to \mathbb{R} \qquad f(x) = x^\alpha \qquad \alpha \in \mathbb{R}$$

sono monotòne per ogni valore di α e quindi ammettono sempre limite per $x \to x_0$, con $x_0 \in X'$. Distinguiamo tre casi:

- se $x_0 \in \mathbb{R}_+$, allora

$$\lim_{x \to x_0} x^\alpha = x_0^\alpha$$

- se $x_0 = 0$, allora

$$\lim_{x \to 0} x^\alpha = \begin{cases} 0^+ & \alpha > 0 \\ 1 & \alpha = 0 \\ +\infty & \alpha < 0 \end{cases}$$

- se $x_0 = +\infty$, allora:

$$\lim_{x \to +\infty} x^\alpha = \begin{cases} +\infty & \alpha > 0 \\ 1 & \alpha = 0 \\ 0^+ & \alpha < 0 \end{cases}$$

Funzioni esponenziali

Le funzioni del tipo

$$f : \mathbb{R} \to \mathbb{R} \qquad f(x) = a^x \qquad a \in \mathbb{R}_+ \setminus \{1\}$$

sono strettamente monotòne per ogni valore di a e quindi ammettono sempre limite per $x \to x_0$, con $x_0 \in X'$. Distinguiamo tre casi:

- se $x_0 \in \mathbb{R}$, allora:

$$\lim_{x \to x_0} a^x = a^{x_0}$$

- se $x_0 = -\infty$, allora:

$$\lim_{x \to -\infty} a^x = \begin{cases} 0^+ & a > 1 \\ +\infty & 0 < a < 1 \end{cases}$$

- se $x_0 = +\infty$, allora:

$$\lim_{x \to +\infty} a^x = \begin{cases} +\infty & a > 1 \\ 0^+ & 0 < a < 1 \end{cases}$$

Funzioni logaritmiche

Le funzioni del tipo

$$f : \mathbb{R}_+ \to \mathbb{R} \qquad f(x) = \log_a x \qquad a \in \mathbb{R}_+ \setminus \{1\}$$

sono strettamente monotòne per ogni valore di a e quindi ammettono sempre limite per $x \to x_0$, con $x_0 \in X'$. Distinguiamo tre casi:

- se $x_0 \in \mathbb{R}_+$, allora:
$$\lim_{x \to x_0} \log_a x = \log_a x_0$$

- se $x_0 = 0$, allora:

$$\lim_{x \to 0^+} \log_a x = \begin{cases} -\infty & a > 1 \\ +\infty & 0 < a < 1 \end{cases}$$

- se $x_0 = +\infty$, allora:

$$\lim_{x \to +\infty} \log_a x = \begin{cases} +\infty & a > 1 \\ -\infty & 0 < a < 1 \end{cases}$$

Funzioni trigonometriche

Si dimostra che le funzioni

$$f : \mathbb{R} \to \mathbb{R} \qquad f(x) = \operatorname{sen} x$$

$$g : \mathbb{R} \to \mathbb{R} \qquad g(x) = \cos x$$

ammettono limite per x che tende a $x_0 \in \mathbb{R}$:

$$\lim_{x \to x_0} \operatorname{sen} x = \operatorname{sen} x_0 \qquad e \qquad \lim_{x \to x_0} \cos x = \cos x_0 \ .$$

Tali funzioni non ammettono invece limite per $x \to \pm\infty$.

Limite e limitatezza di una funzione

L'operazione di limite consente di condurre uno studio locale di una funzione. Illustriamo tale idea con un risultato inerente lo studio della limitatezza di una funzione.

Teorema *Sia $f : X \to \mathbb{R}$, $X \subseteq \mathbb{R}$, una funzione che ammette limite per x tendente a $x_0 \in X'$: $\lim\limits_{x \to x_0} f(x) = L$.*
Valgono le seguenti conclusioni:

- *se $L = +\infty$ oppure $L = -\infty$, allora f è rispettivamente superiormente oppure inferiormente illimitata*

- *se $L \in \mathbb{R}$, allora esiste un intorno di x_0 sul quale f risulta limitata, ossia f è **localmente limitata**.*

3.3 Limiti e ordinamento di $\mathbb{R}$

I tre teoremi che seguono mettono in luce le relazioni fra l'operazione di limite che è intimamente legata alla struttura topologica di $\mathbb{R}$ e la struttura d'ordine presente su tale insieme.

Il teorema della permanenza del segno permette di ricavare informazioni locali sul segno di una funzione.

Il teorema dei due carabinieri e il teorema del confronto si rivelano utili per determinare il limite di una funzione a partire dalla conoscenza del limite di altre funzioni.

Teorema della permanenza del segno *Sia $f : X \to \mathbb{R}$, $X \subseteq \mathbb{R}$ e $x_0 \in X'$. Se*

$$\lim_{x \to x_0} f(x) = L \neq 0$$

allora esiste un intorno V di x_0 tale che, $\forall x \in V \setminus \{x_0\}$, $f(x)$ ha lo stesso segno di L.

Il teorema della permanenza del segno esprime una condizione sufficiente affinché una data funzione abbia localmente un dato segno: esistono funzioni positive (o negative) che ammettono limite nullo.
Ad esempio, la funzione

$$f : \mathbb{R} \to \mathbb{R} \qquad f(x) = e^x$$

è positiva per ogni $x \in \mathbb{R}$ ma

$$\lim_{x \to -\infty} f(x) = 0 .$$

Teorema dei due carabinieri   *Siano* $f, g, h : X \to \mathbb{R}$, $X \subseteq \mathbb{R}$ *e*
$x_0 \in X'$. *Se*

- $\displaystyle\lim_{x \to x_0} g(x) = \lim_{x \to x_0} h(x) = L \in \mathbb{R}$
- $g(x) \leq f(x) \leq h(x)$ *per ogni* $x \in X$

allora

$$\lim_{x \to x_0} f(x) = L .$$

Teorema del confronto   *Siano* $f, g : X \to \mathbb{R}$, $X \subseteq \mathbb{R}$ *e* $x_0 \in X'$,
con

$$g(x) \geq f(x) \qquad \forall x \in X .$$

Valgono le seguenti conclusioni:

- *se* $\displaystyle\lim_{x \to x_0} g(x) = -\infty$, *allora* $\displaystyle\lim_{x \to x_0} f(x) = -\infty$
- *se* $\displaystyle\lim_{x \to x_0} f(x) = +\infty$, *allora* $\displaystyle\lim_{x \to x_0} g(x) = +\infty$.

3.4 Limiti e operazioni

Il calcolo dei limiti mediante la definizione risulta in pratica inapplicabile: data una funzione f ed un punto di accumulazione x_0 per il suo dominio, si dovrebbe "scommettere" sul valore a cui tende f quando $x \to x_0$ verificando poi la correttezza di tale ipotesi mediante la definizione.

In alternativa, si può cercare di studiare alcuni casi "elementari" cercando poi di estendere le informazioni ottenute sul calcolo dei limiti a situazioni più complesse.

Il teorema sull'algebra dei limiti è un risultato che va in questa direzione: a partire da quanto noto sul limite di due funzioni, si deducono (se possibile) i risultati sul limite delle funzioni somma, differenza, prodotto e quoziente.

Tali risultati si possono poi estendere a casi in cui sono coinvolte più di due funzioni.

Limite di somma e differenza

Teorema   *Siano* $f, g : X \to \mathbb{R}$, $X \subseteq \mathbb{R}$, $x_0 \in X'$ *ed esistano i limiti*

$$\lim_{x \to x_0} f(x) = L_1 \qquad\qquad \lim_{x \to x_0} g(x) = L_2 .$$

Valgono le seguenti conclusioni:

i) *se $L_1, L_2 \in \mathbb{R}$, allora* $\displaystyle\lim_{x \to x_0} (f \pm g)(x) = L_1 \pm L_2$

ii) *se $L_1 \in \mathbb{R}$ e $L_2 = \pm\infty$, allora* $\displaystyle\lim_{x \to x_0} (f \pm g)(x) = \pm\infty$

iii) *se $L_1 = L_2 = +\infty$, allora* $\displaystyle\lim_{x \to x_0} (f + g)(x) = +\infty$

    se $L_1 = L_2 = -\infty$, allora $\displaystyle\lim_{x \to x_0} (f + g)(x) = -\infty$

iv) *se $L_1 = +\infty$ e $L_2 = -\infty$, allora* $\displaystyle\lim_{x \to x_0} (f - g)(x) = +\infty$

    se $L_1 = -\infty$ e $L_2 = +\infty$, allora $\displaystyle\lim_{x \to x_0} (f - g)(x) = -\infty$.

Il teorema esprime una condizione solo sufficiente per l'esistenza del limite di una somma o differenza di funzioni: dall'esistenza del limite di una somma di funzioni, nulla si può dire in generale sull'esistenza del limite dei singoli addendi.

Ad esempio, se

$$f : \mathbb{R} \to \mathbb{R} \qquad f(x) = \operatorname{sen} x$$

$$g : \mathbb{R} \to \mathbb{R} \qquad g(x) = -\operatorname{sen} x$$

allora la funzione somma

$$f + g : \mathbb{R} \to \mathbb{R} \qquad (f + g)(x) = 0$$

ammette limite nullo per $x \to +\infty$, mentre né f né g ammettono limite.

Osservazione Le conclusioni ii)-iv) del teorema precedente valgono sotto ipotesi più generali: per la somma, in generale è sufficiente chiedere che f sia limitata inferiormente o superiormente a seconda che g tenda rispettivamente a $-\infty$ oppure $+\infty$.

Limite di prodotto e quoziente

Teorema *Siano $f, g : X \to \mathbb{R}$, $X \subseteq \mathbb{R}$, $x_0 \in X'$ ed esistano i limiti*

$$\lim_{x \to x_0} f(x) = L_1 \qquad\qquad \lim_{x \to x_0} g(x) = L_2.$$

Valgono le seguenti conclusioni:
i) *se $L_1 \in \mathbb{R}$ e $\lambda \in \mathbb{R}$, allora* $\displaystyle\lim_{x \to x_0} \lambda f(x) = \lambda L_1$

ii) *se* L_1, $L_2 \in \mathbb{R}$, *allora* $\displaystyle\lim_{x \to x_0} (f \cdot g)(x) = L_1 L_2$

iii) *se* $L_1 \in \mathbb{R}_+$ *e* $L_2 = \pm\infty$, *allora* $\displaystyle\lim_{x \to x_0} (f \cdot g)(x) = \pm\infty$

  se $L_1 \in \mathbb{R}_-$ *e* $L_2 = \pm\infty$, *allora* $\displaystyle\lim_{x \to x_0} (f \cdot g)(x) = \mp\infty$

iv) *se* $L_1 = \pm\infty$ *e* $L_2 = \pm\infty$, *allora* $\displaystyle\lim_{x \to x_0} (f \cdot g)(x) = +\infty$

  se $L_1 = \pm\infty$ *e* $L_2 = \mp\infty$, *allora* $\displaystyle\lim_{x \to x_0} (f \cdot g)(x) = -\infty$

v) *se* $L_1 \in \mathbb{R}$ *e* $L_2 \in \mathbb{R} \setminus \{0\}$, *allora* $\displaystyle\lim_{x \to x_0} \left(\frac{f}{g}\right)(x) = \frac{L_1}{L_2}$

vi) *se* $L_1 \in \mathbb{R}_+$ *e* $L_2 = \pm\infty$, *allora* $\displaystyle\lim_{x \to x_0} \left(\frac{f}{g}\right)(x) = 0^{\pm}$

  se $L_1 \in \mathbb{R}_-$ *e* $L_2 = \pm\infty$, *allora* $\displaystyle\lim_{x \to x_0} \left(\frac{f}{g}\right)(x) = 0^{\mp}$

vii)

- *se* $L_1 \in \mathbb{R}_+$ *e* $L_2 = 0$, *rispettivamente per difetto o per eccesso, con*

  $g(x) \neq 0$ *in un intorno di* x_0, *allora si ha rispettivamente*

$$\lim_{x \to x_0} \left(\frac{f}{g}\right)(x) = -\infty \qquad \lim_{x \to x_0} \left(\frac{f}{g}\right)(x) = +\infty$$

- *se* $L_1 \in \mathbb{R}_-$ *e* $L_2 = 0$, *rispettivamente per difetto o per eccesso, con* $g(x) \neq 0$ *in un intorno di* x_0, *allora*

$$\lim_{x \to x_0} \left(\frac{f}{g}\right)(x) = +\infty \qquad \lim_{x \to x_0} \left(\frac{f}{g}\right)(x) = -\infty.$$

Il teorema esprime solo una condizione sufficiente per l'esistenza del limite di un prodotto o quoziente di funzioni: l'esistenza del limite di un prodotto di funzioni nulla dice sull'esistenza del limite di ciascuno dei fattori.

Ad esempio,

$$\lim_{x \to +\infty} \frac{\operatorname{sen} x}{x} = 0$$

ma non esiste

$$\lim_{x \to +\infty} \operatorname{sen} x \, .$$

Limite del prodotto con una funzione limitata

Teorema *Siano f, $g : X \to \mathbb{R}$, $X \subseteq \mathbb{R}$, e $x_0 \in X'$. Se per $x \to x_0$*
i) $f(x) \to \pm\infty$, g è limitata e

- $g(x) \geq k > 0$, *allora* $(f \cdot g)(x) \to \pm\infty$;
- $g(x) \leq k < 0$, *allora* $(f \cdot g)(x) \to \mp\infty$;

ii) $f(x) \to 0$ e g è limitata, allora $(f \cdot g)(x) \to 0$.

Limite di una funzione composta

Il teorema sull'algebra dei limiti spiega come ottenere informazioni sul limite di una funzione ottenuta applicando le quattro operazioni a delle funzioni date.

Il teorema sul limite di una funzione composta illustra come ottenere informazioni sul limite di una funzione ottenuta mediante l'operazione di prodotto di composizione.

Illustriamo con un esempio il senso del risultato.

Supponiamo di dover calcolare

$$\lim_{x \to +\infty} e^{-x^2} .$$

La funzione considerata non è una funzione elementare e non è stata ottenuta da funzioni elementari mediante le quattro operazioni.

Notiamo però che è una funzione composta ottenuta componendo una funzione esponenziale ed una funzione potenza:

$$x \; \mapsto \; -x^2 \; \mapsto \; e^{-x^2}$$

Procedendo analogamente a quanto si fa per calcolare i valori di una funzione composta, osserviamo innanzitutto che:

$$\lim_{x \to +\infty} -x^2 = -\infty$$

Ora dobbiamo considerare il comportamento della funzione esponenziale e^y quando i valori di y tendono a $-\infty$:

$$\lim_{y \to -\infty} e^y = 0^+$$

A questo punto ci chiediamo se il risultato ottenuto in due passaggi sia effettivamente il valore del limite della funzione composta, ossia valga:

$$\lim_{x \to +\infty} e^{-x^2} = 0^+ .$$

Teorema *Siano $f : X \to \mathbb{R}$, $X \subseteq \mathbb{R}$ e $g : Y \to \mathbb{R}$, $Y \subseteq \mathbb{R}$, con $f(X) \subseteq Y$. Se $x_0 \in X'$, e*

i) $\lim\limits_{x \to x_0} f(x) = L_1$

ii) esiste un intorno V di x_0 tale che per ogni $x \in X \cap V \setminus \{x_0\}$ si ha $f(x) \neq L_1$

iii) $\lim\limits_{y \to L_1} g(y) = L_2$

allora risulta

$$\lim_{x \to x_0} (g \circ f)(x) = L_2.$$

Il teorema per l'esistenza (e il calcolo) del limite di una funzione composta esprime solo una condizione sufficiente: può esistere il limite di una funzione composta senza che le funzioni componenti rispettino le ipotesi del teorema.

Ad esempio, date le funzioni

$$f : \mathbb{R}_+ \to \mathbb{R} \qquad f(x) = \begin{cases} \dfrac{x}{\operatorname{sen} x} & x \neq k\pi, \ k \in \mathbb{N}_0 \\[2mm] 0 & x = k\pi \end{cases}$$

$$g : \mathbb{R} \to \mathbb{R} \qquad f(x) = \begin{cases} \dfrac{1}{y} & y \neq 0 \\[2mm] 0 & y = 0 \end{cases}$$

la funzione composta $g \circ f : \mathbb{R}_+ \to \mathbb{R}$ è definita da

$$g(f(x)) = \begin{cases} \dfrac{\operatorname{sen} x}{x} & x \neq k\pi, \ k \in \mathbb{N}_0 \\[2mm] 0 & x = k\pi \end{cases} = \frac{\operatorname{sen} x}{x}$$

Allora $\lim\limits_{x \to +\infty} g(f(x)) = 0$ anche se non esiste $\lim\limits_{x \to +\infty} f(x)$.

Metodo di sostituzione

Il teorema sul limite di una funzione composta può essere letto come "metodo di sostituzione" per il calcolo di limiti.

Ad esempio, per calcolare

$$\lim_{x \to 0^+} e^{-1/x}$$

si può osservare che:

- $\lim\limits_{x \to 0^+} -\dfrac{1}{x} = -\infty$ e $-\dfrac{1}{x} \neq -\infty$ in un intorno destro dell'origine (con esclusione dell'origine)

- $\lim\limits_{y \to -\infty} e^y = 0^+$.

Allora, dal teorema sul limite di una funzione composta, segue

$$\lim_{x \to 0^+} e^{-1/x} = 0^+.$$

Si noti che il risultato ottenuto può essere pensato equivalente a

$$\lim_{y \to -\infty} e^y = 0^+$$

a patto di operare la sostituzione

$$y = -\frac{1}{x}.$$

Forme indeterminate esponenziali

Se $h : X \to \mathbb{R}$, $X \subseteq \mathbb{R}$, è definita da

$$h(x) = [f(x)]^{g(x)}$$

con $f : X \to \mathbb{R}_+$ e $g : X \to \mathbb{R}$, possiamo scrivere

$$h(x) = e^{g(x) \log f(x)}.$$

Così il limite di h per $x \to x_0$, se sono soddisfatte (come accade pressoché sempre in pratica) le ipotesi del teorema sul limite di funzioni composte, di fatto si riduce al calcolo del limite dell'esponente $g(x) \log f(x)$.

Ciò consente di affermare che le cosiddette **forme indeterminate esponenziali**

$$0^0 \qquad 1^{\pm\infty} \qquad (\pm\infty)^0$$

si riducono alla forma $0 \cdot (\pm\infty)$.

3.5 Forme di indeterminazione

I teoremi sull'algebra dei limiti non forniscono indicazioni sul calcolo di limiti in una serie di situazioni "catalogate" come **forme di indecisione** (o di **indeterminazione**) che qui riportiamo a titolo di riepilogo:

- **aritmetiche**: $(+\infty) - (+\infty)$ $(-\infty) - (-\infty)$

  $(+\infty) + (-\infty)$ $(-\infty) + (+\infty)$

  $(\pm\infty) \cdot (0)$ $\dfrac{\pm\infty}{\pm\infty}$ $\dfrac{0}{0}$

- **esponenziali**: 0^0 $1^{\pm\infty}$ $(\pm\infty)^0$.

Abbiamo già osservato che le forme indeterminate di tipo esponenziale si riconducono tutte alla forma $0 \cdot (\pm\infty)$; inoltre, poiché

$$\frac{f(x)}{g(x)} = f(x) \cdot \frac{1}{g(x)} \qquad g(x) \neq 0$$

$$f(x) \pm g(x) = f(x)\left[1 \pm \frac{g(x)}{f(x)}\right] \qquad f(x) \neq 0$$

si verifica immediatamente che tutte le forme di indecisione si possono ricondurre alle due sole

$$\frac{0}{0} \qquad \frac{\pm\infty}{\pm\infty}$$

ossia al confronto fra coppie di funzioni che tendono entrambe a zero (in tal caso si dicono **infinitesime**) oppure ad infinito (in tal caso si dicono **inifinite**). Tutto ciò suggerisce che per affrontare tali problemi sia importante capire "quanto velocemente" ciascuna delle due funzioni vada a zero o ad infinito.

Confronto fra potenze

Sul confronto fra due potenze x^α e x^β, con $\alpha, \beta \in \mathbb{R}_+$, definite (almeno) in $\mathbb{R}_+$, valgono i seguenti risultati:

- $\displaystyle\lim_{x \to 0^+} \frac{x^\alpha}{x^\beta} = \begin{cases} 0 & \alpha > \beta \\ 1 & \alpha = \beta \\ +\infty & \alpha < \beta \end{cases}$ • $\displaystyle\lim_{x \to +\infty} \frac{x^\alpha}{x^\beta} = \begin{cases} +\infty & \alpha > \beta \\ 1 & \alpha = \beta \\ 0 & \alpha < \beta \end{cases}$

3.6 Limiti notevoli

Nel caso di forme di indecisione del tipo $0/0$ oppure $\pm\infty/\pm\infty$ che coinvolgono solo somme di potenze (positive) di x, per x che tende, rispettivamente, a zero o all'infinito, è sufficiente cercare la potenza con grado rispettivamente minore o maggiore.

Si possono, più in generale, dimostrare una serie di risultati, noti come **limiti notevoli**, che riguardano il confronto (nel caso 0/0) fra potenze di x e altre funzioni elementari.

Funzione seno

Vale il seguente risultato:

$$\lim_{x \to 0} \frac{\operatorname{sen} x}{x} = 1 \ .$$

Se $f : X \to \mathbb{R}$, $X \subseteq \mathbb{R}$, è una funzione infinitesima per $x \to x_0$, $x_0 \in X'$, allora, grazie al teorema sul limite di una funzione composta, si ha:

$$\lim_{x \to x_0} \frac{\operatorname{sen}\left(f\left(x\right)\right)}{f\left(x\right)} = 1 \ .$$

Funzione coseno

Vale il seguente risultato:

$$\lim_{x \to 0} \frac{1 - \cos x}{x^2} = \frac{1}{2} \ .$$

Se $f : X \to \mathbb{R}$, $X \subseteq \mathbb{R}$, è una funzione infinitesima per $x \to x_0$, $x_0 \in X'$, allora, grazie al teorema sul limite di una funzione composta, si ha:

$$\lim_{x \to x_0} \frac{1 - \cos\left(f\left(x\right)\right)}{\left(f\left(x\right)\right)^2} = \frac{1}{2} \ .$$

Il numero e

Vale il seguente risultato:

$$\lim_{x \to \pm\infty} \left(1 + \frac{1}{x}\right)^x = e$$

Operando il cambio di variabile $y = x^{-1}$ si ottiene in modo equivalente

$$\lim_{y \to 0} \left(1 + y\right)^{1/y} = e.$$

Si dimostra inoltre che, se $a \in \mathbb{R}_0$, allora:

$$\lim_{x \to \pm\infty} \left(1 + \frac{a}{x}\right)^x = e^a \ .$$

Funzioni esponenziali

Si può dimostrare che

$$\lim_{x \to 0} \frac{a^x - 1}{x} = \log a \qquad \forall a \in \mathbb{R}_+ \setminus \{1\}$$

Se $f : X \to \mathbb{R}$, $X \subseteq \mathbb{R}$, è una funzione infinitesima per $x \to x_0$, $x_0 \in X'$, allora, grazie al teorema sul limite di una funzione composta, si ha:

$$\lim_{x \to x_0} \frac{a^{f(x)} - 1}{f(x)} = \log a \ .$$

In particolare, se $a = e$, allora:

$$\lim_{x \to x_0} \frac{e^{f(x)} - 1}{f(x)} = 1 \ .$$

Funzioni logaritmiche

Vale il seguente risultato:

$$\lim_{x \to 0} \frac{\log_a (1 + x)}{x} = \log_a e \qquad \forall a \in \mathbb{R}_+ \setminus \{1\}$$

In particolare, se $a = e$, si ricava:

$$\lim_{x \to 0} \frac{\log (1 + x)}{x} = 1 \ .$$

Se $f : X \to \mathbb{R}$, $X \subseteq \mathbb{R}$, è una funzione infinitesima per $x \to x_0$, $x_0 \in X'$, allora, grazie al teorema sul limite di una funzione composta, si ha:

$$\lim_{x \to x_0} \frac{\log_a (1 + f(x))}{f(x)} = \log_a e \ .$$

In particolare, se $a = e$, allora:

$$\lim_{x \to x_0} \frac{\log (1 + f(x))}{f(x)} = 1.$$

3.7 Funzioni continue

La nozione di funzione è legata all'idea di trasformare un valore in ingresso (un oggetto, un prezzo, un numero, un'equazione, ecc.) in una ed una sola grandezza in uscita. Spesso però la determinazione dell'input può non essere precisa e si può pensare che lo stesso sia soggetto a "piccole perturbazioni". In molte applicazioni è importante avere a che fare con funzioni che non siano troppo "sensibili" ossia che a piccole perturbazioni dell'ingresso facciano corrispondere piccole variazioni dell'uscita.

La definizione di continuità cattura questa idea, precisando che cosa si debba intendere per piccole perturbazioni e quale sia il legame logico fra variazioni dell'ingresso e dell'uscita.

Definizione *Una funzione* $f : X \to \mathbb{R}$, $X \subseteq \mathbb{R}$, *si dice:*

- **continua da destra** *in* $x_0 \in X \cap X'$ *se* $\lim\limits_{x \to x_0^+} f(x) = f(x_0)$

- **continua da sinistra** *in* $x_0 \in X \cap X'$ *se* $\lim\limits_{x \to x_0^-} f(x) = f(x_0)$.

Se $x_0 \in \overset{\circ}{X}$, *allora* f *si dice* **continua** *se è continua sia da destra sia da sinistra.*
Se $x_0 \in X$ *è punto isolato allora* f *si definisce continua.*
Se $f : X \to \mathbb{R}$, $X \subseteq \mathbb{R}$, *è continua* $\forall x \in X$, *allora si dice* **continua sull'insieme** X.

La continuità è una proprietà di regolarità: se f è continua in x_0 si può "controllare" localmente la sua variazione rispetto al valore $f(x_0)$ nel senso che, fissata una "banda di oscillazione" attorno al valore $f(x_0)$, è sempre possibile determinare un intorno di x_0 i cui punti abbiano immagine tramite f appartenente a tale banda.

In termini formali, per ogni $\varepsilon > 0$ fissato arbitrariamente, è sempre possibile trovare un $\delta > 0$ tale che

$$\forall x : \quad |x - x_0| < \delta \quad \Rightarrow \quad |f(x) - f(x_0)| < \varepsilon.$$

Osservazione (detta "della matita"): Il concetto di continuità di una funzione si può descrivere intuitivamente dicendo che una funzione varia "senza strappi" al variare della variabile indipendente.

Ciò si traduce, dal punto di vista grafico nell'osservazione che:

una **funzione definita in un intervallo** *è continua se e solo se il suo grafico si può tracciare senza staccare la matita dal foglio.*

Continuità e operazione di limite

Poiché la funzione identità è continua, se $f : X \to \mathbb{R}$, $X \subseteq \mathbb{R}$, è continua in $x_0 \in X \cap X'$, allora si può scrivere:

$$\lim_{x \to x_0} f(x) = f\left(\lim_{x \to x_0} x\right).$$

Possiamo così affermare che le funzioni continue sono quelle che commutano con l'operazione di limite. Quindi se f è una funzione continua il suo limite per $x \to x_0$ si può calcolare sostituendo il valore x_0 nella legge analitica che definisce f.

3.8 Punti di discontinuità

Quando non viene rispettata la condizione espressa dalla definizione di continuità, si parla di **discontinuità**, o **punti di discontinuità**.

Discontinuità eliminabile

Definizione *Sia* $f : X \to \mathbb{R}$, *$X \subseteq \mathbb{R}$, e $x_0 \in X \cap X'$.*
*Il punto x_0 si dice di **discontinuità eliminabile** se esistono finiti e uguali fra loro i limiti sinistro e destro di f per $x \to x_0$, ma il loro valore comune è diverso dal valore che la funzione assume in x_0:*

$$\begin{cases} \lim_{x \to x_0^+} f(x) = \lim_{x \to x_0^-} f(x) = k \in \mathbb{R} \\ \\ f(x_0) \neq k \end{cases}$$

Discontinuità di prima specie

Definizione *Sia* $f : X \to \mathbb{R}$, *$X \subseteq \mathbb{R}$ e $x_0 \in X \cap X'$.*
*Il punto x_0 si dice di **discontinuità di prima specie** se esistono finiti i limiti sinistro e destro di f per $x \to x_0$ ma sono diversi*

fra loro:

$$\begin{cases} \lim_{x \to x_0^+} f(x) = k_1 \qquad \lim_{x \to x_0^-} f(x) = k_2 \qquad\qquad k_1, k_2 \in \mathbb{R} \\[2em] \lim_{x \to x_0^+} f(x) \neq \lim_{x \to x_0^-} f(x) \end{cases}$$

La quantità

$$S_f(x_0) = \lim_{x \to x_0^+} f(x) - \lim_{x \to x_0^-} f(x)$$

si dice **salto** di f in x_0.

Discontinuità di seconda specie

Definizione *Sia $f : X \to \mathbb{R}$, $X \subseteq \mathbb{R}$ e $x_0 \in X \cap X'$.*
*Il punto x_0 si dice di **discontinuità di seconda specie** se almeno uno dei due limiti $\lim_{x \to x_0^+} f(x)$ e $\lim_{x \to x_0^-} f(x)$ non esiste o esiste ma è infinito.*

Osservazione: Sia $f : X \to \mathbb{R}$, $X \subseteq \mathbb{R}$. Negare la proposizione "f continua in X" significa affermare l'esistenza di (almeno) un punto $x_0 \in X$ di discontinuità.
Esistono comunque funzioni mai continue sul proprio dominio. Ad esempio:

$$f : \mathbb{R} \to \mathbb{R} \qquad f(x) = \begin{cases} 1 & x \in \mathbb{Q} \\ 0 & x \in \mathbb{R} \backslash \mathbb{Q} \end{cases}$$

Prolungamento continuo

Definizione *Sia $f : X \to \mathbb{R}$, $X \subseteq \mathbb{R}$, una funzione continua e $x_0 \in \partial X$, $x_0 \notin X$. Se*

$$\lim_{x \to x_0} f(x) = L \in \mathbb{R}$$

allora f può essere prolungata ad una funzione

$$\tilde{f}(x) = \begin{cases} f(x) & x \neq x_0 \\ L & x = x_0 \end{cases}$$

*che è continua su $X \cup \{x_0\}$. La funzione $\tilde{f}$ si dice **prolungamento continuo** di f.*

Continuità delle restrizioni

Sia $f : X \to \mathbb{R}$, $X \subseteq \mathbb{R}$, una funzione continua. Allora se $S \subset X$, la funzione $f : S \to \mathbb{R}$ è ancora continua.

Infatti, se f è continua in ogni punto di X, allora, in particolare, è continua nei punti di X che sono elementi di S. Dalla continuità di f su S, invece, non segue necessariamente la continuità di f su X.

Teorema della permanenza del segno (per funzioni continue)

Sia $f : X \to \mathbb{R}$, $X \subseteq \mathbb{R}$, una funzione continua in $x_0 \in X \cap X'$. Se $f(x_0) \neq 0$, allora esiste un intorno $I_\delta(x_0)$ tale che, per ogni x appartenente a $I_\delta(x_0) \cap X$, i valori $f(x)$ hanno lo stesso segno di $f(x_0)$.

Continuità e limitatezza

Se f è una funzione continua su un insieme $X \subseteq \mathbb{R}$, allora piccole perturbazioni della variabile indipendente provocano piccole perturbazioni nei valori assunti da f. Tutto ciò viene confermato rigorosamente:

una funzione $f : X \to \mathbb{R}$, $X \subseteq \mathbb{R}$, continua in $x_0 \in X \cap X'$, è localmente limitata ossia esiste un intorno di x_0 sul quale f risulta limitata.

3.9 Studio della continuità

Lo studio della continuità di una funzione può in certi casi essere effettuato senza ricorrere all'uso della definizione.

A tal fine, il primo passo risulta lo studio della continuità delle funzioni elementari.

Successivamente alcuni risultati permetteranno di concludere che nella gran parte dei casi una funzione "costruita" mediante determinate operazioni a partire da funzioni elementari, risulta continua. I risultati principali sono descritti da una serie di teoremi.

Continuità delle funzioni elementari

Teorema *Le seguenti funzioni sono continue sul proprio dominio:*

1. $f : \mathbb{R} \to \mathbb{R}$ $\qquad f(x) = a^x$ $\qquad\qquad a > 0, \quad a \neq 1$

2. $f : \mathbb{R}_+ \to \mathbb{R}$ $\qquad f(x) = x^\alpha$ $\qquad\qquad \alpha \in \mathbb{R}$

3. $f : \mathbb{R}_+ \to \mathbb{R}$ $\qquad f(x) = \log_a x$ $\qquad a > 0, \quad a \neq 1$

4. $f : \mathbb{R} \to \mathbb{R}$ $\qquad f(x) = \operatorname{sen} x$

5. $f : \mathbb{R} \to \mathbb{R}$ $\qquad f(x) = \cos x$

Algebra delle funzioni continue

Teorema *Siano f, g : $X \to \mathbb{R}$, $X \subseteq \mathbb{R}$, funzioni continue.*
Allora sono continue:

- *la funzione somma $f + g$*
- *la funzione differenza $f - g$*
- *la funzione prodotto $f \cdot g$*
- *la funzione quoziente $\dfrac{f}{g}$ se $g(x) \neq 0$.*

Il teorema sull'algebra delle funzioni continue esprime una condizione solo sufficiente, per stabilire la continuità di una funzione ottenuta da altre funzioni mediante una delle quattro operazioni.
Ad esempio, se

$$f(x) = \begin{cases} 1 & x \in \mathbb{Q} \\ 0 & x \in \mathbb{R} \backslash \mathbb{Q} \end{cases} \qquad\qquad g(x) = \begin{cases} -1 & x \in \mathbb{Q} \\ 0 & x \in \mathbb{R} \backslash \mathbb{Q} \end{cases}$$

allora la funzione somma $(f + g)(x) = 0$ è continua su $\mathbb{R}$ senza che lo siano f e g.

Continuità delle funzioni composte

Teorema *Siano $f : X \to \mathbb{R}$, $X \subseteq \mathbb{R}$ e $g : Y \to \mathbb{R}$, $Y \subseteq \mathbb{R}$ due funzioni tali che $f(X) \subseteq Y$.*
Se f è continua in $x_0 \in X$ e g è continua in $f(x_0) \in Y$, allora $g \circ f$ è continua in x_0.

Il teorema sulla continuità di una funzione composta esprime una condizione solo sufficiente, per stabilire la continuità di una funzione composta.
Ad esempio, le funzioni

$$g : \mathbb{R} \to \mathbb{R} \qquad g(x) = \begin{cases} 1 & x \geq 0 \\ 0 & x < 0 \end{cases}$$

$$f : \mathbb{R} \to \mathbb{R} \qquad f(x) = \begin{cases} x^2 & x \neq 0 \\ 15 & x = 0 \end{cases}$$

sono entrambe discontinue, ma la funzione composta

$$f \circ g : \mathbb{R} \to \mathbb{R} \qquad (f \circ g)(x) = 1$$

è continua.

Continuità delle funzioni inverse

Una funzione strettamente monotòna è invertibile mentre, in generale, non è vero il viceversa.

I teoremi seguenti affermano che limitandosi a considerare la classe delle funzioni continue su un intervallo, stretta monotonia e invertibilità diventano condizioni equivalenti e la continuità di f "si trasmette" alla sua inversa f^{-1}.

Teorema *Sia $f : I \to \mathbb{R}$ una funzione continua sull'intervallo $I \subseteq \mathbb{R}$. Allora f è invertibile se e solo se è strettamente monotòna.*

Teorema *Sia $f : I \to \mathbb{R}$ una funzione continua sull'intervallo $I \subseteq \mathbb{R}$. Se f è invertibile allora f^{-1} è continua.*

I teoremi sulla continuità della funzione inversa richiedono che il dominio di f sia un intervallo.

Su domini qualsiasi le conclusioni dei teoremi non sono più garantite, come mostra il seguente esempio.

La funzione f definita su $X = [0,2] \cup (4,6]$ da

$$f(x) = \begin{cases} (x-2)^2 & x \in [0,2] \\ -(x-4)^2 & x \in (4,6] \end{cases}$$

è continua ma la sua inversa presenta un punto di discontinuità in $y = 0$.

Continuità delle funzioni inverse di funzioni trigonometriche

Grazie al teorema di continuità delle funzioni inverse, possiamo concludere che sono continue le funzioni

$$\text{arcsen} : [-1,1] \to \left[-\tfrac{\pi}{2}, \tfrac{\pi}{2}\right]$$

$$\text{arccos} : [-1,1] \to [0,\pi]$$

$$\text{arctg} : \mathbb{R} \to \left(-\tfrac{\pi}{2}, \tfrac{\pi}{2}\right)$$

3.10 Teoremi sulle funzioni continue

La proprietà di continuità di una funzione definita su un dominio "opportuno" permette di ricavare alcuni risultati di grande importanza, in diversi ambiti.

Teorema di Weierstrass

In molte questioni si è interessati non solo alla limitatezza di una funzione ma anche al fatto che essa sul proprio dominio assuma massimo o minimo (o entrambi). Anche in questo caso la continuità pur in presenza di limitatezza non basta a garantire la presenza di estremanti. Ad esempio, la funzione

$$f : \mathbb{R} \to \mathbb{R} \qquad f(x) = \mathrm{arctg}\, x$$

è continua e limitata ma non ammette estremanti.

Per ottenere un risultato in questa direzione a partire da una funzione continua è necessario chiedere che f sia definita su un dominio che permetta di "incollare" le informazioni locali per ottenere un risultato globale. Tale proprietà è caratteristica peculiare degli insiemi chiusi e limitati. Un risultato in tal senso è fornito dal teorema di Weierstrass.

Teorema (di Weierstrass) *Sia $f : X \to \mathbb{R}$, $X \subseteq \mathbb{R}$, una funzione continua sull'insieme chiuso e limitato X. Allora f ammette massimo e minimo assoluto.*

Il teorema di Weierstrass si può rienunciare dicendo che se f è continua sull'insieme chiuso e limitato X allora l'insieme immagine $f(X)$ è limitato ed ammette massimo e minimo.

Il teorema di Weierstrass nulla afferma sull'unicità degli estremanti assoluti.

Il teorema di Weierstrass esprime una condizione solo sufficiente per l'esistenza degli estremanti assoluti di una funzione: esistono funzioni che ammettono estremanti assoluti ma non risultano continue su un insieme chiuso e limitato.

Teorema di esistenza degli zeri

Molti modelli spesso conducono a risolvere equazioni del tipo $f(x) = 0$ ove f è una funzione reale di variabile reale.

A parte situazioni particolarmente favorevoli, ci si trova nell'impossibilità di procedere analiticamente ma si deve ricorrere a qualche metodo approssimato. Risulta così importante sapere "a priori" se il problema che si vuole risolvere ammette almeno una soluzione.

Tenendo presente l'osservazione detta "della matita", data una funzione continua su un intervallo ci si aspetta che, "partendo" ad esempio da un punto del suo grafico di quota negativa per giungere ad un punto di quota positiva senza staccare la matita dal foglio si debba prima o poi raggiungere "quota zero".

Teorema *Sia $f : [a,b] \to \mathbb{R}$ continua con $f(a) \cdot f(b) < 0$. Allora esiste un punto $c \in (a,b)$ tale che $f(c) = 0$.*

Il teorema di esistenza degli zeri garantisce l'esistenza di almeno uno zero per f. Non è però detto che questo sia unico.

Un'ipotesi aggiuntiva che garantisce l'**unicità** dello zero è quella di stretta monotonia di f ma tale ipotesi non è necessaria.

Il teorema di esistenza degli zeri esprime una condizione solo sufficiente affinché una funzione si annulli in un punto: esistono funzioni che ammettono uno zero su un intervallo senza essere continue.

3.11 Asintoti

Una questione che assume una certa rilevanza nello studio dell'andamento di una funzione reale di variabile reale è se il suo grafico "tenda a confondersi" con una retta al divergere dei valori della variabile indipendente e/o delle corrispondenti immagini. Se ciò accade al divergere dei valori dei variabile indipendente si può affermare, in un senso da precisare, che la funzione considerata "si comporta" come una funzione lineare affine per "valori grandi" (in modulo) della variabile indipendente.

La nozione di limite consente di definire rigorosamente i termini del problema e di elaborare semplici tecniche di soluzione dello stesso.

Si classificano tre casi distinti

Asintoti verticali

Definizione *Si dice che una funzione $f : X \to \mathbb{R}$, $X \subseteq \mathbb{R}$, ammette* **asintoto verticale** *di equazione $x = c$ se*

$$\lim_{x \to c} f(x) = +\infty \qquad oppure \qquad \lim_{x \to c} f(x) = -\infty .$$

*Si parla di **asintoto verticale destro** o **sinistro** se il limite precedente è da destra o da sinistra.*

La determinazione di eventuali asintoti verticali è semplice, potendosi effettuare direttamente con la definizione.

Asintoti orizzontali

Definizione *Si dice che una funzione* $f : X \to \mathbb{R}$, $X \subseteq \mathbb{R}$, *ammette **asintoto orizzontale** di equazione* $y = c$, $c \in \mathbb{R}$, *per* $x \to +\infty$ *se*

$$\lim_{x \to +\infty} f(x) = c \ .$$

Analoga definizione vale per $x \to -\infty$.

La determinazione di eventuali asintoti orizzontali avviene mediante la definizione stessa.

Asintoti obliqui

Definizione *Si dice che una funzione* $f : X \to \mathbb{R}$, $X \subseteq \mathbb{R}$, *ammette **asintoto obliquo** di equazione* $y = mx + q$, *con* $m, q \in \mathbb{R}$, *per* $x \to +\infty$ *se*

$$\lim_{x \to +\infty} f(x) - mx - q = 0 \ .$$

Analoga definizione vale per $x \to -\infty$.

A differenza di ciò che accade per la ricerca di eventuali asintoti verticali o orizzontali la determinazione di eventuali asintoti obliqui mediante la definizione può risultare difficoltosa. Tuttavia, si può dimostrare una condizione necessaria e sufficiente per l'esistenza di un asintoto obliquo di facile applicazione.

Condizione necessaria e sufficiente per l'esistenza di un asintoto obliquo

Teorema *Una funzione* $f : X \to \mathbb{R}$, $X \subseteq \mathbb{R}$, *ammette asintoto obliquo di equazione* $y = mx + q$, *con* $m, q \in \mathbb{R}$, *per* $x \to +\infty$ *se e solo se valgono le seguenti due condizioni:*

i) $\quad \lim\limits_{x \to +\infty} \dfrac{f(x)}{x} = m$

ii) $\quad \lim\limits_{x \to +\infty} f(x) - mx = q \ .$

Analoga conclusione vale per $x \to -\infty$.

4. Successioni e serie

4.1 Successioni

Una classe particolarmente importante di funzioni reali di variabile reale è costituita dalle funzioni che hanno per dominio l'insieme dei numeri naturali (o un suo sottoinsieme infinito).

Tali funzioni infatti ben si prestano a formalizzare l'evoluzione nel tempo di grandezze (ad esempio, la quantità prodotta o venduta di una certa merce oppure il prezzo di un bene).

Definizione *Si definisce **successione (reale)** una qualsiasi funzione che ha per dominio l'insieme dei numeri naturali e per codominio $\mathbb{R}$:*

$$f : \mathbb{N} \to \mathbb{R} \ .$$

È prassi comune indicare con a_n (o qualunque altra lettera al posto di a) l'immagine $f(n)$ tramite f del numero n. Usando questa notazione, una successione si denota con uno dei seguenti simboli equivalenti:

$$\{a_n\} \qquad (a_n) \qquad \{a_n\}_{n \in \mathbb{N}} \ .$$

L'elemento a_n si dice **elemento n-esimo** (o **termine generale**) della successione $\{a_n\}$, corrispondente all'**indice** n.

Sottosuccessioni

Definizione *Data una successione $\{a_n\}_{n \in \mathbb{N}}$, si dice sua **sottosuccessione**, indicata con*

$$\{a_{n_k}\}_{k \in \mathbb{N}}$$

una qualunque sua restrizione ad un sottoinsieme infinito di $\mathbb{N}$.

Proprietà delle successioni

Gran parte delle definizioni introdotte a proposito di funzioni reali di variabile reale mantengono inalterato il proprio significato nel caso di successioni.

Ha quindi senso parlare di somma, prodotto e quoziente di successioni ed inoltre si possono introdurre le definizioni di successioni limitate ed illimitate, successioni monotòne.

Non ha invece senso parlare di successioni convesse non essendo le successioni definite su intervalli.

Successioni limitate ed illimitate

Definizione *Una successione reale* $\{a_n\}$ *si dice*

- *superiormente limitata se esiste una costante reale tale che ogni termine della successione è non maggiore di tale costante:*

$$\exists k \in \mathbb{R} \ : \quad a_n \leq k \quad \forall n \in \mathbb{N}$$

- *inferiormente limitata se esiste una costante reale tale che ogni termine della successione è non minore di tale costante:*

$$\exists k \in \mathbb{R} \ : \quad a_n \geq k \quad \forall n \in \mathbb{N}$$

- *limitata se esiste una costante reale tale che ogni termine della successione preso in modulo è non maggiore di tale costante:*

$$\exists k \in \mathbb{R} \ : \quad |a_n| \leq k \quad \forall n \in \mathbb{N}$$

- *illimitata se non è limitata.*

Successioni monotòne

Definizione *Una successione* $\{a_n\}$ *si dice:*

- *crescente se* $a_n \leq a_{n+1} \quad \forall n \in \mathbb{N}$
- *strettamente crescente se* $a_n < a_{n+1} \quad \forall n \in \mathbb{N}$
- *decrescente se* $a_n \geq a_{n+1} \quad \forall n \in N$
- *strettamente decrescente se* $a_n > a_{n+1} \quad \forall n \in \mathbb{N}$.

Una successione $\{a_n\}$ *si dice* **monotòna** *se è crescente o decrescente,* **strettamente monotòna** *se è strettamente crescente o strettamente decrescente.*

Carattere di una successione

L'interesse principale per una successione è quello di stabilirne il cosiddetto **carattere**, ossia il comportamento al divergere della variabile indipendente n.

L'unico punto di accumulazione dell'insieme dei numeri naturali $\mathbb{N}$ è infatti $+\infty$: dunque solo se "n tende a $+\infty$" ha senso parlare di limite di una successione.

I possibili esiti di tale calcolo sono tre: il limite esiste finito, esiste infinito oppure non esiste, ai quali corrispondono tre definizioni.

Successioni convergenti

Definizione *Si dice che una successione* $\{a_n\}$ **converge** *ad* $L \in \mathbb{R}$ *(per* n *che tende a* $+\infty$*), e si scrive*

$$\lim_{n \to +\infty} a_n = L$$

se per ogni $\varepsilon > 0$*, esiste un indice* $\bar{n} = \bar{n}(\varepsilon)$*, dipendente da* ε*, tale che, per ogni* $n > \bar{n}$*, la differenza* $a_n - L$ *risulta, in modulo, minore di* ε*:*

$$\lim_{n \to +\infty} a_n = L$$
$$\Updownarrow$$
$$\forall \varepsilon > 0 \; \exists \, \bar{n}(\varepsilon): \quad \forall n > \bar{n} \quad \Rightarrow \quad |a_n - L| < \varepsilon \, .$$

In particolare, se $L = 0$*, allora la successione* $\{a_n\}$ *si dice* **successione infinitesima**.

Successioni divergenti

Definizione *Si dice che una successione* $\{a_n\}$

- **diverge positivamente** *per* n *che tende a* $+\infty$*, e si scrive*

$$\lim_{n \to +\infty} a_n = +\infty$$

se per ogni costante reale M*, esiste un indice* $\bar{n} = \bar{n}(M)$*, dipendente da* M*, tale che, per ogni* $n > \bar{n}$*, il termine* a_n *risulta maggiore di* M*:*

$$\lim_{n \to +\infty} a_n = +\infty$$
$$\Updownarrow$$
$$\forall M \in \mathbb{R} \; \exists \, \bar{n}(M): \quad \forall n > \bar{n} \quad \Rightarrow \quad a_n > M$$

- **diverge negativamente** *per* n *che tende a* $+\infty$*, e si scrive*

$$\lim_{n \to +\infty} a_n = -\infty$$

se per ogni costante reale M*, esiste un indice* $\bar{n} = \bar{n}(M)$*, dipendente da* M*, tale che, per ogni* $n > \bar{n}$*, il termine* a_n *risulta minore di* M*:*

$$\lim_{n \to +\infty} a_n = -\infty$$
$$\Updownarrow$$
$$\forall M \in \mathbb{R} \; \exists \, \bar{n}(M): \quad \forall n > \bar{n} \quad \Rightarrow \quad a_n < M$$

- è **divergente** o **infinita**, se diverge positivamente oppure negativamente.

Successioni irregolari

Definizione *Una successione $\{a_n\}$ si dice **irregolare** (od **oscillante** o **indeterminata**) se non ammette limite (per n che tende a $+\infty$), ossia se non è né convergente, né divergente.*

Limiti per eccesso e per difetto

Se una successione $\{a_n\}$ è convergente ad un limite $L \in \mathbb{R}$, può essere utile precisare quando tale convergenza avvenga per valori solo minori o solo maggiori di L.

Definizione *Si dice che una successione $\{a_n\}$*

- **converge per difetto** *ad $L \in \mathbb{R}$, e si scrive*

$$\lim_{n \to +\infty} a_n = L^-$$

se, fissato $\varepsilon > 0$, esiste un numero naturale $\bar{n} = \bar{n}(\varepsilon)$ tale che, per ogni $n > \bar{n}$, si ha:

$$L - \varepsilon < a_n < L$$

- **converge per eccesso** *ad $L \in \mathbb{R}$, e si scrive*

$$\lim_{n \to +\infty} a_n = L^+$$

se, fissato $\varepsilon > 0$, esiste un numero naturale $\bar{n} = \bar{n}(\varepsilon)$ tale che, per ogni $n > \bar{n}$, si ha:

$$L < a_n < L + \varepsilon.$$

Limiti di sottosuccessioni

Teorema *Se una successione $\{a_n\}$ ammette limite (finito o infinito), allora ogni sua sottosuccessione $\{a_{n_k}\}$ ammette lo stesso limite.*

Teoremi sui limiti di successioni

I teoremi sui limiti di successioni sono del tutto analoghi a quelli sui limiti di funzioni, non essendo le successioni che un particolare tipo di funzione. Ricordiamo soltanto i più importanti.

Teorema di unicità del limite *Se una successione reale $\{a_n\}$ ammette limite (per $n \to +\infty$) allora questi è unico.*

Teorema di esistenza del limite *Se $\{a_n\}$ è una successione crescente (decrescente), allora ammette limite (per $n \to +\infty$) e:*

- *se $\{a_n\}$ è superiormente limitata, allora $\displaystyle\lim_{n \to +\infty} a_n = \sup_n a_n$*

- *se $\{a_n\}$ è inferiormente limitata, allora $\displaystyle\lim_{n \to +\infty} a_n = \inf_n a_n$*

- *se $\{a_n\}$ è superiormente illimitata, allora $\displaystyle\lim_{n \to +\infty} a_n = +\infty$*

- *se $\{a_n\}$ è inferiormente illimitata, allora $\displaystyle\lim_{n \to +\infty} a_n = -\infty$.*

Teorema della permanenza del segno *Data una successione $\{a_n\}$, se*

$$\lim_{n \to +\infty} a_n = L$$

con $L \neq 0$, allora esiste un indice $\bar{n} \in \mathbb{N}$ tale che, per ogni $n \geq \bar{n}$, a_n ha lo stesso segno di L.

Teorema dei due carabinieri *Siano $\{a_n\}$, $\{b_n\}$ e $\{c_n\}$ tre successioni. Se esiste un indice $\bar{n} \in \mathbb{N}$ tale che*

$$a_n \leq b_n \leq c_n \qquad \forall n > \bar{n}$$

e

$$\lim_{n \to +\infty} a_n = \lim_{n \to +\infty} c_n = L \qquad L \in \mathbb{R}$$

allora

$$\lim_{n \to +\infty} b_n = L.$$

Teorema del confronto *Siano $\{a_n\}$ e $\{b_n\}$ due successioni per le quali esiste un indice $\bar{n} \in \mathbb{N}$ tale che*

$$a_n \leq b_n \qquad \forall n > \bar{n}.$$

Valgono le seguenti conclusioni:

- *se $\displaystyle\lim_{n \to +\infty} a_n = +\infty$, allora $\displaystyle\lim_{n \to +\infty} b_n = +\infty$*

- *se $\displaystyle\lim_{n \to +\infty} b_n = -\infty$, allora $\displaystyle\lim_{n \to +\infty} a_n = -\infty$.*

Teorema di limitatezza   *Se $\{a_n\}$ è una successione convergente, allora è limitata.*

Non esistenza di un limite

I teoremi sul limite di una sottosuccessione e dell'unicità del limite, se usati congiuntamente, permettono di elaborare la seguente strategia per dimostrare che una successione data è irregolare:

> *se, a partire da una data successione, si individuano due sottosuccessioni che tendono a due limiti differenti, allora la successione assegnata è irregolare.*

4.2 Successione geometrica

L'estensione del concetto di progressione geometrica al caso di una infinità numerabile di termini conduce alla nozione di successione geometrica.

Definizione   *Per ogni $q \in \mathbb{R}$ e $a \in \mathbb{R}$ si definisce **successione geometrica** di primo termine $a \in \mathbb{R}$, la successione*

$$a_n = aq^n \qquad n \in \mathbb{N}.$$

Forma ricorsiva di una successione geometrica

Una successione geometrica può essere definita in modo ricorsivo osservando che se

$$a_n = aq^n \qquad n \in \mathbb{N}$$

con $a, q \in \mathbb{R} \setminus \{0\}$, allora per ogni $n \in \mathbb{N}$ si ha:

$$\frac{a_{n+1}}{a_n} = \frac{aq^{n+1}}{aq^n} = q.$$

Dunque, una successione geometrica può essere descritta in forma ricorsiva nel seguente modo (per $a \neq 0$)

$$\begin{cases} a_{n+1} = qa_n & n \in \mathbb{N} \setminus \{0\} \\ a_0 = a \end{cases}$$

Si noti che se $q = 0$, allora si ottiene la successione

$$a, \, 0, \, 0, \, \ldots, \, 0, \, \ldots.$$

Carattere di una successione geometrica

Valgono le seguenti conclusioni sul carattere della successione definita da:

$$a_n = q^n \qquad q \in \mathbb{R},\ n \in \mathbb{N}$$

- se $-1 < q < 1$, allora $\{q^n\}$ converge a 0
- se $q = 1$, allora $\{q^n\}$ converge a 1
- se $q > 1$, allora $\{q^n\}$ diverge positivamente
- se $q \le -1$, allora $\{q^n\}$ è irregolare.

4.3 Calcolo di limiti di successioni

Il calcolo dei limiti di successioni avviene secondo le stesse modalità già viste a proposito di funzioni reali di variabili reali.

A partire dalla conoscenza del carattere di alcune successioni (ad esempio, costante, geometrica, ecc. ...) mediante i teoremi sui limiti si ricavano informazioni su casi più generali. Inoltre, valgono le definizioni di successione infinitesime ed infinite ed i risultati ad esse inerenti.

Confronto fra successioni infinite

Valgono i seguenti risultati sul confronto fra successioni infinite, al divergere di n:

- $\displaystyle\lim_{n \to +\infty} \frac{n^\beta}{a^n} = 0 \qquad \forall \beta \in \mathbb{R},\ \ \forall a > 1$

- $\displaystyle\lim_{n \to +\infty} \frac{(\log_a n)^\alpha}{n^\beta} = 0 \qquad \forall \alpha \in \mathbb{R},\ \ \forall a > 1,\ \ \forall \beta > 0$

- $\displaystyle\lim_{n \to +\infty} \frac{a^n}{n!} = 0 \qquad \forall a > 1$

- $\displaystyle\lim_{n \to +\infty} \frac{n!}{n^n} = 0.$

4.4 Serie numeriche

In alcune questioni applicative ci si trova di fronte alla necessità di dare significato all'idea di addizione di una infinità numerabile di addendi o, se si preferisce, di addizione dei termini di una successione.

Per affrontare la questione si procede mediante due passi successivi:

1. la determinazione della somma di un numero generico, ma finito, di termini consecutivi di una successione
2. la valutazione del limite di tale somma, al divergere del numero degli addendi considerati.

Definizione *Data una successione* $\{a_n\}$, *si dice* **serie** *di termine generale* a_n, *la successione così definita:*

$$
\begin{aligned}
s_0 &= a_0 \\
s_1 &= a_0 + a_1 \\
s_2 &= a_0 + a_1 + a_2 \\
&\vdots \\
s_n &= a_0 + a_1 + a_2 + \cdots + a_n \\
&\vdots
\end{aligned}
$$

L'elemento s_n *si dice* **somma parziale** *(n-esima) (o* **ridotta** *n-esima) della serie.*

Per indicare una serie di termine generale a_n si utilizza il simbolo

$$
\sum_{n=0}^{+\infty} a_n \ .
$$

Successione delle somme parziali

Definizione *Data una serie di termine generale* a_n, s_n *rappresenta la somma dei primi* $n+1$ *termini della successione* $\{a_n\}$.
La successione $\{s_n\}$, *detta* **successione delle somme parziali** *(o* **successione delle ridotte**) *associata alla serie* $\sum_{n=0}^{+\infty} a_n$, *risulta univocamente determinata una volta assegnata* $\{a_n\}$.
Viceversa, nota $\{s_n\}$, *risulta univocamente determinata* $\{a_n\}$ *da:*

$$
\begin{aligned}
a_0 &= s_0 \\
a_{n+1} &= s_{n+1} - s_n.
\end{aligned}
$$

Carattere di una serie

Una volta costruita la successione delle somme parziali attraverso l'operazione di addizione di un numero *finito* di numeri reali, si riesce a dare senso (in alcuni casi) all'idea di sommare un'*infinità numerabile* di addendi mediante un passaggio al limite.

Poiché rispetto all'operazione di limite sono tre gli esiti qualitativamente differenti (il limite esiste finito, esiste infinito o non esiste) si danno le tre seguenti definizioni.

Serie convergenti

Definizione *Una serie di termine generale a_n si dice **convergente**, se è convergente (per $n \to +\infty$) la successione delle somme parziali $\{s_n\}$ associata.*
*In tal caso, il valore del limite, indicato con S, si dice **somma della serie**. Si pone quindi:*

$$S = \sum_{n=0}^{+\infty} a_n = \lim_{n \to +\infty} s_n .$$

Serie divergenti

Definizione *Una serie di termine generale a_n si dice **divergente**, se è divergente (per $n \to +\infty$) la successione delle somme parziali $\{s_n\}$ associata.*
Più precisamente, una serie $\sum_{n=0}^{+\infty} a_n$ si dice:

- ***positivamente divergente** se $\lim_{n \to +\infty} s_n = +\infty$*
- ***negativamente divergente** se $\lim_{n \to +\infty} s_n = -\infty$.*

Serie irregolari

Definizione *Una serie di termine generale a_n si dice **irregolare**, se è irregolare la successione delle somme parziali $\{s_n\}$ associata.*

Osservazione Poiché il carattere di una serie dipende dal comportamento al divergere di n della successione delle sue ridotte, se si cambiano un numero finito di termini di una serie il suo carattere non cambia.
Se si modificano un numero finito di termini di una serie convergente il suo carattere non cambia ma, in generale, risulterà modificata la sua somma.

Resto k-esimo di una serie

Definizione *Data una serie $\sum_{n=0}^{+\infty} a_n$, si dice **resto k-esimo**, indicato con R_k, la serie ottenuta trascurando i primi k termini della succes-*

sione $\{a_n\}$:

$$R_k = \sum_{n=k}^{+\infty} a_n \qquad k > 0 \ .$$

Si dimostra che una serie $\sum_{n=0}^{+\infty} a_n$ e il suo resto k-esimo $\sum_{n=k}^{+\infty} a_n$, qualunque sia k, hanno lo stesso carattere.

4.5 Serie notevoli

Serie geometrica

Definizione *Si dice **serie geometrica** di **ragione** $q \in \mathbb{R}$ la serie*

$$\sum_{n=0}^{+\infty} q^n.$$

Poiché

$$s_n = \begin{cases} \dfrac{1 - q^{n+1}}{1 - q} & q \neq 1 \\[3mm] n + 1 & q = 1 \end{cases}$$

si ricavano le seguenti conclusioni:

- se $|q| < 1$, la serie è convergente e la sua somma è $S = \dfrac{1}{1 - q}$
- se $q \geq 1$, la serie è divergente a $+\infty$
- se $q \leq -1$, la serie è irregolare.

Inoltre, si dimostra che se $|q| < 1$, allora:

$$\sum_{n=k}^{+\infty} q^k = \frac{q^k}{1 - q} \qquad k \in \mathbb{N} \ .$$

Serie telescopiche

Definizione *Si dice **serie telescopica** una serie $\sum_{n=0}^{+\infty} a_n$ il cui termine generale a_n ammette la rappresentazione*

$$a_n = b_n - b_{n+1} \qquad \forall n \in \mathbb{N}.$$

Per una serie telescopica risulta particolarmente agevole la determinazione del termine generale della successione della somme parziali:

$$s_n = \sum_{k=0}^{n} (b_k - b_{k+1}) =$$
$$= (b_0 - b_1) + (b_1 - b_2) + \cdots + (b_n - b_{n+1}) =$$
$$= b_0 - b_{n+1} \ .$$

Il carattere della serie risulta così coincidere con il carattere della successione $\{b_n\}$.

Se $\{b_n\}$ è convergente, la somma della serie è data da

$$S = b_0 - \lim_{n \to +\infty} b_{n+1} \ .$$

4.6 Proprietà delle serie

Dalla definizione stessa di serie, utilizzando alcuni risultati sull'algebra dei limiti, si ricavano due utili risultati che possono semplificare lo studio del carattere di una serie.

Proprietà di omogeneità

Se c è una costante reale non nulla, allora le serie

$$\sum_{n=0}^{+\infty} c \cdot a_n \quad \text{e} \quad \sum_{n=0}^{+\infty} a_n$$

hanno lo stesso carattere.

Se tali serie convergono, allora vale l'uguaglianza

$$\sum_{n=0}^{+\infty} c \cdot a_n = c \cdot \sum_{n=0}^{+\infty} a_n \ .$$

Proprietà di additività

Se

$$\sum_{n=0}^{+\infty} a_n \quad \text{e} \quad \sum_{n=0}^{+\infty} b_n$$

sono due serie convergenti, allora anche la serie

$$\sum_{n=0}^{+\infty} (a_n + b_n)$$

è convergente e vale l'uguaglianza

$$\sum_{n=0}^{+\infty} (a_n + b_n) = \sum_{n=0}^{+\infty} a_n + \sum_{n=0}^{+\infty} b_n.$$

Proprietà di linearità

Dalle proprietà di omogeneità e additività, si ricava che se

$$\sum_{n=0}^{+\infty} a_n \quad e \quad \sum_{n=0}^{+\infty} b_n$$

sono due serie convergenti, allora per ogni coppia di costanti reali c_1 e c_2, anche la serie

$$\sum_{n=0}^{+\infty} (c_1 a_n + c_2 b_n)$$

è convergente e vale l'uguaglianza:

$$\sum_{n=0}^{+\infty} (c_1 a_n + c_2 b_n) = c_1 \sum_{n=0}^{+\infty} a_n + c_2 \sum_{n=0}^{+\infty} b_n \ .$$

A complemento di quanto detto sul carattere di una serie il cui termine generale sia somma di termini generali di due serie, riportiamo il seguente risultato.

Teorema *Date due serie $\sum_{n=0}^{+\infty} a_n$ e $\sum_{n=0}^{+\infty} b_n$, allora:*

- *se $\sum_{n=0}^{+\infty} a_n$ e $\sum_{n=0}^{+\infty} b_n$ divergono entrambe positivamente (negativamente), allora la serie $\sum_{n=0}^{+\infty} (a_n + b_n)$ diverge positivamente (negativamente)*

- *se $\sum_{n=0}^{+\infty} a_n$ converge e $\sum_{n=0}^{+\infty} b_n$ diverge, allora $\sum_{n=0}^{+\infty} (a_n + b_n)$ diverge.*

4.7 Criteri di convergenza

Difficilmente lo studio del carattere di una serie può essere condotto mediante la definizione: il problema principale è quello di scrivere il termine generale della successione delle ridotte in modo che sia possibile calcolarne il limite (al divergere di n).

Ad esempio, se consideriamo la serie armonica

$$\sum_{n=1}^{+\infty} \frac{1}{n}$$

in linea di principio è semplice scrivere il termine generale s_n della successione delle ridotte:

$$s_n = 1 + \frac{1}{2} + \frac{1}{3} + \cdots + \frac{1}{n-1} + \frac{1}{n} = s_{n-1} + \frac{1}{n}.$$

Tuttavia, al crescere di n si modifica la legge che definisce n, nel senso che cambia il numero degli addendi, rendendo di fatto inapplicabile l'approccio noto per lo studio del carattere il cui termine generale è espresso in forma chiusa.

I cosiddetti "criteri di convergenza" cercano di superare tale difficoltà dando delle informazioni, sotto certe ipotesi, sul carattere di una serie a partire dallo studio dei termini della serie stessa.

Condizione necessaria di convergenza

Il criterio che segue afferma, in parole povere, che affinché una serie sia convergente, i suoi termini, da un certo punto in poi, devono essere "sufficientemente piccoli (in modulo)".

Teorema *Condizione necessaria affinché una serie $\sum_{n=0}^{+\infty} a_n$ sia convergente è che la successione $\{a_n\}$ sia infinitesima, cioè*

$$\lim_{n \to +\infty} a_n = 0.$$

Utilizzo della condizione necessaria di convergenza

La condizione necessaria di convergenza, in quanto condizione necessaria permette solo di selezionare serie che non possono convergere, mentre nulla permette di concludere su serie il cui termine generale è infinitesimo.

Più precisamente, data una serie $\sum\limits_{n=0}^{+\infty} a_n$

- se $\lim\limits_{n \to +\infty} a_n \neq 0$, allora la serie non converge
- se $\lim\limits_{n \to +\infty} a_n = 0$, allora nulla si può dire sul carattere della serie.

4.8 Serie a termini di segno costante

La ricerca di criteri di convergenza risulta semplificata se ci si riferisce a serie i cui termini hanno segno costante.

Infatti, in tal caso, la successione delle somme parziali risulta monotòna e di conseguenza lo studio della sua convergenza equivale allo studio della sua limitatezza.

Serie a termini non negativi

Definizione *Si definisce:*

- ***serie a termini non negativi*** *una serie $\sum\limits_{n=0}^{+\infty} a_n$ i cui termini sono tutti non negativi:*

$$a_n \geq 0 \qquad \forall n \in \mathbb{N}$$

- ***serie a termini definitivamente non negativi*** *una serie $\sum\limits_{n=0}^{+\infty} a_n$ per la quale esiste un numero naturale $\bar{n}$ tale che i termini della serie a partire dall'$(\bar{n}+1)$-esimo sono non negativi:*

$$a_n \geq 0 \qquad \forall n > \bar{n} \ .$$

Se nelle due definizioni si ha $a_n > 0$ si parla, rispettivamente, di **serie a termini positivi** e di serie a **termini definitivamente positivi**.

Serie a termini non positivi

Grazie alla proprietà di omogeneità, vale l'uguaglianza:

$$\sum_{n=0}^{+\infty} a_n = -\sum_{n=0}^{+\infty} (-a_n)\,.$$

Ciò significa che se $a_n \leq 0$, per ogni $n \in \mathbb{N}$ è possibile studiare il carattere della serie $\sum_{n=0}^{+\infty} a_n$ mediante lo studio del carattere della serie a termini non negativi $\sum_{n=0}^{+\infty} (-a_n)$. Dunque, i risultati che si ottengono a proposito delle serie a termini (definitivamente) non negativi valgono anche per le serie a termini (definitivamente) non positivi.

Regolarità

Se $\sum_{n=0}^{+\infty} a_n$ è una serie a termini non negativi, allora la sua successione delle somme parziali $\{s_n\}$ risulta crescente:

$$s_{n+1} - s_n = a_{n+1} \geq 0 \qquad \forall n \in \mathbb{N}.$$

Quindi, per il teorema di esistenza del limite per successioni monotòne, una serie a termini non negativi non è mai irregolare e

$$\lim_{n \to +\infty} s_n = \sup_n \{s_n\}.$$

Si conclude che una serie a termini non negativi è convergente se e solo se la successione $\{s_n\}$ è limitata.

Se $\{s_n\}$ non è limitata, allora $\sum_{n=0}^{+\infty} a_n$ diverge a $+\infty$.

4.9 Criteri di convergenza per serie a termini positivi

Lo studio del carattere di una serie mediante lo studio del suo termine generale permette di evitare il ricorso alla definizione di serie ossia alla determinazione del termine generale della successione delle somme parziali.

I risultati che si ottengono però non consentono, in caso di convergenza, di determinare la somma della serie considerata.

Illustriamo nel seguito alcuni criteri ciascuno dei quali esprime una condizione sufficiente di convergenza per una serie a termini positivi.

Criterio del confronto

Il criterio del confronto offre la possibilità di stabilire il carattere di una serie a termini (definitivamente) non negativi $\sum_{n=0}^{+\infty} a_n$ attraverso il confronto del suo termine generale a_n con quello di un'altra serie, sempre a termini (definitivamente) non negativi, di cui sia noto il carattere.

Teorema *Siano* $\sum\limits_{n=0}^{+\infty} a_n$ *e* $\sum\limits_{n=0}^{+\infty} b_n$ *due serie a termini non negativi, con*

$$a_n \le b_n \qquad \forall n \in \mathbb{N} \ .$$

Valgono le seguenti conclusioni:

- *se* $\sum\limits_{n=0}^{+\infty} a_n$ *diverge, allora* $\sum\limits_{n=0}^{+\infty} b_n$ *diverge*

- *se* $\sum\limits_{n=0}^{+\infty} b_n$ *converge, allora* $\sum\limits_{n=0}^{+\infty} a_n$ *converge.*

Utilizzo del criterio del confronto

Una volta verificato di avere a che fare con una serie a termini (definitivamente) non negativi, per poter utilizzare proficuamente il teorema del confronto è necessario "scommettere" su quale sia il carattere della serie.

Infatti:

- se si pensa che la serie data sia convergente, allora si deve cercare una serie maggiorante che sia convergente

- se si pensa che la serie data sia divergente, allora si deve cercare una serie minorante che sia divergente.

È invece inutile (non sbagliato) riuscire a determinare una serie maggiorante divergente oppure una serie minorante convergente: semplicemente il criterio del confronto non permette di concludere nulla sul carattere della serie studiata.

Serie armonica generalizzata

Si definisce **serie armonica generalizzata** la seguente serie:

$$\sum_{n=1}^{+\infty} \frac{1}{n^\alpha} \qquad \alpha \in \mathbb{R} \ . \tag{$*$}$$

Vale il seguente risultato sul carattere della serie armonica generalizzata:

la serie (*) è convergente per $\alpha > 1$, è divergente per $\alpha \le 1$.

Ricordiamo inoltre il seguente risultato:

la serie (a termini positivi)

$$\sum_{n=2}^{+\infty} \frac{1}{n^\alpha (\log n)^\beta} \qquad \alpha, \beta \in \mathbb{R}$$

- *è convergente se $\alpha > 1$, $\forall \beta \in \mathbb{R}$ oppure se $\alpha = 1$, $\forall \beta > 1$*
- *è divergente se $\alpha < 1$, $\forall \beta \in \mathbb{R}$ oppure se $\alpha = 1$, $\forall \beta \leq 1$*

Criterio del confronto asintotico

Non sempre risulta semplice cercare maggiorazioni o minorazioni per poter applicare il criterio del confronto; inoltre, si deve "scommettere" su quale sia il carattere della serie che si studia per decidere se maggiorare oppure minorare.

Il criterio che segue, conseguenza del criterio del confronto, risulta in molti casi di più semplice applicazione.

L'idea di base è che se il carattere di una serie a termini positivi dipende dall'esito del calcolo di un limite, allora due successioni "somiglianti" rispetto all'operazione di limite daranno luogo a due serie con ugual carattere.

Teorema *Siano $\sum_{n=0}^{+\infty} a_n$ e $\sum_{n=0}^{+\infty} b_n$ due serie a termini positivi. Se*

$$\lim_{n \to +\infty} \frac{a_n}{b_n} = 1$$

cioè se a_n è asintotica a b_n e si scrive $a_n \sim b_n$, allora le due serie hanno ugual carattere.

Utilizzo del criterio del confronto asintotico

Data una serie a termini positivi $\sum_{n=0}^{+\infty} a_n$ si cerca, per applicare utilmente il criterio del confronto asintotico, una serie $\sum_{n=0}^{+\infty} b_n$ a termini positivi, tale che

$$a_n \sim b_n \qquad \text{per} \quad n \to +\infty$$

e di cui si conosce il carattere o quantomeno sia più semplice da studiare rispetto a quella di partenza.

Il criterio del confronto asintotico consente poi di "trasferire" le conclusioni ottenute sulla serie $\sum_{n=0}^{+\infty} b_n$ alla serie $\sum_{n=0}^{+\infty} a_n$.

Criterio dell'ordine di infinitesimo

Come evidenziato dalla condizione necessaria di convergenza, se una serie qualsiasi è convergente, il suo termine generale è infinitesimo, anche se il sussistere di quest'ultima proprietà non garantisce la convergenza della serie.

Il criterio dell'ordine di infinitesimo formalizza, sotto opportune ipotesi, l'idea che una serie a termini positivi converge se il suo termine generale tende a zero "abbastanza velocemente".

Teorema *Sia $\sum_{n=0}^{+\infty} a_n$ una serie a termini (definitivamente) positivi, ed esista $\alpha > 0$ tale che*

$$\lim_{n \to +\infty} n^\alpha a_n = k \in \mathbb{R} \setminus \{0\}$$

cioè a_n sia infinitesimo di ordine α, rispetto all'infinitesimo $1/n$. Valgono i seguenti risultati:

- *se $\alpha > 1$, allora la serie $\sum_{n=0}^{+\infty} a_n$ converge*

- *se $\alpha \leq 1$, allora la serie $\sum_{n=0}^{+\infty} a_n$ diverge.*

Criterio del rapporto

Teorema *Sia $\sum_{n=0}^{+\infty} a_n$ una serie a termini positivi ed esista il limite:*

$$\lim_{n \to +\infty} \frac{a_{n+1}}{a_n} = L \ .$$

Allora:
- *se $L < 1$, la serie converge*
- *se $L > 1$, la serie diverge.*

Utilizzo del criterio del rapporto

Lo studio del carattere di una serie a termini positivi mediante il criterio del rapporto si svolge sostanzialmente in due fasi:

- determinazione del rapporto $\dfrac{a_{n+1}}{a_n}$ fra due qualsiasi termini consecutivi

- calcolo del limite $\lim\limits_{n \to +\infty} \dfrac{a_{n+1}}{a_n}$.

Nella prima fase risulta agevole avere a che fare con serie il cui termine generale si esprime solo mediante prodotti, in quanto generalmente si ottengono semplificazioni dell'espressione di cui si calcola il limite. Ancora, la presenza del fattoriale suggerisce la possibilità di impiegare utilmente il criterio del rapporto.

Criterio della radice

Teorema *Data la serie a termini non negativi $\sum\limits_{n=0}^{+\infty} a_n$, se esiste il limite*

$$\lim_{n \to +\infty} \sqrt[n]{a_n} = L$$

allora:

- *se $L < 1$, la serie è convergente*
- *se $L > 1$, la serie è divergente.*

4.10 Serie a termini di segno alterno

I criteri che danno informazioni sulla convergenza di una serie a partire dallo studio dei suoi termini si basano sostanzialmente su ipotesi di "regolarità" dei termini stessi.
Una situazione "favorevole" è quella in cui i termini si succedono con segni alterni.

Definizione *Una serie si dice **serie a termini di segno alterno** se può essere scritta nella forma:*

$$\sum_{n=0}^{+\infty} (-1)^n \, a_n$$

con $a_n > 0, \ \forall n \in \mathbb{N}$.

Criterio di Leibniz

Teorema *Data una serie a termini di segno alterno*

$$\sum_{n=0}^{+\infty} (-1)^n a_n \qquad a_n > 0 \quad \forall n \in \mathbb{N}$$

se

- *la successione $\{a_n\}$ è infinitesima:* $\displaystyle\lim_{n \to +\infty} a_n = 0$
- *la successione $\{a_n\}$ è decrescente: $a_{n+1} \leq a_n \qquad \forall n \in N$*

allora la serie è convergente.
In tal caso, se S è la somma della serie,

- *le somme parziali di indice pari (dispari) approssimano la somma per eccesso (difetto):*

$$s_{2n+1} \leq S \leq s_{2n} \qquad \forall n \in \mathbb{N}$$

- *il resto k-esimo della serie è maggiorato, in valore assoluto dal primo termine trascurato:*

$$|R_k| \leq a_{k+1} \qquad \forall k \in \mathbb{N}.$$

4.11 Convergenza assoluta

L'ipotesi di non negatività dei termini di una serie permette di ricavare numerosi risultati per lo studio della sua convergenza.

Ovviamente, tali risultati non sono più validi se si considerano serie con termini di segno qualsiasi. Si cerca allora di ricondurre lo studio della convergenza di una serie qualsiasi allo studio della convergenza di una serie a termini non negativi.

Serie assolutamente convergenti

Definizione *Una serie $\displaystyle\sum_{n=0}^{+\infty} a_n$ si dice **assolutamente convergente** se è convergente la serie dei moduli dei suoi termini:*

$$\sum_{n=0}^{+\infty} |a_n|.$$

Data una serie $\sum_{n=0}^{+\infty} a_n$, per distinguere efficacemente i concetti di convergenza e di convergenza assoluta, si parla nel primo caso di **convergenza semplice**.

Osserviamo che una serie a termini positivi (o negativi) semplicemente convergente è assolutamente convergente (e viceversa).

Relazione fra convergenza assoluta e semplice

Teorema *Se una serie $\sum_{n=0}^{+\infty} a_n$ è assolutamente convergente allora essa è convergente.*

Il teorema si può così sintetizzare:

la convergenza assoluta di una serie è condizione sufficiente per la sua convergenza semplice.

Tuttavia, la convergenza assoluta non è condizione necessaria per la convergenza semplice: esistono esempi di serie che convergono semplicemente ma non convergono assolutamente.

Osserviamo ancora che una possibile lettura alternativa dell'enunciato del teorema è:

la convergenza semplice è condizione necessaria per la convergenza assoluta.

Tale versione tuttavia risulta poco utile nelle applicazioni dato che in generale lo studio della convergenza semplice si presenta più difficoltoso rispetto a quello della convergenza assoluta.

5. Calcolo differenziale

5.1 Derivata prima

Una funzione reale di variabile reale esprime formalmente un legame fra due grandezze espresse da numeri reali.

Per studiare numerose proprietà di una funzione è opportuno introdurre un indice che misuri la "sensibilità" della variabile dipendente alle variazioni della variabile indipendente.

Mediante un'operazione di passaggio al limite, riusciamo ad introdurre un indice che misura la sensibilità della variabile dipendente in corrispondenza di variazioni "infinitesime" della variabile indipendente.

Tasso medio di variazione

Definizione *Sia $f : X \to \mathbb{R}$, $X \subseteq \mathbb{R}$ una funzione, x_0 un punto interno ad X e $x = x_0 + h$ un punto appartenente ad un intorno $I_\delta(x_0)$ di x_0 contenuto in X.*

*Si definisce **tasso medio di variazione** di f sull'intervallo di estremi x_0 e $x = x_0 + h$, il rapporto fra la variazione di f e la variazione della variabile indipendente:*

$$\frac{f(x) - f(x_0)}{x - x_0} .$$

Significato geometrico del tasso medio di variazione

Consideriamo una funzione $f : X \to \mathbb{R}$, $X \subseteq \mathbb{R}$. Scelto un intervallo $[a, b] \subset \mathbb{R}$ il tasso medio di variazione di f su tale intervallo

$$\frac{f(b) - f(a)}{b - a}$$

rappresenta il coefficiente angolare della retta che congiunge i punti di coordinate $(a, f(a))$ e $(b, f(b))$.

Dunque, il tasso medio di variazione individua l'unica funzione lineare affine che a partire dal valore $f(a)$ raggiunge il valore $f(b)$ quando la variabile indipendente passa da a a b.

In altre parole, descrivere il comportamento di f su $[a, b]$ mediante il suo tasso medio di variazione significa supporre che su tale intervallo l'andamento di f sia descritto da quello di una funzione lineare affine.

Per sua natura, il tasso medio di variazione di una funzione può risultare inadeguato per sintetizzare quello che è stato l'andamento dei valori di una funzione su un dato intervallo.

Rapporto incrementale

Definizione *Sia $f : X \to \mathbb{R}$, $X \subseteq \mathbb{R}$ una funzione, x_0 un punto interno ad X e $I_\delta(x_0)$ un intorno di x_0 incluso in X.*

*Si definisce **rapporto incrementale** della funzione f relativamente al punto x_0 la funzione che associa ad ogni valore ammissibile dell'incremento h il tasso medio di variazione della funzione f sull'intervallo di estremi x_0 e $x_0 + h$:*

$$R(x_0, h) = \frac{f(x_0 + h) - f(x_0)}{h}.$$

Si noti che, poiché x_0 si suppone interno ad X, esiste sicuramente un intervallo di valori di h sul quale è definito $R(x_0, h)$.

Derivata di una funzione

Poiché il rapporto incrementale $R(x_0, h)$ rappresenta il tasso medio di variazione di una funzione quando la variabile indipendente passa dal valore x_0 al valore $x_0 + h$, per introdurre la nozione di **tasso di variazione istantaneo** si studia ciò che accade quando l'incremento h tende a zero.

Definizione *Una **funzione** $f : X \to \mathbb{R}$, $X \subseteq \mathbb{R}$, si dice **derivabile** in un punto x_0 interno al proprio dominio se esiste finito il limite del rapporto incrementale di f a partire da x_0 quando h tende a zero:*

$$\lim_{h \to 0} \frac{f(x_0 + h) - f(x_0)}{h}.$$

*In tal caso il valore di tale limite si dice **derivata** di f in x_0, indicata con una delle seguenti notazioni equivalenti:*

$$f'(x_0) \qquad \frac{df}{dx}(x_0) \qquad Df(x_0).$$

Dunque, se esiste finito il limite del rapporto incrementale di f a partire da x_0 si può scrivere:

$$f'(x_0) = \lim_{h \to 0} \frac{f(x_0 + h) - f(x_0)}{h}.$$

Una **funzione** reale di variabile reale si dice **derivabile** se è derivabile in ogni punto del proprio dominio.

Significato geometrico della derivabilità

Sia $f : X \to \mathbb{R}$, $X \subseteq \mathbb{R}$, una funzione e x_0 un punto interno ad X. Dato un incremento h tale che $x_0 + h \in X$, la retta passante per i punti di coordinate $(x_0, f(x_0))$ e $(x_0 + h, f(x_0 + h))$ ha equazione

$$y = f(x_0) + \frac{f(x_0 + h) - f(x_0)}{h}(x - x_0).$$

Si noti che il coefficiente angolare di tale retta è il valore del rapporto incrementale di f a partire da x_0 corrispondente al valore h scelto.

Se f è una funzione derivabile in x_0, allora esiste un valore limite (unico per il teorema di unicità del limite) per $h \to 0$ di $R(x_0, h)$: esiste quindi una e una sola retta passante per il punto $(x_0, f(x_0))$ e con coefficiente angolare pari a $f'(x_0)$. Tale retta, la cui equazione è

$$y = f(x_0) + f'(x_0)(x - x_0)$$

si dice **retta tangente** al grafico di f nel punto $(x_0, f(x_0))$.

Poiché il coefficiente angolare di una retta ha il significato di "misura" della "pendenza" di una retta, possiamo assegnare alla derivata $f'(x_0)$ il significato di "pendenza" del grafico della funzione f in corrispondenza del punto x_0. Con abuso di linguaggio, parleremo di **pendenza di una funzione** in un punto.

Derivata destra e sinistra

Data una funzione $f : X \to \mathbb{R}$, $X \subseteq \mathbb{R}$, è possibile estendere il concetto di derivabilità anche a punti che non siano interni ad X, a patto che sia definito il rapporto incrementale $R(x_0, h)$ in un intorno destro o sinistro di x_0.

In tal caso parleremo di **rapporto incrementale destro** o **sinistro** della funzione f a partire dal punto x_0, indicati rispettivamente con

$$R_+(x_0, h) \qquad \text{e} \qquad R_-(x_0, h).$$

Definizione *Diciamo che una funzione $f : [a,b] \to \mathbb{R}$, $[a,b] \subset \mathbb{R}$ è:*

- **derivabile da destra** *in a se esiste finito il limite del rapporto incrementale destro per $h \to 0^+$; il valore di tale limite si dice* **derivata destra** *di f in a, indicata con $f'_+(a)$:*

$$f'_+(a) = \lim_{h \to 0^+} \frac{f(x_0 + h) - f(x_0)}{h}$$

- **derivabile da sinistra** *in b se esiste finito il limite del rapporto incrementale sinistro per $h \to 0^-$; il valore di tale limite si dice* **derivata sinistra** *di f in b, indicata con $f'_-(b)$:*

$$f'_-(b) = \lim_{h \to 0^-} \frac{f(x_0 + h) - f(x_0)}{h}.$$

Le nozioni di derivata destra e sinistra consentono di giungere a due importanti conclusioni:

- una funzione $f : [a,b] \to \mathbb{R}$ si **dice derivabile sull'intervallo chiuso e limitato** $[a,b]$ se è derivabile sull'intervallo aperto (a,b) e ammette derivata destra in a, derivata sinistra in b
- una funzione $f : X \to \mathbb{R}$, $X \subseteq \mathbb{R}$ è derivabile in un punto x_0 interno ad X se e solo se in x_0 ammette derivata destra e sinistra, uguali fra loro.

La prima osservazione completa la definizione di funzione derivabile su un insieme, la seconda è una diretta conseguenza di quanto noto sui limiti.

Funzioni convesse derivabili una volta

Teorema *Sia $f : I \to \mathbb{R}$, I intervallo di $\mathbb{R}$, una funzione derivabile. Allora f è*
i) convessa se e solo se

$$f(x) \geq f(x_0) + f'(x_0)(x - x_0) \qquad \forall x, x_0 \in I$$

ii) strettamente convessa se e solo se

$$f(x) > f(x_0) + f'(x_0)(x - x_0) \qquad \forall x, x_0 \in I, \ x \neq x_0.$$

Se $f : I \to \mathbb{R}$, I intervallo di $\mathbb{R}$, è una funzione derivabile e $x_0 \in I$, allora la retta di equazione

$$y = f(x_0) + f'(x_0)(x - x_0)$$

è tangente al grafico di f nel punto di coordinate $(x_0, f(x_0))$.

Dal teorema precedente si conclude che:

una funzione derivabile su un intervallo è convessa se e solo se il suo grafico si trova sempre non al di sotto della retta tangente a tale grafico in un qualsiasi punto.

Conclusioni analoghe, con i dovuti aggiustamenti, valgono se f è strettamente convessa, concava o strettamente concava.

5.2 Punti di non derivabilità

Una funzione $f : X \to \mathbb{R}$, $X \subseteq \mathbb{R}$, si dice derivabile su X se è derivabile in ogni punto di X. Di conseguenza f non è derivabile su X se esiste almeno un punto $x_0 \in X$ in corrispondenza del quale f non risulta derivabile.

Se x_0 è interno ad X la non derivabilità di f equivale alla non esistenza di un valore finito per il limite del rapporto incrementale di f in x_0 per $h \to 0$.

Le situazioni che si possono presentare sono molteplici. Ci limitiamo a ricordare quelle che vengono "catalogate".

Punti angolosi

Definizione *Data una funzione $f : X \to \mathbb{R}$, $X \subseteq \mathbb{R}$, continua, un punto $x_0 \in \overset{\circ}{X}$ si dice **punto angoloso** per f se in x_0 esistono le derivate sinistra e destra di f ma sono diverse fra loro:*

$$f'_-(x_0) \neq f'_+(x_0).$$

Punti di cuspide

Definizione *Data una funzione $f : X \to \mathbb{R}$, $X \subseteq \mathbb{R}$, un punto $x_0 \in \overset{\circ}{X}$ si dice **punto di cuspide** per f, se f è continua in x_0 e i limiti dei rapporti incrementali sinistro e destro di f in x_0 per $h \to 0^{\pm}$ esistono infiniti, con segno discorde fra loro.*

Un punto x_0 è quindi di cuspide per una funzione continua se si verifica una delle due seguenti situazioni:

i) $\lim\limits_{h \to 0^-} R_- (x_0, h) = -\infty \qquad \lim\limits_{h \to 0^+} R_+ (x_0, h) = +\infty$

ii) $\lim\limits_{h \to 0^-} R_- (x_0, h) = +\infty \qquad \lim\limits_{h \to 0^+} R_+ (x_0, h) = -\infty$.

Punti di flesso a tangente verticale

Definizione *Data una funzione* $f : X \to \mathbb{R}$, $X \subseteq \mathbb{R}$, *continua, un punto* $x_0 \in \overset{\circ}{X}$ *si dice* **punto di flesso a tangente verticale** *per* f *se i limiti per* $h \to 0$ *dei rapporti incrementali sinistro e destro di* f *in* x_0 *esistono infiniti e di segno concorde fra loro.*

Un punto x_0 è quindi di flesso a tangente verticale per una funzione continua se si verifica una delle seguenti due situazioni:

i) $\lim\limits_{h \to 0^-} R_- (x_0, h) = \lim\limits_{h \to 0^+} R_+ (x_0, h) = -\infty$

ii) $\lim\limits_{h \to 0^-} R_- (x_0, h) = \lim\limits_{h \to 0^+} R_+ (x_0, h) = +\infty$.

5.3 Derivabilità e continuità

La derivabilità, al pari della continuità, si può definire come una proprietà di regolarità per una funzione.

Mentre la continuità richiede, localmente, un "controllo" della variazione assoluta dei valori di una funzione, la derivabilità richiede, sempre localmente, un controllo della variazione relativa dei valori di una funzione rispetto alle variazioni della variabile indipendente.

La seconda richiesta risulta più "esigente" della prima, come formalizzato dal risultato che segue.

Teorema *Se* $f : X \to \mathbb{R}$, $X \subseteq \mathbb{R}$, *è una funzione derivabile in un punto interno ad* X, *allora ivi è anche continua.*

L'enunciato del teorema può essere così sintetizzato:

> *la derivabilità è condizione sufficiente per la continuità di una funzione reale di variabile reale.*

Tuttavia la derivabilità non è condizione necessaria per la continuità: *esistono funzioni continue ma non derivabili.*

Ad esempio,

$$f : \mathbb{R} \to \mathbb{R} \qquad f(x) = |x + 1|$$

è una funzione continua ma non derivabile nel punto $x_0 = -1$, ove presenta un punto angoloso.

Un secondo modo di leggere l'enunciato, utile nello studio della derivabilità è:

la continuità è condizione necessaria per la derivabilità di una funzione reale di variabile reale, cioè una funzione non continua in un punto ivi non può essere derivabile.

Osservazione La conclusione che la derivabilità implica la continuità vale ovviamente anche se ci si limita a considerare solo intorni destri o sinistri di un punto. Ciò consente di ottenere la seguente conclusione (più generale di quella precedentemente enunciata):

se $f : X \to \mathbb{R}$, $X \subseteq \mathbb{R}$, ammette derivata sinistra e destra in $x_0 \in \overset{\circ}{X}$, allora f è continua in x_0.

Studio della derivabilità di una funzione

Presentiamo ora una serie di risultati che consentono in molti casi, nota la legge analitica che definisce una funzione, di studiarne la derivabilità senza ricorrere alla definizione, fornendo allo stesso tempo una "formula" per il calcolo della derivata.

Il percorso logico che seguiremo è analogo a quello fatto per lo studio della continuità di una funzione.

5.4 Derivabilità delle funzioni elementari

Tutte le funzioni elementari sono funzioni derivabili. Si ottengono inoltre delle semplici regole di derivazione che ci permetteranno in futuro di evitare l'uso diretto della definizione.

Derivata di una funzione potenza

La funzione

$$f : \mathbb{R}_+ \to \mathbb{R} \qquad f(x) = x^{\alpha}$$

è derivabile per ogni $x \in \mathbb{R}_+$, con derivata data da

$$D\left(x^{\alpha}\right) = \alpha x^{\alpha-1} \qquad \forall x \in \mathbb{R}_+,\ \forall \alpha \in \mathbb{R}\ .$$

Tale formula risulta valida su tutto $\mathbb{R}$ oppure $\mathbb{R}_0$, a seconda dei casi, quando ci si limita a considerare esponenti α interi o razionali.

Derivata di una funzione esponenziale

La funzione

$$f : \mathbb{R} \to \mathbb{R} \qquad f\left(x\right) = a^x \qquad a \in \mathbb{R}_+ \setminus \{1\}$$

è derivabile per ogni $x \in \mathbb{R}$, con derivata data da

$$D\left(a^x\right) = a^x \log a \qquad \forall x \in \mathbb{R},\ a \in \mathbb{R}_+ \setminus \{1\}\ .$$

Se si considera la base naturale, si ottiene, in particolare,

$$D\left(e^x\right) = e^x \qquad \forall x \in \mathbb{R}\ .$$

Derivata di una funzione logaritmica

La funzione

$$f : \mathbb{R}_+ \to \mathbb{R} \qquad f\left(x\right) = \log_a x \qquad a \in \mathbb{R}_+ \setminus \{1\}$$

è derivabile per ogni $x \in \mathbb{R}_+$, con derivata data da

$$D\left(\log_a x\right) = \frac{1}{x} \log_a e \qquad \forall x \in \mathbb{R},\ a \in \mathbb{R}_+ \setminus \{1\}\ .$$

Se si considera la base naturale, si ottiene, in particolare,

$$D\left(\log x\right) = \frac{1}{x} \qquad \forall x \in \mathbb{R}_+\ .$$

Derivata della funzione seno

La funzione

$$f : \mathbb{R} \to \mathbb{R} \qquad f\left(x\right) = \operatorname{sen} x$$

è derivabile per ogni $x \in \mathbb{R}$, con derivata data da

$$D\left(\operatorname{sen} x\right) = \cos x \qquad \forall x \in \mathbb{R}\ .$$

Derivata della funzione coseno

La funzione

$$f : \mathbb{R} \to \mathbb{R} \qquad f(x) = \cos x$$

è derivabile per ogni $x \in \mathbb{R}$, con derivata data da

$$D(\cos x) = -\operatorname{sen} x \qquad \forall x \in \mathbb{R} .$$

5.5 Algebra delle funzioni derivabili

Una volta introdotta la definizione di derivabilità e le regole di derivazione delle funzioni elementari, è opportuno studiare la compatibilità
di tale operazione con la struttura algebrica di $\mathbb{R}$.
In altre parole, è opportuno studiare se e come la derivabilità si pre-
serva sotto le operazioni di somma, differenza, prodotto e quoziente.
Tutto ciò permette di studiare la derivabilità e calcolare derivate di
funzioni ottenute mediante le quattro operazioni a partire da funzioni
elementari.

Derivata di una somma o differenza di funzioni

Teorema   *Date due funzioni derivabili $f, g : X \to \mathbb{R}$, $X \subseteq \mathbb{R}$, la
loro somma (differenza) $f + g : X \to \mathbb{R}$ ($f - g$) risulta derivabile, con
derivata pari alla somma (differenza) delle derivate di f e g:*

$$D(f \pm g) = D(f) \pm D(g) .$$

La condizione espressa dal teorema è solo sufficiente: *una funzione,
somma di due funzioni, di cui almeno una non derivabile, può essere
derivabile.*
Ad esempio, le funzioni

$$f : \mathbb{R} \to \mathbb{R} \qquad f(x) = |x|$$

$$g : \mathbb{R} \to \mathbb{R} \qquad g(x) = 1 - |x|$$

non sono derivabili nell'origine, ma la loro somma $(f + g)(x) = 1$ è
derivabile $\forall x \in \mathbb{R}$.

Derivata di un prodotto di funzioni

Teorema *Date due funzioni $f, g : X \to \mathbb{R}$, $X \subseteq \mathbb{R}$, derivabili, la funzione prodotto $f \cdot g : X \to \mathbb{R}$ risulta derivabile, con derivata data da:*

$$D(f \cdot g) = D(f) \cdot g + f \cdot D(g) \ .$$

In particolare, se g è una funzione costante, $g(x) = c$, allora:

$$D(c \cdot f) = c \cdot D(f)$$

ossia, "le costanti moltiplicative si possono portare fuori dal segno di derivazione".

Il teorema esprime una condizione sufficiente di derivabilità di un prodotto di funzioni. Tale condizione non è però necessaria: *esistono funzioni derivabili che sono prodotto di funzioni di cui almeno una non derivabile.*
Ad esempio, la funzione

$$\gamma : \mathbb{R} \to \mathbb{R} \qquad \gamma(x) = x \cdot |x|$$

è prodotto di due funzioni: la prima $f(x) = x$ derivabile, la seconda $g(x) = |x|$ non derivabile (nell'origine). Nonostante ciò la funzione γ risulta derivabile. Infatti, poiché

$$\gamma(x) = \begin{cases} x^2 & x \geq 0 \\ -x^2 & x < 0 \end{cases}$$

la funzione γ risulta sicuramente derivabile per $x \neq 0$ in quanto espressa mediante funzioni derivabili. Inoltre, il rapporto incrementale a partire dall'origine è $R(0, h) = h|h|/h = |h|$ e quindi

$$\lim_{h \to 0} R(0, h) = \lim_{h \to 0} |h| = 0 = f'(0) \ .$$

Derivata di un quoziente di funzioni

Teorema *Date due funzioni derivabili $f, g : X \to \mathbb{R}$, $X \subseteq \mathbb{R}$, con $g(x) \neq 0$, $\forall x \in X$, il loro quoziente $\dfrac{f}{g} : X \to \mathbb{R}$ è una funzione derivabile, con derivata uguale a*

$$D\left(\frac{f}{g}\right) = \frac{D(f) \cdot g - f \cdot D(g)}{g^2} \ .$$

Il teorema esprime una condizione sufficiente di derivabilità di un quoziente di funzioni: *il quoziente di due funzioni può risultare derivabile senza che lo siano sia il numeratore, sia il denominatore.*
Ad esempio, le funzioni

$$f, g : \mathbb{R} \to \mathbb{R} \qquad f(x) = g(x) = |x| + 1$$

non sono derivabili nell'origine, ma il loro rapporto $\dfrac{f(x)}{g(x)} = 1$, è derivabile $\forall x \in \mathbb{R}$.

5.6 Il teorema di derivazione delle funzioni composte

Consideriamo due funzioni lineari

$$f : \mathbb{R} \to \mathbb{R} \qquad f(x) = m_1 x$$

$$g : \mathbb{R} \to \mathbb{R} \qquad g(x) = m_2 x$$

La funzione composta $g \circ f$ è ancora una funzione lineare definita, per ogni $x \in \mathbb{R}$ da

$$(g \circ f)(x) = m_2 m_1 x.$$

Dunque, $g \circ f$ è derivabile, con derivata prima

$$(g \circ f)'(x) = m_2 m_1$$

data dal prodotto delle derivate delle funzioni g ed f.
Se f e g sono due qualsiasi funzioni derivabili, localmente sono bene approssimate da funzioni lineari: ci aspettiamo quindi che, con i dovuti "aggiustamenti" il precedente risultato si estenda al caso di due funzioni derivabili qualsiasi.

Teorema *Siano $f : X \to \mathbb{R}$, $X \subseteq \mathbb{R}$ e $g : Y \to \mathbb{R}$, $Y \subseteq \mathbb{R}$, due funzioni tali che $f(X) \subseteq Y$. Se f è derivabile in $x_0 \in \overset{\circ}{X}$ e g è derivabile in $y_0 \in \overset{\circ}{Y}$ con $y_0 = f(x_0)$, allora la funzione composta $g \circ f$ risulta derivabile in x_0 e la sua derivata è*

$$(g \circ f)'(x_0) = g'(f(x_0)) \cdot f'(x_0).$$

Il teorema di derivazione delle funzioni composte esprime una condizione sufficiente di derivabilità di una funzione composta. Tuttavia tale condizione non è necessaria: *la composizione di funzioni non derivabili può generare una funzione derivabile.*
Ad esempio, date le funzioni

$$f : \mathbb{R} \to \mathbb{R} \qquad f(x) = |x|$$

$$g : \mathbb{R} \to \mathbb{R} \qquad g(x) = x^2$$

la funzione composta, definita per ogni $x \in \mathbb{R}$ da

$$(g \circ f)(x) = (|x|)^2 = x^2$$

è derivabile anche se f non lo è.
Il teorema di derivazione delle funzioni composte si estende (per induzione) in modo ovvio al caso di composizione di un numero qualsiasi (finito) di funzioni derivabili.
Ad esempio, la funzione definita da

$$f(x) = \log(1 + \log(1 + \log x))$$

è derivabile, con derivata

$$f'(x) = \frac{1}{1 + \log(1 + \log x)} \cdot \frac{1}{1 + \log x} \cdot \frac{1}{x}.$$

Derivata logaritmica

Sia $f : X \to \mathbb{R}$, $X \subseteq \mathbb{R}$, una funzione positiva e derivabile. Allora, per il teorema di derivazione delle funzioni composte, la funzione

$$g : X \to \mathbb{R} \qquad g(x) = \log(f(x))$$

risulta derivabile, con derivata:

$$g'(x) = \frac{f'(x)}{f(x)}.$$

L'espressione trovata si dice **derivata logaritmica** di f, indicata con

$$\frac{d \log(f(x))}{dx} = \frac{f'(x)}{f(x)}.$$

5.7 Il teorema di derivazione delle funzioni inverse

Una funzione lineare non costante:

$$f : \mathbb{R} \to \mathbb{R} \qquad f(x) = mx \qquad m \neq 0$$

è invertibile e la sua funzione inversa è ancora una funzione lineare su $\mathbb{R}$. Per determinarne la legge, a partire dalla relazione

$$y = mx \qquad x \in \mathbb{R}$$

esprimiamo x in funzione di y:

$$f^{-1}(y) = \frac{1}{m} y \qquad y \in \mathbb{R}.$$

Osserviamo ora che sia f sia f^{-1} sono funzioni derivabili, con derivate prime:

$$f'(x) = m \qquad \left(f^{-1}\right)'(y) = \frac{1}{m}$$

e dunque vale l'uguaglianza

$$\left(f^{-1}\right)'(y) = \frac{1}{f'(x)}$$

ove $x = f^{-1}(y)$.

Poiché una funzione derivabile localmente "si comporta come una funzione lineare", ci aspettiamo che una relazione come la precedente valga, sotto opportune ipotesi, per una qualsiasi funzione derivabile e invertibile.

Teorema *Sia $f : X \to \mathbb{R}$, $X \to \mathbb{R}$, una funzione invertibile.*
Se f è derivabile in $x_0 \in \overset{\circ}{X}$ con $f'(x_0) \neq 0$, allora la sua funzione inversa f^{-1} risulta derivabile in $y_0 = f(x_0)$ e la sua derivata è

$$\left(f^{-1}\right)'(y_0) = \frac{1}{f'(x_0)}.$$

Significato geometrico del teorema di derivazione delle funzioni inverse

Consideriamo una funzione f definita e derivabile su un intervallo

(a, b), a valori reali. La derivata di f in ogni punto $x \in (a, b)$ rappresenta il coefficiente angolare della retta tangente al grafico della funzione nel punto $(x, f(x))$. D'altra parte, se f è invertibile, il grafico della sua funzione inversa si ottiene da quello di f attraverso una simmetria rispetto alla bisettrice del I e III quadrante. Tale simmetria non può "creare spigoli" e quindi ci aspettiamo che anche f^{-1} ammetta in ogni punto del proprio grafico retta tangente.

L'unica situazione delicata si ha negli eventuali punti dove $f'(x) = 0$. Infatti, se riscriviamo, a parte il coefficiente angolare, l'equazione della retta tangente al grafico di f

$$y = f(x_0) + f'(x_0)(x - x_0)$$

in termini della sua funzione inversa

$$y = y_0 + f'(x_0)\left(x - f^{-1}(y_0)\right)$$

otteniamo la candidata ad essere la retta tangente al grafico di f^{-1}

$$x = f^{-1}(y_0) + \frac{1}{f'(x_0)}(y - y_0)$$

a patto che $f'(x_0) \neq 0$. In tal caso, il coefficiente angolare $\dfrac{1}{f'(x_0)}$ della retta tangente al grafico di f^{-1} rappresenta la derivata di f^{-1}.

Data una funzione reale di variabile reale, l'esistenza della sua inversa in generale si accompagna all'impossibilità di ricavarne la legge. Il teorema di derivazione delle funzioni inverse consente di ricavare informazioni sulla derivabilità di una funzione inversa mediante lo studio della regolarità della funzione di partenza.

Il teorema di derivazione delle funzioni inverse esprime una condizione sufficiente di derivabilità della funzione inversa di una funzione (invertibile) derivabile. Tuttavia, tale condizione non è necessaria: *esistono funzioni non derivabili che ammettono inversa derivabile.*

Ad esempio, la funzione

$$f : \mathbb{R} \to \mathbb{R} \qquad f(x) = \sqrt[3]{x}$$

non è derivabile nell'origine, mentre lo è la sua funzione inversa

$$f^{-1} : \mathbb{R} \to \mathbb{R} \qquad f^{-1}(x) = y^3$$

Derivabilità delle funzioni trigonometriche inverse

Il teorema di derivazione delle funzioni inverse consente di determinare delle semplici formule per il calcolo della derivata prima delle funzioni arcoseno, arcocoseno e arcotangente:

- $D\left(\operatorname{arcsen} x\right) = \dfrac{1}{\sqrt{1 - x^2}}$ $x \in (-1, 1)$

- $D\left(\operatorname{arccos} x\right) = -\dfrac{1}{\sqrt{1 - x^2}}$ $x \in (-1, 1)$

- $D\left(\operatorname{arctg} x\right) = \dfrac{1}{1 + x^2}$ $x \in \mathbb{R}$.

Tabella riassuntiva delle derivate delle principali funzioni

$D\left(c\right) = 0$	$\forall x \in \mathbb{R}$
$D\left(x^\alpha\right) = \alpha x^{\alpha - 1}$	$\forall x \in \mathbb{R}_+, \ \forall \alpha \neq 0$
$D\left(a^x\right) = a^x \log a$	$\forall x \in \mathbb{R}, \ \forall a \in \mathbb{R}_+ \setminus \{1\}$
$D\left(\log_a |x|\right) = \dfrac{1}{x} \log_a e$	$\forall x \in \mathbb{R} \setminus \{0\}, \ \forall a \in \mathbb{R}_+ \setminus \{1\}$
$D\left(\operatorname{sen} x\right) = \cos x$	$\forall x \in \mathbb{R}$
$D\left(\cos x\right) = -\operatorname{sen} x$	$\forall x \in \mathbb{R}$
$D\left(\operatorname{tg} x\right) = \dfrac{1}{(\cos x)^2}$	$\forall x \in \mathbb{R}, \ x \neq \dfrac{\pi}{2} + k\pi, \ k \in \mathbb{Z}$

5.8 Derivate di ordine superiore al primo

Consideriamo, ad esempio, la funzione

$$f : \mathbb{R} \to \mathbb{R} \qquad f(x) = x^3.$$

Per ogni $x \in \mathbb{R}$ la funzione f è derivabile, con derivata prima

$$f'(x) = 3x^2 \qquad x \in \mathbb{R}$$

Dunque, f' rappresenta una funzione della variabile x.
In generale, data una funzione $f : X \to \mathbb{R}$, derivabile sull'insieme aperto $X \subseteq \mathbb{R}$, in ogni punto $x \in X$ è assegnato uno ed un solo numero $f'(x)$. Risulta così definita una funzione

$$f' : X \to \mathbb{R}$$

che si dice **funzione derivata prima**.
È naturale porsi alcune domande sulla regolarità della funzione f': in particolare studieremo la continuità e la derivabilità di tale funzione, rileggendo poi tali risultati in termini della funzione f.

Funzioni derivabili con continuità

Definizione *Una funzione $f : X \to \mathbb{R}$, derivabile sull'insieme aperto $X \subseteq \mathbb{R}$, si dice **derivabile con continuità** se la sua funzione derivata prima $f' : X \to \mathbb{R}$ è una funzione continua.*

Si denota con $C^1(X)$ l'insieme delle funzioni reali di variabile reale derivabili con continuità su X.
La scrittura $f \in C^1(X)$ si legge "la funzione f è di classe C uno sull'insieme X".

Derivata seconda

Definizione *Una funzione $f : X \to \mathbb{R}$, derivabile sull'aperto $X \subseteq \mathbb{R}$, si dice **derivabile due volte** in $x_0 \in X$ se la sua funzione derivata prima f' è derivabile in x_0, ossia se il limite del rapporto incrementale di f' a partire dal punto x_0 esiste finito:*

$$\exists k \in \mathbb{R} : \quad \lim_{h \to 0} \frac{f'(x_0 + h) - f'(x_0)}{h} = k.$$

In tal caso, il valore di tale limite si dice derivata seconda di f in x_0, indicato con una delle seguenti scritture equivalenti:

$$f''(x_0) \qquad \frac{d^2 f}{dx^2}(x_0) \qquad D^2 f(x_0).$$

Per determinare se una data funzione è derivabile due volte si possono impiegare i risultati sulla derivabilità delle funzioni elementari, i teoremi sull'algebra delle funzioni derivabili, di derivazione delle funzioni composte ed inverse.

In particolare, si dimostra agevolmente (senza ricorrere alla definizione) che tutte le funzioni elementari sono derivabili due volte.

Il calcolo di una derivata seconda richiede la conoscenza della derivata prima.

Si rifletta sul significato della scrittura $f''(x_0)$. Il senso è: data la funzione derivata prima f' se ne calcola la derivata nel punto x_0. Diversamente, si rischia di concludere erroneamente che $f''(x_0)$ significhi derivare il valore $f'(x_0)$ che la funzione f' assume nel punto x_0.

Si noti che per l'esistenza della derivata seconda di una funzione $f : X \to \mathbb{R}$, $X \subseteq \mathbb{R}$, in un punto $x_0 \in \overset{\circ}{X}$, è necessaria l'esistenza della derivata prima in un intorno di x_0. Inoltre, se esiste la derivata seconda di f in x_0 allora, interpretando questa come derivata prima della derivata prima, si ricava che f' è una funzione continua in x_0, ossia che f è derivabile con continuità in x_0.

Derivate di ordine qualsiasi

Definizione   *Una funzione $f : X \to \mathbb{R}$, $X \subseteq \mathbb{R}$, si dice **derivabile n volte** nel punto $x_0 \in \overset{\circ}{X}$ se esiste finito il limite del rapporto incrementale della derivata $(n-1)$-esima a partire da x_0 quando $h \to 0$:*

$$\exists k \in \mathbb{R} : \quad \lim_{h \to 0} \frac{f^{(n-1)}(x_0 + h) - f^{(n-1)}(x_0)}{h} = k.$$

*In tal caso il valore di tale limite si dice **derivata n-esima** di f in x_0, indicato con una delle seguenti scritture equivalenti:*

$$f^{(n)}(x_0) \qquad \frac{d^n f}{dx^n}(x_0) \qquad D^n f(x_0).$$

Si noti che la definizione di derivata n-esima di una funzione è una *definizione per ricorrenza*: una funzione può, ad esempio, essere derivabile cento volte solo se è derivabile novantanove. Possiamo quindi scrivere la seguente definizione:

$$
\begin{cases}
D^0 f = f \\
D^n f = D\left(D^{n-1}f\right) & n \geq 1.
\end{cases}
$$

6. Applicazioni del calcolo differenziale

La conoscenza della derivata prima di una funzione derivabile fornisce informazioni sulla sua pendenza e, dunque, indirettamente sul suo "andamento".

In questo capitolo incontreremo una serie di risultati che illustrano come ricavare informazioni su una data funzione dallo studio della sua derivata prima e come organizzare tali informazioni di natura locale al fine di ottenere conclusioni "globali".

Ulteriori risultati chiariranno il ruolo che possono avere (ove esistano) le derivate di ordine superiore al primo (in special modo la derivata seconda) con particolare attenzione alla soluzione del problema, detto problema di ottimo, della ricerca di eventuali estremanti.

6.1 Il teorema di Lagrange

Consideriamo un esempio introduttivo.

Supponiamo di percorrere la distanza d che separa due città A e B in un certo tempo t. Il rapporto d/t ci fornisce la velocità media con la quale abbiamo percorso tale tragitto.

Tuttavia è ragionevole pensare che la velocità istantanea a volte sia maggiore a volte minore della velocità media: ciò suggerisce che in almeno un istante le due velocità coincidano.

In generale, data una funzione $f : [a, b] \to \mathbb{R}$ continua e tale da ammettere tasso istantaneo di variazione in ogni punto di (a, b) si dimostra che esiste almeno un punto di tale intervallo nel quale il tasso istantaneo di variazione di f coincide con il suo tasso medio di variazione sull'intervallo $[a, b]$.

Teorema (di Lagrange) *Sia $f : [a,b] \to \mathbb{R}$ una funzione continua sull'intervallo $[a,b]$, derivabile su (a,b). Allora, esiste un punto c in (a,b) tale che*

$$\frac{f(b) - f(a)}{b - a} = f'(c).$$

Il teorema sopra enunciato è anche conosciuto come **teorema del valor medio** in quanto la formula

$$f(b) - f(a) = f'(c)(b - a)$$

permette (in linea di principio) una valutazione esatta dell'incremento $f(b) - f(a)$.

Osserviamo infine che nel caso particolare in cui il tasso medio di variazione di f su $[a,b]$ è nullo, cioè $f(b) = f(a)$, il suddetto teorema è conosciuto come **teorema di Rolle**.

Il teorema di Lagrange esprime una condizione sufficiente per l'uguaglianza fra tassi medio ed istantaneo di variazione di una funzione: esistono funzioni non necessariamente regolari su un intervallo $[a,b]$ per le quali esiste almeno un punto in cui il tasso istantaneo di variazione uguaglia il tasso medio di variazione.

Sottolineiamo il fatto che il teorema di Lagrange afferma l'esistenza di almeno un punto c tale che

$$f'(c) = \frac{f(b) - f(a)}{b - a}$$

ma nulla può essere detto sulla sua unicità. È semplice costruire esempi in cui tali punti sono infiniti.

La determinazione "del punto c" non è in generale un problema particolarmente significativo. In effetti, poiché richiede la soluzione di un'equazione del tipo

$$g(x) = 0 \qquad x \in [a,b]$$

con g funzione qualsiasi, tale problema può essere risolto analiticamente solo in alcuni casi particolarmente semplici.

Significato geometrico del teorema di Lagrange

La quantità

$$\frac{f(b) - f(a)}{b - a}$$

rappresenta il coefficiente angolare della retta passante per i punti $(a,\ f(a))$ e $(b,\ f(b))$, mentre

$$f'(c)$$

rappresenta il coefficiente angolare della retta tangente al grafico di f nel punto $(c,\ f(c))$.

Pertanto, la tesi del teorema di Lagrange afferma l'esistenza di un punto $c \in (a, b)$ in corrispondenza del quale tali rette sono parallele.

6.2 Conseguenze del teorema di Lagrange

Se $f : [a, b] \to \mathbb{R}$ è una funzione derivabile, allora presi due qualsiasi punti x_1 e x_2 appartenenti ad $[a, b]$, con, ad esempio, $x_1 < x_2$, il teorema di Lagrange ci permette di affermare l'esistenza di un punto $x \in (x_1, x_2)$ tale che

$$f(x_2) - f(x_1) = f'(x)(x_2 - x_1).$$

La relazione appena scritta suggerisce il fatto che informazioni opportune sul valore o il segno di f' sull'intervallo considerato (non sappiamo "quanto vale" x ma sappiamo a quale intervallo appartiene) si traducono in informazioni sul valore o il segno della variazione (assoluta o relativa) di f.

Funzioni con derivata nulla su di un intervallo

È noto che una funzione costante su un insieme aperto in $\mathbb{R}$ è derivabile con derivata nulla.

Il teorema che segue fornisce una risposta, sia pur parziale, alla questione: *una funzione derivabile con derivata identicamente nulla, è costante?*

Teorema *Sia $f : I \to \mathbb{R}$, I intervallo di $\mathbb{R}$, una funzione derivabile. Se f ha derivata nulla in ogni punto dell'intervallo I, allora f è costante.*

Per la validità del teorema sulle funzioni a derivata nulla è cruciale l'ipotesi che il dominio sia un intervallo. In altre parole, *se f è una funzione derivabile con derivata nulla su un insieme aperto qualsiasi non è detto che sia costante.*

Ad esempio, la funzione

$$f : \mathbb{R} \setminus \{0\} \to \mathbb{R} \qquad f(x) = \text{sgn}(x).$$

è derivabile con derivata nulla, ma non è costante.

Funzioni con uguale derivata su un intervallo

Teorema *Siano $f, g : I \to \mathbb{R}$, I intervallo di $\mathbb{R}$, due funzioni derivabili. Se*

$$f'(x) = g'(x) \qquad\qquad \forall x \in I$$

allora f e g differiscono per una costante.

Il significato geometrico del teorema su funzioni con ugual derivata è evidente: su un intervallo, se due funzioni variano "istantaneamente" allo stesso modo, necessariamente i loro grafici devono avere "lo stesso andamento". Poiché la derivata dà una informazione solo sul tasso di variazione, nulla si può dire sui valori che assumono le due funzioni. In altre parole, i grafici delle due funzioni si ottengono uno dall'altro tramite una traslazione verticale.

L'ipotesi che le funzioni siano definite su un intervallo è cruciale.

Ad esempio, le funzioni

$$f : \mathbb{R} \setminus \{0\} \to \mathbb{R} \qquad f(x) = -\text{sgn}(x)$$

$$g : \mathbb{R} \setminus \{0\} \to \mathbb{R} \qquad g(x) = -3$$

sono entrambe derivabili con derivata nulla su $\mathbb{R} \setminus \{0\}$, tuttavia non differiscono per una costante. Infatti, ad esempio,

$$f(-1) - g(-1) = 4 \qquad\qquad f(1) - g(1) = 2.$$

Test di monotonia

La monotonia di una funzione può essere caratterizzata mediante il segno del suo tasso medio di variazione.

Poiché il teorema di Lagrange sancisce un legame tra tasso medio e tasso istantaneo di variazione, informazioni sul segno di quest'ultimo, sotto certe ipotesi, forniscono informazioni sulla monotonia di una funzione.

Si deduce così un test di monotonia generalmente di più semplice applicazione rispetto alla definizione.

Teorema (test di monotonia) *Sia $f : I \to \mathbb{R}$ una funzione continua e derivabile.*
Valgono le seguenti conclusioni:

i) *se $f'(x) > 0 \quad \forall x \in I$, allora f è strettamente crescente su I*
   se $f'(x) < 0 \quad \forall x \in I$, allora f è strettamente decrescente su I

ii) *f è crescente su I se e solo se $f'(x) \geq 0 \quad \forall x \in I$*
   f è decrescente su I se e solo se $f'(x) \leq 0 \quad \forall x \in I$.

Nella prima parte, il test di monotonia esprime una condizione sufficiente di monotonia: *esistono funzioni derivabili su un intervallo, ivi strettamente crescenti ma la cui derivata prima non è sempre positiva.* Ad esempio, la funzione

$$f : \mathbb{R} \to \mathbb{R} \qquad f(x) = x^3$$

è strettamente crescente, ma la sua derivata prima $f'(x) = 3x^2$ si annulla nell'origine.
La seconda parte del teorema esprime una condizione necessaria e sufficiente.

Condizione sufficiente di derivabilità

Lo studio della derivabilità di una funzione risulta assai agevole quando essa risulta esprimibile come composizione di funzioni elementari, eventualmente "manipolate" mediante la quattro operazioni.
Diversamente, come ad esempio accade quando una funzione è definita da due leggi analitiche differenti a sinistra e a destra di un punto del proprio dominio, si dovrebbe ricorrere allo studio del limite del rapporto incrementale.
Il teorema che segue, sotto opportune condizioni, fornisce un metodo di analisi alternativo, basato sullo studio del limite della derivata prima purché questa sia definita a destra (o a sinistra) del punto considerato.

Teorema *Sia $f : X \to \mathbb{R}$, $X \subseteq \mathbb{R}$, una funzione. Se:*

i) *f è derivabile in un intorno destro $I_\delta^+(x_0)$ di un punto $x_0 \in \overset{\circ}{X}$, con esclusione del punto x_0*

ii) *f è continua da destra in x_0*

iii) esiste finito, diciamo uguale a k, il limite per x che tende a x_0 da destra della derivata prima di f

$$\lim_{x \to x_0^+} f'(x) = k$$

allora f è derivabile da destra in x_0 e risulta

$$f'_+(x_0) = k.$$

Ad analoghe conclusioni si perviene considerando un intorno sinistro del punto x_0.

Il teorema esprime una condizione sufficiente affinché una funzione sia derivabile: *esistono funzioni derivabili in un punto senza che esista finito il limite della derivata prima.*
Ad esempio, la funzione

$$f : \mathbb{R} \to \mathbb{R} \qquad f(x) = \begin{cases} x^2 \operatorname{sen} \dfrac{1}{x} & x \neq 0 \\[2mm] 0 & x = 0 \end{cases}$$

risulta derivabile in $x = 0$ con $f'(0) = 0$ ma non esiste

$$\lim_{x \to 0} f'(x) = \lim_{x \to 0} 2x \operatorname{sen} \frac{1}{x} - \cos \frac{1}{x}.$$

Osservazione La condizione sufficiente di derivabilità è di fatto una condizione di continuità della derivata prima di una funzione.
Infatti, se valgono le ipotesi del teorema, non solo esiste $f'(x_0)$ ma vale l'uguaglianza

$$\lim_{x \to x_0} f'(x) = f'(x_0)$$

che sancisce la continuità di f' in x_0.

6.3 I teoremi di de l'Hospital

I teoremi che seguono propongono un possibile metodo per superare le forme di indecisione $0/0$ o $\pm\infty/\pm\infty$. L'idea è quella di sostituire, quando possibile, allo studio del limite di un rapporto di funzioni infinitesime o infinite, lo studio del limite del rapporto delle loro derivate prime nella speranza che quest'ultimo risulti più semplice.

Teorema (confronto fra infinitesimi) *Siano f, $g : (a,b) \to \mathbb{R}$ due funzioni, con $-\infty \le a < b \le +\infty$, tali che:*

1. $\displaystyle \lim_{x \to a^+} f(x) = \lim_{x \to a^+} g(x) = 0;$

2. f e g sono derivabili con $g'(x) \ne 0$, $\forall x \in (a,b)$;

3. esiste, finito o infinito, il $\displaystyle \lim_{x \to a^+} \frac{f'(x)}{g'(x)}$.

Sotto queste ipotesi, esiste il limite

$$\lim_{x \to a^+} \frac{f(x)}{g(x)}$$

e coincide con il limite del rapporto delle derivate:

$$\lim_{x \to a^+} \frac{f(x)}{g(x)} = \lim_{x \to a^+} \frac{f'(x)}{g'(x)}.$$

Alle stesse conclusioni si perviene se le ipotesi valgono per $x \to b^-$ anziché $x \to a^+$.

Teorema (confronto fra infiniti) *Siano f, $g : (a,b) \to \mathbb{R}$ due funzioni, con $-\infty \le a < b \le +\infty$, tali che:*

1. $\displaystyle \lim_{x \to a^+} f(x) = \pm\infty$ e $\displaystyle \lim_{x \to a^+} g(x) = \pm\infty;$

2. f e g sono derivabili con $g'(x) \ne 0$, $\forall x \in (a,b)$;

3. esiste, finito o infinito, il $\displaystyle \lim_{x \to a^+} \frac{f'(x)}{g'(x)}$.

Sotto queste ipotesi, esiste il limite

$$\lim_{x \to a^+} \frac{f(x)}{g(x)}$$

e coincide con il limite del rapporto delle derivate:

$$\lim_{x \to a^+} \frac{f(x)}{g(x)} = \lim_{x \to a^+} \frac{f'(x)}{g'(x)}.$$

Alle stesse conclusioni si perviene se le ipotesi valgono per $x \to b^-$ anziché $x \to a^+$.

I teoremi di de l'Hospital esprimono una condizione sufficiente per l'esistenza del limite di un rapporto di funzioni infinitesime o infinite: *può esistere il limite del rapporto di due funzioni derivabili senza che esista il limite del rapporto delle corrispondenti derivate.*
Ad esempio, non è possibile applicare la regola di de l'Hospital per risolvere il limite

$$\lim_{x \to +\infty} \frac{\operatorname{sen}(2x) - 3x}{2x - \operatorname{sen}(3x)}$$

perché non esiste il limite del rapporto delle derivate prime

$$\lim_{x \to +\infty} \frac{2\cos(2x) - 3}{2 - 3\cos(3x)}.$$

Tuttavia, si ha:

$$\lim_{x \to +\infty} \frac{\operatorname{sen}(2x) - 3x}{2x - \operatorname{sen}(3x)} = \lim_{x \to +\infty} \frac{\dfrac{\operatorname{sen}(2x)}{x} - 3}{2 - \dfrac{\operatorname{sen}(3x)}{x}} = -\frac{3}{2}.$$

Osservazione   Per comodità di scrittura i passaggi successivi nel calcolo di un limite mediante la regola di de l'Hospital si possono "compattare" in un'unica scrittura. Ad esempio:

$$\lim_{x \to 0} \frac{2\operatorname{sen}3x}{e^{-x} - 1} = \lim_{x \to 0} \frac{6\cos 3x}{-e^{-x}} = -6.$$

Così facendo, però, si rischia di dimenticare che la prima uguaglianza è condizionata dalla seconda, nel senso che la prima è vera solamente se vale la seconda. Per evitare ambiguità, è prassi comune segnalare una uguaglianza condizionata con una H sopra tale segno di uguale. Nel caso in esame scriveremo quindi

$$\lim_{x \to 0} \frac{2\operatorname{sen}3x}{e^{-x} - 1} \overset{H}{=} \lim_{x \to 0} \frac{6\cos 3x}{-e^{-x}} = -6.$$

Classifica degli infiniti

Grazie al teorema di de l'Hospital si possono dimostrare i seguenti risultati sul confronto di alcuni funzioni elementari infinite al divergere della variabile indipendente:

- $\lim\limits_{x \to +\infty} \dfrac{e^{\alpha x}}{x^{\beta}} = +\infty \qquad \forall \alpha, \beta \in \mathbb{R}_+$

- $\lim\limits_{x \to +\infty} \dfrac{(\log x)^{\alpha}}{x^{\beta}} = 0 \qquad \forall \alpha, \beta \in \mathbb{R}_+$

Analoghi risultati valgono se nei due limiti si considera al posto della base naturale (rispettivamente per l'esponenziale e il logartimo) una qualsiasi base reale maggiore di 1.

In termini di funzioni infinite possiamo così concludere che:

- *ogni esponenziale con base maggiore di 1 è un infinito di ordine superiore ad una qualsiasi potenza (positiva) di x*

- *ogni potenza (positiva) di x è un infinito di ordine superiore ad una qualsiasi (potenza positiva di una) funzione logaritmica con base maggiore di 1.*

6.4 Test di convessità

La caratterizzazione delle funzioni monotòne in termini del segno del rapporto incrementale ha condotto alla dimostrazione del cosiddetto test di monotonia, basato sullo studio del segno della derivata prima. Il fatto che la convessità o concavità siano legate a come cambia la pendenza di una funzione al variare della variabile dipendente suggerisce che, in ipotesi di regolarità, vi sia un legame fra convessità (o concavità) e segno della derivata seconda.

Teorema *Sia $f : I \to \mathbb{R}$, I intervallo aperto di $\mathbb{R}$, una funzione derivabile due volte. Valgono le seguenti conclusioni:*

i) f è convessa se e solo se $f''(x) \geq 0$ $\forall x \in I$

ii) se $f''(x) > 0$ $\forall x \in I$, allora f è strettamente convessa.

Inoltre:

i') f è concava se e solo se $f''(x) \leq 0$ $\forall x \in I$

ii') se $f''(x) < 0$ $\forall x \in I$, allora f è strettamente concava.

Al punto i) il test di convessità esprime una condizione necessaria e sufficiente di convessità.

Al punto ii) il test di convessità esprime una condizione solo sufficiente di stretta convessità: *esistono funzioni strettamente convesse e derivabili due volte su un intervallo aperto I, che non hanno derivata seconda sempre positiva.*

Ad esempio, la funzione

$$f : \mathbb{R} \to \mathbb{R} \qquad f(x) = x^4$$

è strettamente convessa, ma $f''(0) = 0$.

6.5 Punti di flesso

Lo studio della convessità o della concavità di una funzione reale di variabile reale può avvenire sia globalmente (su tutto il suo dominio), sia su sottointervalli del dominio.

Nel secondo caso possono comparire "punti di svolta" che separano intervalli di convessità da intervalli di concavità (o viceversa).

Definizione *Sia $f : X \to \mathbb{R}$, $X \subseteq \mathbb{R}$, una funzione derivabile e x_0 un punto interno ad X. Se:*

- *f è convessa in un intorno sinistro $I_\delta^-(x_0)$ e concava in un intorno destro $I_\delta^+(x_0)$, oppure*
- *f è convessa in un intorno destro $I_\delta^+(x_0)$ e concava in un intorno sinistro $I_\delta^-(x_0)$*

*allora il punto x_0 si dice **punto di flesso** per la funzione f.*

Significato geometrico

Se $f : X \to \mathbb{R}$, $X \subseteq \mathbb{R}$, è una funzione derivabile e $x_0 \in \overset{\circ}{X}$, l'equazione della retta tangente al grafico di f nel punto di coordinate $(x_0, f(x_0))$ è

$$y = f(x_0) + f'(x_0)(x - x_0).$$

Se f è convessa in un intorno sinistro $I_\delta^-(x_0)$ di x_0, allora

$$f(x) \geq f(x_0) + f'(x_0)(x - x_0) \qquad \forall x \in I_\delta^-(x_0)$$

mentre se f è concava in un intorno destro $I_\delta^+(x_0)$ di x_0, allora

$$f(x) \leq f(x_0) + f'(x_0)(x - x_0) \qquad \forall x \in I_\delta^+(x_0).$$

Dunque, se x_0 è un punto di flesso per f, la retta tangente al grafico di f nel punto $(x_0, f(x_0))$ "attraversa" il grafico di f, trovandosi non al di sotto ove f è convessa e non al di sopra ove f è concava.

Punti di flesso e derivata prima

Consideriamo una funzione $f : X \to \mathbb{R}$, $X \subseteq \mathbb{R}$, derivabile in un punto $x_0 \in \overset{\circ}{X}$ che sia punto di flesso.

Se, ad esempio, f è convessa in un intorno sinistro, concava in un intorno destro, e

$$f'(x_0) = 0$$

allora valgono le disuguaglianze

$$f(x) \geq f(x_0) \qquad \forall x \in I_\delta^-(x_0)$$

$$f(x) \leq f(x_0) \qquad \forall x \in I_\delta^+(x_0)$$

sicuramente soddisfatte se f è decrescente.

Possiamo così dedurre il seguente criterio:

> *data una funzione* $f : X \to \mathbb{R}$, $X \subseteq \mathbb{R}$, *derivabile in un punto* $x_0 \in \overset{\circ}{X}$ *e tale che* $f'(x_0) = 0$, *se* f' *ha segno costante in un intorno di* x_0, x_0 *escluso, allora* x_0 *è punto di flesso, detto* **punto di flesso a tangente orizzontale.**

Punti di flesso e derivata seconda

Se $f : X \to \mathbb{R}$, $X \subseteq \mathbb{R}$, è una funzione derivabile due volte e $x_0 \in \overset{\circ}{X}$ è un punto di flesso, allora risulta:

$$f''(x) \geq 0 \quad \text{ove } f \text{ è convessa}$$

$$f''(x) \leq 0 \quad \text{ove } f \text{ è concava.}$$

Poiché in x_0 devono valere entrambe le precedenti disuguaglianze, cioè deve valere:

$$0 \leq f''(x_0) \leq 0$$

si deduce:

$$f''(x_0) = 0.$$

Riepilogo sui punti di flesso

Tenendo conto delle varie definizioni introdotte, presentiamo un quadro riassuntivo sui punti di flesso.

Consideriamo una funzione $f : X \to \mathbb{R}$, $X \subseteq \mathbb{R}$, e un punto x_0 interno ad X.

- Se f è continua in x_0 e

$$\lim_{x \to x_0} \frac{f(x) - f(x_0)}{x - x_0} = +\infty \quad \text{oppure} \quad \lim_{x \to x_0} \frac{f(x) - f(x_0)}{x - x_0} = -\infty$$

allora x_0 è un **punto di flesso a tangente verticale**.

- Se f è derivabile, con $f'(x_0) = 0$ e la derivata prima f' è di segno costante in un intorno di x_0, allora x_0 è un **punto di flesso a tangente orizzontale**.
- Se f è derivabile due volte, con

$$f'(x_0) \neq 0 \qquad f''(x_0) = 0$$

allora x_0 è un **punto di flesso a tangente obliqua**.

6.6 Ricerca degli estremanti di una funzione

Numerosi problemi applicativi si manifestano con la richiesta di determinare eventuali estremanti di una data funzione, detta **funzione obiettivo** dipendente da una variabile che assume valori su un certo insieme, in generale sottoinsieme del dominio della funzione obiettivo, detto **regione ammissibile**.

A fronte di una certa semplicità, la definizione non rappresenta uno strumento particolarmente efficace per la ricerca di estremanti.

A partire dall'osservazione che la presenza di un estremante per una funzione f è segnalata dal fatto che sua variazione (assoluta)

$$\Delta f = f(x) - f(x_0)$$

ha (localmente o globalmente) segno costante, si elaborano criteri che danno informazioni su Δf tramite lo studio di derivate.

Punti stazionari

Definizione *Data una funzione* $f : X \to \mathbb{R}$, $X \subseteq \mathbb{R}$, *derivabile, un* **punto** $x_0 \in \overset{\circ}{X}$ *si dice* **stazionario** *se*

$$f'(x_0) = 0.$$

Il teorema di Fermat

Il teorema di Fermat fornisce uno strumento per la ricerca di massimi e minimi di una funzione derivabile.

In termini intuitivi, esso ci dice che se una funzione regolare presenta un punto di massimo o minimo interno al proprio dominio allora in quel punto il tasso di variazione istantaneo deve essere nullo.

Teorema   *Sia $f : X \to \mathbb{R}$, $X \subseteq \mathbb{R}$, una funzione derivabile in x_0, punto interno ad X. Se x_0 è punto di massimo o minimo per f, allora è un punto stazionario: $f'(x_0) = 0$.*

Il teorema di Fermat esprime una condizione necessaria per l'esistenza di un estremante: *esistono funzioni derivabili che presentano derivata nulla in un punto che non è né di massimo né di minimo.*

Ad esempio, la funzione

$$f : \mathbb{R} \to \mathbb{R} \qquad f(x) = x^3$$

ha derivata nulla nell'origine, ma ivi non presenta un estremo.

Da un punto di vista pratico, il teorema di Fermat serve per determinare eventuali "candidati" ad essere estremanti interni di una funzione derivabile, nel senso che:

> *tutti i punti interni al dominio di una funzione derivabile che non sono punti stazionari non possono essere estremanti.*

Dalla dimostrazione del teorema di Fermat si ricava che se x_0 è punto di estremo per una funzione f derivabile ma non è interno al proprio dominio nulla si può dire sull'annullamento della sua derivata prima.

Ad esempio, la funzione

$$f : [0, 1] \to \mathbb{R} \qquad f(x) = x$$

è derivabile e presenta un minimo per $x = 0$ e un massimo per $x = 1$ ma $f'_+(0) = f'_-(1) = 1$.

In ogni caso, sempre dalla dimostrazione del teorema di Fermat, si ricava che, data una funzione $f : [a, b] \to \mathbb{R}$ derivabile,

- se a è un punto di massimo, allora $f'_+(a) \leq 0$

  se a è un punto di minimo, allora $f'_+(a) \geq 0$

- se b è un punto di massimo, allora $f'_-(b) \geq 0$

  se b è un punto di minimo, allora $f'_-(b) \leq 0$.

Teorema di Fermat e funzioni convesse

Il teorema di Fermat esprime una condizione necessaria per l'esistenza di estremanti interni per funzioni derivabili.

Aggiungendo un'ipotesi di convessità o concavità, tale condizione diventa anche sufficiente.

Teorema *Sia $f : I \to \mathbb{R}$, I intervallo di $\mathbb{R}$, una funzione derivabile. Valgono le seguenti conclusioni:*

- *se f è convessa, allora $x_0 \in (a,b)$ è punto di minimo assoluto per f se e solo se $f'(x_0) = 0$*
- *se f è concava, allora $x_0 \in (a,b)$ è punto di massimo assoluto per f se e solo se $f'(x_0) = 0$.*

Condizione sufficiente (del secondo ordine) per un estremante

Assegnata una funzione $f : X \to \mathbb{R}$, $X \subseteq \mathbb{R}$, derivabile, grazie al teorema di Fermat è possibile selezionare eventuali "candidati" ad essere estremanti interni ad X. Ma tale teorema non riesce ad operare una selezione più "fine".

Senza ulteriori strumenti, se $x_0 \in \overset{\circ}{X}$ è un punto stazionario per f dovremmo studiare localmente il segno della differenza

$$\Delta f(x_0) = f(x_0 + h) - f(x_0) \qquad h \neq 0$$

cioè impiegare la definizione di estremante, per stabilire la natura del punto x_0.

Ipotizzando però che f sia derivabile due volte, possiamo scrivere

$$\Delta f(x_0) = \frac{1}{2} f''(x_0) h^2 + o(h^2) \qquad h \to 0$$

ove $o(h^2)$ rappresenta una qualsiasi funzione g tale che

$$\lim_{h \to 0} \frac{g(h)}{h^2} = 0 \ .$$

Il teorema che segue specifica quando la conoscenza di $f''(x_0)$ sia sufficiente per stabilire il segno di $\Delta f(x_0)$, cioè la natura del punto x_0.

Teorema *Sia* $f : X \to \mathbb{R}$, $X \subseteq \mathbb{R}$, *una funzione derivabile due volte in un punto* x_0 *interno ad* X, *ove* $f'(x_0) = 0$.
Valgono le seguenti conclusioni:
i) se $f''(x_0) > 0$, *allora* x_0 *è punto di minimo relativo stretto per* f
ii) se $f''(x_0) < 0$, *allora* x_0 *è punto di massimo relativo stretto per* f.

Il teorema esprime una condizione sufficiente per l'esistenza di un estremante: *esistono funzioni derivabili due volte che ammettono un punto di minimo (massimo) relativo stretto in* x_0 *con* $f''(x_0) = 0$.
Ad esempio, la funzione

$$f : \mathbb{R} \to \mathbb{R} \qquad f(x) = x^4$$

presenta in $x = 0$ un punto di minimo (assoluto) stretto, ma $f''(0) = 0$.

Condizione sufficiente (del primo ordine) per un estremante

Il comportamento "più semplice" che localmente può presentare il grafico di una funzione "vicino" ad un estremante può essere ben rappresentato, a seconda che si consideri rispettivamente un punto di minimo o di massimo, da una parabola convessa o concava.
Dunque, ad esempio, un punto è sicuramente di minimo se alla sua sinistra la funzione decresce e alla sua destra cresce.
Il test di monotonia consente di tradurre queste osservazioni in termini del segno della derivata prima.

Teorema *Sia* $f : X \to \mathbb{R}$, $X \subseteq \mathbb{R}$, *e sia* x_0 *un punto interno ad* X.
Se f *è continua in* x_0, *derivabile in un intorno* $I_\delta(x_0)$ *con esclusione al più del punto* x_0, *valgono le seguenti conclusioni:*
i) se

$$f'(x) < 0 \qquad \forall x \in I_\delta^-(x_0)$$

e

$$f'(x) > 0 \qquad \forall x \in I_\delta^+(x_0)$$

allora x_0 *è punto di minimo relativo per* f;
ii) se

$$f'(x) > 0 \qquad \forall x \in I_\delta^-(x_0)$$

e

$$f'(x) < 0 \qquad \forall x \in I_\delta^+(x_0)$$

allora x_0 *è punto di massimo relativo per* f.

Il teorema esprime una condizione sufficiente per l'esistenza di un estremante: *una funzione sufficientemente regolare può presentare un punto di minimo (massimo) senza essere decrescente (crescente) in un intorno sinistro e crescente (decrescente) in un intorno destro di tale punto.* Ad esempio, la funzione

$$f(x) = \begin{cases} x^4 \left(\operatorname{sen} \dfrac{1}{x} \right)^2 & x \neq 0 \\ 0 & x = 0 \end{cases}$$

presenta in $x = 0$ un punto di minimo assoluto, perché $f(0) = 0$ e, per $x \neq 0$, $f(x) > 0$. Ma si dimostra che la sua derivata prima

$$f'(x) = \begin{cases} 2x^2 \operatorname{sen} \dfrac{1}{x} \left(2x \operatorname{sen} \dfrac{1}{x} - \cos \dfrac{1}{x} \right) & x \neq 0 \\ 0 & x = 0 \end{cases}$$

cambia di segno in un qualunque intorno dell'origine.

Condizione sufficiente di ordine n per un estremante

Assegnata una funzione derivabile due volte, lo studio della natura di un suo punto stazionario può avvenire mediante lo studio del segno della sua derivata seconda in tale punto.

Se la derivata seconda è nulla, in presenza di una maggior regolarità della funzione considerata, si possono trarre informazioni dallo studio delle derivate di ordine superiore al secondo.

Teorema *Sia $f : X \to \mathbb{R}$, $X \subseteq \mathbb{R}$, una funzione derivabile n volte, $n \geq 2$, nel punto x_0, interno ad X, e sia*

$$f'(x_0) = f''(x_0) = \cdots = f^{(n-1)}(x_0) = 0.$$

Se $f^{(n)}(x_0) \neq 0$, allora:

- *se n è pari, allora x_0 è punto di massimo o minimo relativo stretto per f a seconda che $f^{(n)}(x_0)$ sia, rispettivamente, negativa o positiva*

- *se n è dispari, allora x_0 non è un estremante per f.*

6.7 Studio di funzione

La determinazione di una o più delle proprietà che possono caratterizzare una funzione reale di variabile reale quali la sua limitatezza,
monotonia o convessità, se opportunamente organizzate possono per-
mettere di disegnarne il grafico in un sistema di riferimento cartesiano
in termini approssimativi e tuttavia significativi (d'ora in poi parleremo di grafico qualitativo).
Indichiamo nel seguito alcuni suggerimenti a proposito dello studio
delle singole caratteristiche.

Dominio naturale

Assegnata una legge, ci si può chiedere quale sia il suo dominio naturale, cioè il più ampio (in senso insiemistico) insieme di numeri reali
in corrispondenza dei quali la legge abbia senso.
In tale contesto conviene rammentare quali siano i domini delle funzioni elementari e quali siano eventuali problemi che nascono "componendo" fra loro più funzioni. Solitamente si giunge ad individuare
un sistema di condizioni in forma di disuguaglianze, la cui soluzione
fornisce il dominio naturale della funzione considerata.

Simmetrie e periodicità

Assegnata una funzione è conveniente accertarsi se vi siano particolari
simmetrie o periodicità, in quanto la loro presenza semplifica lo studio
da effettuarsi.
Per verificare se una data funzione f risulta pari o dispari conviene
nell'ordine:

- stabilire se il dominio di f è simmetrico rispetto all'origine e, in caso
  affermativo
- procedere alla determinazione dell'espressione di $f(-x)$, ed infine
- effettuare il confronto fra $f(-x)$ e $f(x)$.

Segno ed intersezioni con gli assi

Lo studio del segno di una funzione $f : X \to \mathbb{R}$, $X \subseteq \mathbb{R}$, richiede la
soluzione del problema

$$x \in X : \quad f(x) \geq 0$$

che, poiché $\mathbb{R}$ è totalmente ordinato, consente di ricavare le informazioni anche sui valori di x che hanno immagine negativa tramite f.

Si tratta quindi di risolvere disequazioni: è necessario "catalogare" il problema che ci si trova di fronte per utilizzare gli strumenti più adeguati al fine di risolverlo.

Limiti e continuità

Lo studio della continuità può essere effettuato ricordando che le funzioni elementari sono continue e tali risultano anche la somma, differenza, prodotto e quoziente (con denominatore non nullo) di funzioni continue. È utile altresì rammentare che la composizione di funzioni continue è ancora una funzione continua e, sotto certe condizioni, è continua l'inversa di una funzione continua.

Da questo studio preliminare vengono evidenziati eventuali punti "sospetti" in corrispondenza dei quali lo studio della continuità può avvenire solo mediante la definizione.

Nei punti di continuità lo studio di una funzione può avvenire semplicemente calcolandone il valore. Dunque, conviene calcolare, ove sia possibile, il limite della funzione in corrispondenza a punti di frontiera del dominio non appartenenti allo stesso e, in aggiunta, se lecito, al divergere della variabile indipendente.

Asintoti

Il calcolo dei limiti in corrispondenza a punti di frontiera e al divergere della variabile indipendente consentono tra l'altro di individuare immediatamente la presenza di eventuali asintoti verticali ed orizzontali. Inoltre, in presenza di una funzione divergente al divergere della variabile indipendente è indispensabile procedere alla determinazione di eventuali asintoti obliqui mediante la definizione o più semplicemente con il test di esistenza.

Derivabilità una volta

Lo studio della derivabilità di una funzione può essere inizialmente condotto ricordando che le funzioni elementari sono derivabili e tali risultano anche la somma, differenza, prodotto e quoziente (con denominatore non nullo) di funzioni derivabili. Ancora, il teorema di derivazione delle funzioni composte e delle funzioni inverse consentono spesso di concludere sulla derivabilità di una data funzione.

L'analisi preliminare sopra descritta dovrebbe consentire di individuare eventuali punti in corrispondenza dei quali lo studio della derivabilità della funzione in esame deve essere condotta con la definizione o in alternativa ricorrendo alla condizione sufficiente di derivabilità.

Individuata mediante quanto sopra descritto la funzione derivata prima, se ne studia il segno (risolvendo quindi la disequazione) al fine di ottenere informazioni sulla presenza di eventuali intervalli di monotonia (grazie al cosiddetto test di monotonia) e di estremanti (grazie alla condizione sufficiente del primo ordine).

Infine può risultare utile calcolare i limiti della funzione derivata prima in corrispondenza di eventuali punti di frontiera del proprio dominio non appartenenti al dominio stesso e, ove sia possibile, al divergere della variabile indipendente.

Derivabilità due volte

Per stabilire se una data funzione sia derivabile due volte è opportuno ricordare che le funzioni elementari sono derivabili due volte e tali risultano la somma, differenza, prodotto e quoziente (con denominatore non nullo) di funzioni derivabili due volte. Ancora, il teorema di derivazione delle funzioni composte e delle funzioni inverse consentono spesso di concludere sulla derivabilità due volte di una data funzione. L'analisi preliminare sopra descritta dovrebbe consentire di individuare eventuali punti in corrispondenza dei quali lo studio della derivabilità della funzione in esame deve essere condotta con la definizione o in alternativa ricorrendo alla condizione sufficiente di derivabilità.

Individuata mediante quanto sopra descritto la funzione derivata seconda, se ne studia il segno (risolvendo quindi la disequazione) al fine di ottenere informazioni sulla presenza di eventuali intervalli di convessità (grazie al cosiddetto test di convessità) e di conseguenza sulla eventuale presenza di punti di flesso.

Ricordiamo che, a volte, pur risultando possibile il calcolo della derivata seconda, lo studio del segno risulta di fatto impossibile per via analitica o anche grafica e quindi viene omesso.

7. Calcolo integrale

7.1 Primitive e integrale indefinito

Assegnata una funzione f reale di variabile reale grazie alla nozione di derivata (se applicabile) è possibile studiare il suo tasso di variazione istantaneo f' o, se si preferisce in termini grafici, la pendenza del suo grafico.

Risulta interessante chiedersi se sia possibile operare il percorso inverso, cioè se sia possibile dalla conoscenza di f' risalire alla funzione f. Tale problema si rivela di soluzione più difficile rispetto allo studio della derivabilità di una funzione.

In ogni caso si possono determinare una serie di risultati introduttivi che consentono di affrontare numerosi problemi applicativi.

Definizione *Data una funzione $f : I \to \mathbb{R}$ definita su un intervallo $I \subseteq \mathbb{R}$ aperto, si dice che una funzione $F : I \to \mathbb{R}$ è una **primitiva** di f se:*

- *F è derivabile*
- *$F'(x) = f(x) \quad \forall x \in I$.*

Esistenza ed unicità

Come sempre accade quando si introduce una nuova operazione è utile porsi il problema dell'esistenza e dell'unicità del "risultato".

In altre parole, vogliamo sapere se assegnata una funzione $f : I \to \mathbb{R}$ essa ammetta sempre primitiva e quando ciò accade vogliamo sapere se ne ammette una sola o in alternativa quante ne ammette.

Esistenza di primitive

La risposta che si dà al problema dell'esistenza di primitive suggerisce immediatamente una prima difficoltà:

non è detto che una funzione reale di variabile reale definita su un intervallo ammetta primitiva.

La conclusione si può, ad esempio, così motivare: è noto che una funzione derivata non può ammettere discontinuità a salto perché una tale evenienza sarebbe in contrasto con l'esistenza stessa della funzione derivata nel punto considerato. Dunque, una funzione come

$$f : \mathbb{R} \to \mathbb{R} \qquad f(x) = \begin{cases} -1 & x < 0 \\ 1 & x \geq 0 \end{cases}$$

non ammette primitiva, cioè non esiste alcuna funzione $F : \mathbb{R} \to \mathbb{R}$ derivabile tale che $F'(x) = f(x)$.

Ovviamente sorge la questione se sia possibile, almeno in certi casi, "prevedere" se una data funzione ammetta primitiva. Un risultato positivo esiste e va sotto il nome di Teorema fondamentale del calcolo integrale: per il momento ci accontentiamo di stabilire l'esistenza di una primitiva sulla base del fatto di essere riusciti a determinarla!

Unicità di primitive

È semplice fornire esempi che mostrano che se una funzione ammette una primitiva questa non è unica: il teorema che segue chiarisce completamente la questione.

Teorema   *Tutte e sole le primitive di una funzione $f : I \to \mathbb{R}$, I intervallo aperto di $\mathbb{R}$, che ammette primitive sono del tipo*

$$F(x) + c \qquad\qquad c \in \mathbb{R}$$

dove F è una particolare primitiva di f.

Determinazione di una particolare primitiva

Sia $f : I \to \mathbb{R}$ una funzione che ammette primitive $F + c$, $c \in \mathbb{R}$.

I grafici di tali primitive differiscono per una costante e quindi non si intersecano mai. Tutto ciò implica che in corrispondenza di un dato punto (x, y) del piano, con $x \in I$, passa il grafico di una ed una sola primitiva. Nota quindi la famiglia delle primitive di una data funzione, per individuarne una il cui grafico passa per un punto del piano assegnato è sufficiente determinare il valore della costante c che garantisce il passaggio per tale punto.

Integrale indefinito

Definizione   *Data una funzione $f : I \to \mathbb{R}$ si dice* **integrazione indefinita** *l'operazione che ad f associa l'insieme delle sue primitive sull'intervallo $I \subseteq \mathbb{R}$, detto* **integrale indefinito** *di f. Tale insieme viene indicato con il simbolo*

$$\int f(x)\,dx.$$

In tale contesto la funzione f viene detta **funzione integranda**, *x* **variabile di integrazione**.

Dunque, se F è una qualsiasi primitiva di f, possiamo scrivere:

$$\int f(x)\,dx = F(x) + c \qquad c \in \mathbb{R} .$$

7.2 Calcolo degli integrali indefiniti

L'espressione "calcolare l'integrale indefinito" di una data funzione significa determinare l'insieme di tutte le sue primitive su un dato intervallo. La definizione di primitiva suggerisce di effettuare tale calcolo cercando di "operare" al contrario rispetto a quanto fatto a proposito della derivazione. Tuttavia, tale modo di procedere funziona solo in alcuni casi fortunati, che possono essere estesi grazie ad alcune tecniche. In ogni caso, spesso si dovrà procedere per tentativi. Anche di fronte a funzioni integrande apparentemente innocue, ad esempio e^{-x^2}, nonostante si possa dimostrare l'esistenza di primitive, non risulta possibile esprimere la legge analitica in termini finiti, ossia come espressione ottenuta a partire da funzioni elementari mediante operazioni elementari (inclusa la composizione).

Notiamo ancora che il calcolo delle primitive è comunque soggetto ad una verifica a posteriori: a partire da una data funzione f se F è una sua primitiva, allora derivando quest'ultima si deve riottenere f.

Integrali immediati

Un primo approccio al calcolo delle primitive consiste nel cercare di "leggere al contrario" la tabella delle derivate delle funzioni elementari.

Tabella degli integrali immediati

$$\int k\,dx = kx + c \qquad\qquad\qquad k \in \mathbb{R}$$

$$\int x^a\,dx = \frac{x^{a+1}}{a+1} + c \qquad\qquad a \in \mathbb{R}\backslash\{-1\}$$

$$\int \frac{1}{x}\,dx = \log|x| + c$$

$$\int a^x\,dx = \frac{a^x}{\log a} + c \qquad\qquad a \in \mathbb{R}_+\backslash\{1\}$$

$$\int \operatorname{sen} x\,dx = -\cos x + c$$

$$\int \cos x\,dx = \operatorname{sen} x + c$$

$$\int \frac{1}{\sqrt{1-x^2}}\,dx = \operatorname{arcsen} x + c$$

$$\int \frac{-1}{\sqrt{1-x^2}}\,dx = \arccos x + c$$

$$\int \frac{1}{1+x^2}\,dx = \operatorname{arctg} x + c$$

Metodo di scomposizione

A partire dalle proprietà di omogeneità e additività della derivazione (più semplicemente, linearità) si dimostra che anche l'operatore di integrazione indefinita gode di tali proprietà, utili per "scomporre" un problema complesso nella somma di problemi più semplici.

Teorema *Se due funzioni* $f, g : I \to \mathbb{R}$ *definite sull'intervallo* $I \subseteq \mathbb{R}$ *ammettono primitive, allora:*

1. la funzione somma $f + g$ ammette primitive date da

$$\int (f + g)(x) \, dx = \int f(x) \, dx + \int g(x) \, dx$$

2. per ogni costante reale α, la funzione prodotto αf ammette primitive date da

$$\int \alpha f(x) \, dx = \alpha \int f(x) \, dx \, .$$

Le conclusioni del teorema di linearità dell'integrale indefinito permettono di elaborare le seguenti regole pratiche:

- le costanti moltiplicative si possono "portare fuori" (o dentro) dal segno di integrazione indefinita
- l'integrale indefinito di una somma di funzioni è dato dalla somma degli integrali indefiniti delle singole funzioni e quindi è conveniente cercare di scrivere una data funzione come somma di funzioni più semplici.

Metodo di integrazione per parti

Rileggendo "a ritroso" il teorema di derivazione di un prodotto di funzioni si riesce a dedurre un metodo di integrazione che si può rivelare utile in presenza di funzioni integrande esprimibili mediante un prodotto di funzioni elementari.

Teorema *Se $f, g : I \to \mathbb{R}$, I intervallo di $\mathbb{R}$, sono due funzioni derivabili, allora vale la seguente formula (detta **formula di integrazione per parti**):*

$$\int f'(x) \, g(x) \, dx = f(x) \, g(x) - \int f(x) \, g'(x) \, dx.$$

*In tale formula f' prende il nome di **fattore differenziale**, g si dice **fattore finito**.*

Facciamo alcune osservazioni sull'applicazione della formula di integrazione per parti:

- è conveniente scegliere come fattore differenziale una funzione di cui si sa calcolare una primitiva e come fattore finito una funzione che si "semplifica" quando viene derivata;

- se sono rispettate le ipotesi del teorema, la formula è applicabile e al calcolo dell'integrale di partenza $\int f'(x) g(x)\, dx$ si sostituisce il calcolo dell'integrale $\int f(x) g'(x)\, dx$: tuttavia, non è affatto detto che il nuovo integrale sia più semplice di quello di partenza e solo quando ciò accade conviene applicare tale metodo;
- non è detto che sia sufficiente applicare una sola volta la formula di integrazione per parti: è possibile che sia necessaria un'applicazione ripetuta per giungere ad un risultato.

Metodo di integrazione per sostituzione

Alla base del metodo di integrazione per sostituzione, troviamo una lettura in termini di primitive del teorema di derivazione delle funzioni composte.

Teorema *Sia* $f : I \to \mathbb{R}$, *I intervallo in* $\mathbb{R}$, *una funzione che ammette primitiva* $F : I \to \mathbb{R}$. *Se* $\varphi : J \to I$, *J intervallo in* $\mathbb{R}$, *è una funzione derivabile, allora la funzione composta* $G : J \to R$ *definita da* $G = F \circ \varphi$ *è una primitiva della funzione* $(f \circ \varphi)\, \varphi'$.
In termini di integrali indefiniti, vale la seguente formula:

$$\int f(\varphi(t))\, \varphi'(t)\, dt = \int f(x)\, dx \qquad con \quad x = \varphi(t).$$

La maggior difficoltà che si incontra nell'applicazione del metodo di sostituzione è quella di trovare la "sostituzione giusta", compito non sempre agevole: ci si può imbattere in sostituzioni formalmente corrette ma sostanzialmente inutili.

Nelle applicazioni è possibile applicare la formula di integrazione per sostituzione in due modi, che preferiamo illustrare separatamente.

Calcolo di una primitiva di $(f \circ \varphi)\, \varphi'$

Se si ha a che fare con un integrale del tipo

$$\int f(\varphi(x))\, \varphi'(x)\, dx$$

nel quale si riconosce la derivata dell'argomento di una funzione composta, mediante il cambio di coordinate

$$y = \varphi(x)$$

e tenendo conto che

$$dy = \varphi'(x)\, dx$$

si giunge ad un integrale della forma

$$\int f(y)\,dy \ .$$

Una volta determinata una primitiva F di f, si determina $F \circ \varphi$ rioperando la sostituzione precedentemente adottata.

Calcolo di una primitiva di f

Supponiamo di dover calcolare un integrale del tipo

$$\int f(x)\,dx$$

ma che la determinazione di una primitiva F di f sia difficile, mentre risulta possibile determinare una primitiva di $(f \circ \varphi)\,\varphi'$ con φ funzione derivabile e invertibile. Posto allora $t = \psi(x)$, se ψ è invertibile, con inversa φ, si ricava $x = \varphi(t)$, da cui segue $dx = \varphi'(t)\,dt$ e sostituendo nell'integrale di partenza si giunge a considerare un integrale nella forma

$$\int f(\varphi(t))\,\varphi'(t)\,dt \ .$$

Una volta calcolata una primitiva di $(f \circ \varphi)\,\varphi'$ si ricava la corrispondente primitiva di f sostituendo $\psi(x)$ al posto di t.

Integrazione di funzioni razionali fratte

Illustriamo (per sommi capi) come determinare per passi successivi primitive di **funzioni razionali fratte** espresse cioè come quoziente $\dfrac{P_1(x)}{P_2(x)}$ di due polinomi nella stessa variabile x.

- **Passo 1** Se il grado di P_1 è minore del grado di P_2 si passa immediatamente al passo successivo.
  Se il grado di P_1 è maggiore o uguale del grado di P_2, si divide P_1 per P_2, ottenendo:

$$\frac{P_1(x)}{P_2(x)} = Q(x) + \frac{R(x)}{P_2(x)}$$

dove $Q(x)$ indica il polinomio **quoziente**, di grado pari alla differenza fra il grado di P_1 ed il grado di P_2, ed $R(x)$ indica il **resto**, polinomio identicamente nullo oppure di grado minore del grado di P_2.

- **Passo 2** Considerata la frazione $\dfrac{R(x)}{P_2(x)}$ si **fattorizza il denominatore**, cioè lo si esprime come prodotto di polinomi di primo o
  secondo grado (nella variabile x) irriducibili sul campo reale: si può
  dimostrare che tale fattorizzazione esiste sempre per ogni polinomio
  ed è unica.
- **Passo 3** Si esprime la frazione $\dfrac{R(x)}{P_2(x)}$ come somma di **fratti semplici**, cioè come somma di frazioni che a denominatore presentano
  ciascuno dei polinomi determinati al punto precedente. Ci si trova
  così con una somma di funzioni integrabili elementarmente.

La descrizione sopra proposta è volutamente vaga, in quanto la formalizzazione precisa rischierebbe di far sembrare più complessa questa tecnica di quanto risulta effettivamente.

7.3 Integrale definito secondo Riemann

Dalla geometria elementare è nota la regola per il calcolo dell'area di un rettangolo: misura della base per misura dell'altezza.
In un sistema di riferimento cartesiano possiamo costruire un rettangolo grazie al grafico di una funzione f costante e positiva, definita su un intervallo chiuso e limitato:

$$f : [a, b] \to \mathbb{R} \qquad f(x) = c \ .$$

In tal caso, l'area A del rettangolo si esprime come:

$$A = (b - a) \cdot c.$$

Se ora sostituiamo alla funzione costante una qualsiasi funzione $f :$ $[a, b] \to \mathbb{R}$ positiva e limitata (non necessariamente continua) ci ritroviamo, in generale, con una regione di piano Ω, compresa tra il grafico di f, l'asse delle ascisse e le rette di equazione $x = a$ e $x = b$, della quale non sappiamo più "calcolare l'area".
Per risolvere questo problema ossia per cercare di calcolare comunque l'area della regione Ω, costruiamo delle sue approssimazioni per difetto e per eccesso mediante dei rettangoli, di cui sappiamo calcolare l'area. L'idea che seguiremo è che si possa parlare di area della regione Ω quando, "migliorando l'approssimazione", le stime per difetto e per eccesso "tendono a coincidere".

Il metodo che seguiremo, dovuto a Riemann, può essere poi "sganciato" dal problema del calcolo di un'area e dà luogo ad una operazione che si configura come "somma di un continuo di numeri".

Partizione di un intervallo

Definizione   *Si definisce **partizione** P di un intervallo chiuso e limitato $[a, b]$ un insieme finito di punti*

$$x_j \in [a, b] \qquad\qquad j = 0, \ 1, \ \dots \ , \ n$$

con

$$a = x_0 < x_1 < \cdots < x_n = b.$$

Dunque: $P = \{x_0, x_1, \dots, x_n\}$.

Somme superiori e inferiori

Consideriamo una funzione $f : [a, b] \to \mathbb{R}$ limitata e non negativa e una partizione $P = \{x_0, x_1, \dots, x_n\}$ dell'intervallo $[a, b]$.
Su ogni intervallo $[x_j, x_{j+1}]$, per $j = 0, 1, \dots, n-1$, poiché f è limitata, esistono l'estremo inferiore e superiore:

$$m_j = \inf_{x \in [x_j, \, x_{j+1}]} f(x) \qquad\qquad M_j = \sup_{x \in [x_j, \, x_{j+1}]} f(x).$$

Posto $\Delta x_j = x_{j+1} - x_j$, definiamo:

- **somma inferiore** relativa alla partizione P, la quantità:

$$\underline{S}_P(f) = \sum_{j=0}^{n-1} m_j \Delta x_j$$

- **somma superiore** relativa alla partizione P, la quantità:

$$\overline{S}_P(f) = \sum_{j=0}^{n-1} M_j \Delta x_j$$

Dunque, le somme inferiori e superiori rappresentano rispettivamente una stima per difetto e per eccesso dell'area che si vuole "calcolare". Per costruzione, si ha

$$\underline{S}_P(f) \le \overline{S}_P(f).$$

Proprietà delle somme superiori e inferiori

Le proprietà che seguono illustrano il fatto che più "fitta" è la suddivisione di un intervallo, migliore risulta l'approssimazione fornita dalle somme inferiore e superiore.

Data una funzione $f : [a, b] \to \mathbb{R}$, positiva e limitata sull'intervallo chiuso e limitato $[a, b]$, valgono le seguenti conclusioni:

- *A partizioni con un maggior numero di punti corrispondono somme inferiori non minori (al crescere del numero di punti di una partizione "migliora" l'approssimazione per difetto):*

$$P \subset P' \quad \Rightarrow \quad \underline{S}_P(f) \leq \underline{S}_{P'}(f) \,.$$

- *A partizioni con un numero maggiore di punti corrispondono somme superiori non maggiori (al crescere del numero di punti di una partizione "migliora" l'approssimazione per eccesso):*

$$P \subset P' \quad \Rightarrow \quad \bar{S}_P(f) \geq \bar{S}_{P'}(f)$$

- *Una qualsiasi somma inferiore è sempre non maggiore di una qualsiasi somma superiore:*

$$\forall P_1, P_2 \ : \quad \underline{S}_{P_1}(f) \leq \overline{S}_{P_2}(f)$$

Integrale inferiore e superiore di una funzione non negativa

Assegnata una funzione non negativa e limitata su un intervallo chiuso e limitato, poiché una qualsiasi sua somma inferiore è non maggiore di una qualsiasi sua somma superiore, al variare di tutte le possibili partizioni di $[a, b]$, l'insieme delle somme inferiori risulta limitato superiormente e quindi, essendo non vuoto, ammette sicuramente estremo superiore.

Per motivi analoghi è limitato inferiormente l'insieme delle somme superiori ed ammette estremo inferiore.

Definizione *Sia $f : [a, b] \to \mathbb{R}$ una funzione limitata e non negativa. Si definisce:*

- *integrale inferiore di f, indicato con $\underline{I}(f)$, l'estremo superiore dell'insieme delle sue somme inferiori su $[a, b]$ al variare di tutte le* *possibili partizioni P:*

$$\underline{I}(f) = \sup_{P} \underline{S}_{P}(f).$$

- *integrale superiore* di f, indicato con $\overline{I}(f)$, l'estremo inferiore dell'insieme delle somme superiori su $[a,b]$ al variare di tutte le possibili partizioni P:

$$\overline{I}(f) = \inf_{P} \overline{S}_{P}(f).$$

Integrale definito di una funzione non negativa

Se $f : [a,b] \to \mathbb{R}$ è una funzione non negativa e limitata si può affermare in prima approssimazione che i suoi integrali inferiore e superiore su $[a,b]$ sono, rispettivamente, la migliore approssimazione per difetto e per eccesso dell'area della regione compresa fra il grafico di f, l'asse delle ascisse e le rette di equazione $x = a$ e $x = b$. Se queste due approssimazioni coincidono, allora esiste un unico numero al quale diamo il significato, in particolare, di misura dell'area della regione considerata.

Definizione   *Una funzione $f : [a,b] \to \mathbb{R}$ limitata e non negativa sull'intervallo chiuso e limitato $[a,b]$, si dice **integrabile secondo Riemann** se i suoi integrali inferiore $\underline{I}(f)$ e superiore $\overline{I}(f)$ sono uguali.*
In tal caso, indicato con $\mathfrak{R}([a,b])$ l'insieme delle funzioni integrabili secondo Riemann su $[a,b]$, scriveremo

$$f \in \mathfrak{R}([a,b]).$$

*Il valore comune degli integrali inferiore e superiore si dice **integrale di f su $[a,b]$** indicato con*

$$\int_{a}^{b} f(x)\,dx.$$

Dunque:

$$\int_{a}^{b} f(x)\,dx = \underline{I}(f) = \overline{I}(f).$$

Nella scrittura $\int_{a}^{b} f(x)\,dx$ la variabile x è muta, nel senso che l'uso di lettere differenti (purché diverse da a e b) al posto di x non modifica il senso di quanto scritto.

Ad esempio:

$$\int_a^b f(x)\,dx = \int_a^b f(y)\,dy = \int_a^b f(t)\,dt \ .$$

L'uso di una particolare lettera in generale dipenderà dal contesto.
Il simbolo dx sta ad indicare che l'integrale definito può essere appros-
simativamente visto come una somma (il simbolo $\int$ è una S stilizzata)
dell'area di infiniti rettangoli di altezza $f(x)$ e base infinitesima dx.
Con riferimento alla scrittura $\int_a^b f(x)\,dx$ la funzione f si dice **funzione integranda** mentre l'intervallo $[a, b]$ si dice **intervallo di
integrazione**.

Integrale definito di una funzione di segno qualsiasi

Se si riconsiderano i passi logici che conducono alla definizione di integrale definito per una funzione non negativa ci si rende conto che,
a parte la motivazione iniziale legata al calcolo delle aree, l'ipotesi di
non negatività non è stata mai utilizzata.
Dunque, le definizioni di somma inferiore e superiore, integrale inferiore e superiore e integrale definito si possono estendere al caso di una
funzione limitata definita su un intervallo chiuso e limitato.
Indagheremo successivamente sul significato geometrico di integrale
definito per una funzione di segno variabile.

7.4 Condizioni di integrabilità

Introdotta l'operazione di "integrazione definita" è opportuno chiedersi
se questa conduca ad un unico risultato (**problema di unicità**) e se
tale risultato esista sempre (**problema di esistenza**).
Dalla definizione si deduce immediatamente che se una data funzione
è Riemann integrabile su un dato intervallo, allora il suo integrale
definito su quell'intervallo è unico.
È invece possibile mostrare esempi di funzioni limitate non integrabili
secondo Riemann su un intervallo chiuso e limitato.
Si possono però dimostrare alcuni risultati inerenti l'integrabilità di
funzioni che hanno determinate proprietà.
Tali criteri rappresentano una semplice alternativa alla definizione per
studiare l'integrabilità di una funzione e suggeriscono l'idea che una
funzione limitata per essere integrabile secondo Riemann "non deve
essere troppo discontinua".

Teorema *Se $f : [a, b] \to \mathbb{R}$ è continua, allora è integrabile.*

Il teorema esprime solo una condizione sufficiente di integrabilità: una funzione può essere integrabile secondo Riemann senza essere continua. Ad esempio, la funzione definita da

$$f(x) = \begin{cases} 1 & -1 \le x \le 0 \\ 2 & 0 < x \le 1 \end{cases}$$

è discontinua (ha un punto di discontinuità nell'origine) ma è integrabile con integrale dato da $\int_{-1}^{1} f(x)\, dx = 3$.

Teorema *Se $f : [a, b] \to \mathbb{R}$ è monotòna, allora è integrabile.*

Il teorema esprime una condizione sufficiente di integrabilità: esistono funzioni integrabili che non sono monotòne.
Ad esempio, la funzione

$$f : [-1, 1] \to \mathbb{R} \qquad f(x) = |x|$$

è integrabile perché continua ma non è monotòna.

Teorema *Se $f : [a, b] \to \mathbb{R}$ è limitata e con al più un numero finito di punti di discontinuità, allora è integrabile.*

Il teorema esprime una condizione sufficiente di integrabilità: esistono funzioni limitate e integrabili che non hanno un numero finito di punti di discontinuità.
Ad esempio, la funzione

$$f : [0, 1] \to \mathbb{R} \qquad f(x) = \begin{cases} 0 & 0 \le x < \frac{1}{2} \\ 1 & \frac{1}{2} \le x < \frac{2}{3} \\ \frac{4}{3} & \frac{2}{3} \le x < \frac{3}{4} \\ \dots & \dots \\ 2 & x = 1 \end{cases}$$

è crescente e quindi integrabile, ma presenta un'infinità numerabile di punti di discontinuità.

Poiché una funzione f limitata e con un numero finito di punti di discontinuità su un intervallo chiuso e limitato $[a, b]$ risulta integrabile, in particolare lo è una funzione nulla tranne che in un numero finito di punti e in tal caso il suo integrale è nullo. Ciò implica che una funziona integrabile $f : [a, b] \to \mathbb{R}$, può essere "deformata" in un numero finito di punti senza che il suo integrale "ne risenta".

Ancora, una funzione limitata può non essere definita in un numero finito di punti e risultare integrabile: da ciò segue la possibilità di definire l'integrale di una funzione limitata su intervalli aperti o semiaperti.

In questo senso possiamo affermare che l'operazione di integrazione è di natura globale, coinvolgendo tutti i valori che una funzione assume su un intervallo fissato.

Le osservazioni precedenti suggeriscono anche il fatto che due funzioni integrabili con uguale integrale sullo stesso intervallo non è affatto detto che coincidano.

7.5 Proprietà dell'integrazione definita

L'operazione di integrazione definita gode di una serie di proprietà che rappresentano risultati utili sia da un punto di vista teorico per meglio descrivere l'insieme delle funzioni integrabili secondo Riemann su un intervallo $\Re([a, b])$ e la compatibilità della nuova operazione rispetto alle strutture d'ordine e algebrica, sia da un punto di vista pratico per riuscire a dimostrare l'integrabilità di funzioni "complesse" a partire dall'integrabilità di funzioni "semplici".

Linearità

Siano $f, g \in \Re([a, b])$. Allora, per ogni α, $\beta \in \mathbb{R}$, la funzione $\alpha f + \beta g$, detta **combinazione lineare** di f e g, è Riemann integrabile su $[a, b]$ e vale l'uguaglianza

$$\int_a^b (\alpha f(x) + \beta g(x))\, dx = \alpha \int_a^b f(x)\, dx + \beta \int_a^b g(x)\, dx.$$

In particolare, se $\alpha = \beta = 1$ vale la **proprietà di additività**

$$\int_a^b (f + g)(x)\, dx = \int_a^b f(x)\, dx + \int_a^b g(x)\, dx$$

mentre, se $\beta = 0$, vale la **proprietà di omogeneità**:

$$\int_a^b (\alpha f)(x)\, dx = \alpha \int_a^b f(x)\, dx.$$

Additività rispetto all'intervallo di integrazione

Se $f \in \Re([a,b])$, allora, $\forall c \in (a,b)$, anche le sue restrizioni agli intervalli $[a,c]$ e $[c,b]$ risultano integrabili:

$$\forall c \in (a,b): \quad f \in \Re([a,c]) \qquad \text{e} \qquad f \in \Re([c,b])$$

e vale l'uguaglianza

$$\int_a^b f(x)\,dx = \int_a^c f(x)\,dx + \int_c^b f(x)\,dx.$$

Monotonia

1. Se $f : [a,b] \to \mathbb{R}$ è una funzione Riemann integrabile e $f \geq 0$, allora:

$$\int_a^b f(x)\,dx \geq 0$$

2. Se $f,g : [a,b] \to \mathbb{R}$ sono due funzioni Riemann integrabili tali che $f \geq g$, allora vale la disuguaglianza

$$\int_a^b f(x)\,dx \geq \int_a^b g(x)\,dx.$$

Integrabilità di parte positiva, parte negativa e modulo

Se $f \in \Re([a,b])$ valgono le seguenti conclusioni:

1. la funzione f^-, parte negativa di f, è Riemann integrabile su $[a,b]$
2. la funzione f^+, parte positiva di f, è Riemann integrabile su $[a,b]$
3. la funzione modulo $|f|$ è Riemann integrabile su $[a,b]$ e vale la disuguaglianza

$$\left| \int_a^b f(x)\,dx \right| \leq \int_a^b |f(x)|\,dx.$$

Si noti che il punto 3. esprime una condizione sufficiente per l'integrabilità di $|f|$: esistono funzioni f non integrabili secondo Riemann tali che $|f|$ è integrabile.

Ad esempio, la funzione

$$f : [0,1] \to \mathbb{R} \qquad f(x) = \begin{cases} 2 & x \in \mathbb{Q} \\ -2 & x \in \mathbb{R} \backslash \mathbb{Q} \end{cases}$$

non è integrabile, mentre $|f(x)| = 2$ lo è, con $\int_0^1 |f(x)|\,dx = 2$.

Due convenzioni

Si introducono due convenzioni utili "nei calcoli" e comunque suggerite dalla definizione stessa di integrale.

Sia $f : [a, b] \to \mathbb{R}$ integrabile. Allora:

- $$\int_c^c f(x)\,dx = 0 \qquad \forall c \in [a, b]$$

- $\forall c, d \in [a, b]$, con $c > d$, $$\int_c^d f(x)\,dx = -\int_d^c f(x)\,dx\ .$$

Area della regione di piano delimitata dal grafico di una funzione di segno qualsiasi

Consideriamo una funzione $f : [a, b] \to \mathbb{R}$ (limitata) di segno variabile. Per dare senso all'idea di area della regione di piano "compresa" fra il grafico di f, l'asse delle ascisse e le rette di equzione $x = a$ e $x = b$, dobbiamo superare il fatto che a volte f assume valori negativi.

A tal fine è utile ricordare che se f è integrabile, allora sono integrabili la sua parte negativa f^- e la sua parte positiva f^+.

Allora l'area della regione di piano definita dal grafico di f si può esprimere come somma delle aree delle regioni di piano comprese fra i grafici delle funzioni f^- ed f^+ e l'asse delle ascisse.

Definizione   *Data una funzione $f : [a, b] \to \mathbb{R}$ integrabile secondo Riemann sull'intervallo chiuso e limitato $[a, b]$, si dice **area** della regione compresa fra il grafico di f e l'asse delle ascisse il numero non negativo*

$$A(f) = \int_a^b f^+(x)\,dx + \int_a^b f^-(x)\,dx.$$

o, equivalentemente, tenendo conto che $|f| = f^- + f^+$

$$A(f) = \int_a^b |f(x)|\,dx.$$

Interpretazione geometrica dell'integrale definito di una funzione di segno variabile

Considerata una funzione $f : [a, b] \to \mathbb{R}$ integrabile e di segno variabile, se accettiamo l'idea di "area con segno", ossia di attribuire un segno negativo all'area della regione compresa fra l'asse delle ascisse ed il grafico di f ove f assume valori negativi, possiamo interpretare l'integrale di f su $[a, b]$ come "il saldo" fra l'area positiva e l'area negativa della regione compresa fra il grafico di f e l'asse delle ascisse. Si noti che si giunge alla stessa conclusione osservando che, poiché $f = f^+ - f^-$, si può scrivere

$$\int_a^b f(x)\,dx = \int_a^b f^+(x)\,dx - \int_a^b f^-(x)\,dx.$$

7.6 Valor medio di una funzione integrabile

Dati n numeri reali $a_1, a_2, \ldots, a_n$ si dice **media aritmetica** il numero

$$\frac{1}{n}\sum_{k=1}^n a_k = \frac{1}{n}(a_1 + a_2 + \cdots + a_n).$$

Poiché l'idea di integrale definito generalizza in un certo senso l'idea di somma, non sorprende che si possa definire una quantità dal significato analogo a quello di media aritmetica.

Definizione *Si definisce **valor medio** (o **media integrale**) di una funzione $f : [a, b] \to \mathbb{R}$ integrabile secondo Riemann il numero*

$$\frac{1}{b-a}\int_a^b f(x)\,dx.$$

Internalità del valor medio

Il valor medio di una funzione $f \in \Re([a, b])$ è interno, nel senso che se m ed M indicano rispettivamente l'estremo inferiore e superiore di f su $[a, b]$, allora si ha:

$$m \le \frac{1}{b-a}\int_a^b f(x)\,dx \le M.$$

Teorema della media integrale

In generale, il valor medio di una funzione integrabile è un numero compreso fra l'estremo inferiore e superiore della funzione, ma non necessariamente coincide con uno dei valori assunti dalla funzione. Ci sono dei casi nei quali ciò accade.

Teorema *Se $f : [a, b] \to \mathbb{R}$ è continua, allora esiste un punto c in (a, b) tale che*

$$\frac{1}{b-a} \int_a^b f(x)\, dx = f(c).$$

Il teorema della media integrale esprime una condizione sufficiente affinché una funzione ammetta almeno una volta il proprio valor medio: esistono funzioni $f : [a, b] \to \mathbb{R}$ limitate che assumono (almeno una volta) il proprio valor medio su $[a, b]$ senza essere ivi continue.
Ad esempio, la funzione $f : [0, 1] \to \mathbb{R}$ definita da

$$f(x) = \begin{cases} 1 & x \in [0, 1) \\ 0 & x = 1 \end{cases}$$

assume in ogni punto dell'intervallo $[0, 1)$ il suo valor medio

$$\frac{1}{1-0} \int_0^1 f(x)\, dx = 1$$

pur presentando una discontinuità in $x = 1$.

Significato geometrico del teorema della media integrale

Il teorema del valor medio ha un chiaro significato geometrico se si considera una funzione non negativa. Esso, infatti ci dice che se f è continua l'area della regione compresa fra il grafico di f e l'asse delle ascisse, data da $\int_a^b f(x)\, dx$, è uguale all'area del rettangolo i cui lati misurano $b - a$ e $f(c)$.

7.7 Funzioni integrali

Consideriamo una funzione $f : [a, b] \to \mathbb{R}$ integrabile. Per la proprietà di additività rispetto all'intervallo di integrazione, per ogni $x \in [a, b]$ è ben definito l'integrale

$$\int_a^x f(t)\, dt \ .$$

Dunque, ad ogni $x \in [a, b]$ corrisponde un unico numero reale dato dal valore di tale integrale. Risulta così definita una funzione il cui studio permette di ricavare uno strumento per calcolare integrali definiti senza ricorrere alla definizione.

Funzioni localmente integrabili

Definizione   *Una funzione* $f : I \to \mathbb{R}$, I *intervallo di* $\mathbb{R}$, *si dice* **localmente integrabile** *in* I *se risulta integrabile secondo Riemann in ogni intervallo chiuso e limitato incluso in* I.

Se I è un intervallo chiuso e limitato, i concetti di integrabilità e di integrabilità locale si equivalgono.
Se I è limitato e aperto, allora i due concetti non coincidono:

vi sono funzioni localmente integrabili che non sono integrabili.

Ad esempio, la funzione

$$f : (-1, 1) \to \mathbb{R} \qquad f(x) = \frac{1}{\sqrt{1 - x^2}}$$

è localmente integrabile perché continua, ma non risulta integrabile su $(-1, 1)$ perché illimitata superiormente.

Funzione integrale

Data una funzione $f : I \to \mathbb{R}$, I intervallo in $\mathbb{R}$, localmente integrabile e fissato un punto $x_0 \in I$, la relazione

$$F(x) = \int_{x_0}^{x} f(t)\, dt$$

associa ad ogni $x \in I$ uno e un solo valore $F(x)$ pari all'integrale di f sull'intervallo di estremi x_0 e x.
La funzione

$$F : I \to \mathbb{R} \qquad F(x) = \int_{x_0}^{x} f(t)\, dt$$

si dice **funzione integrale** di f con punto base x_0.
Si noti che $F(x_0) = 0$.

Una funzione integrale è sempre definita su un intervallo.

Se $f : I \to \mathbb{R}$, $I \subseteq \mathbb{R}$ è una funzione non negativa e localmente integrabile sull'intervallo I, allora possiamo interpretare il valore della sua funzione integrale F con punto base x_0, $x_0 \in I$

$$F(x) = \int_{x_0}^{x} f(t)\, dt$$

come area cumulata a partire dal punto x_0 fino al punto x.
Per la proprietà di additività rispetto all'intervallo di integrazione, possiamo scrivere

$$F(x) = \int_{x_0}^{x} f(t)\, dt = \int_{x_0}^{x_1} f(t)\, dt + \int_{x_1}^{x} f(t)\, dt \qquad x_1 \in I$$

Ciò significa che due funzioni integrali di f con punto base rispettivamente x_0 e x_1, differiscono per una costante, data da $\int_{x_0}^{x_1} f(t)\, dt$.

Proprietà di una funzione integrale

La definizione di funzione integrale implica che tali funzioni siano definite su un intervallo e si annullino in corrispondenza del punto base fissato.
È possibile dimostrare ulteriori proprietà che in parte sono conseguenze di ipotesi fatte sulla funzione integranda.

Continuità di una funzione integrale

Teorema *Se $f : I \to \mathbb{R}$ è una funzione localmente integrabile, allora, comunque scelto $x_0 \in I$, la funzione integrale*

$$F : I \to \mathbb{R} \qquad F(x) = \int_{x_0}^{x} f(t)\, dt$$

è continua.

Monotonia di una funzione integrale

Teorema *Sia $f : I \to \mathbb{R}$ una funzione localmente integrabile sull'intervallo I e $F : I \to \mathbb{R}$ una sua funzione integrale.*
Valgono le seguenti conclusioni:

- *se f è non negativa, allora F è crescente*
- *se f è positiva, allora F è strettamente crescente*
- *se f è non positiva, allora F è decrescente*
- *se f è negativa, allora F è strettamente decrescente.*

Teorema fondamentale del calcolo integrale

Il teorema che segue oltre a esprimere una condizione sufficiente per la derivabilità di una funzione integrale, permette di collegare il problema del calcolo di un integrale definito con quello del calcolo delle primitive, fornendo un metodo per risolvere il primo dei due.

Teorema *Se $f : I \to \mathbb{R}$ è una funzione continua sull'intervallo I, allora, fissato $x_0 \in I$, la sua funzione integrale*

$$F : I \to \mathbb{R} \qquad F(x) = \int_{x_0}^{x} f(t)\, dt$$

è derivabile con continuità per ogni $x \in I$ con derivata prima

$$F'(x) = f(x).$$

Il teorema fondamentale del calcolo integrale esprime una condizione sufficiente per la derivabilità di una funzione integrale: *una funzione integrale può essere derivabile con derivata uguale al valore della funzione integranda senza che quest'ultima sia continua.*
Ad esempio, la funzione

$$f : [-1, 1] \to \mathbb{R} \qquad f(x) = \begin{cases} 2x \cos \dfrac{1}{x} + \mathrm{sen}\, \dfrac{1}{x} & x \neq 0 \\ 0 & x = 0 \end{cases}$$

è limitata e discontinua nell'origine. Tuttavia, poiché

$$\lim_{h \to 0^+} \frac{1}{h} \int_0^h \left(2t \cos \frac{1}{t} + \mathrm{sen}\, \frac{1}{t}\right) dt = \lim_{h \to 0^+} h \cos \frac{1}{h} = 0$$

$$\lim_{h \to 0^-} -\frac{1}{h} \int_h^0 \left(2t \cos \frac{1}{t} + \mathrm{sen}\, \frac{1}{t}\right) dt = \lim_{h \to 0^-} h \cos \frac{1}{h} = 0$$

si ricava che F è derivabile nell'origine e $F'(0) = f(0)$.

Esistenza di una primitiva

Il teorema fondamentale del calcolo integrale fornisce una risposta, sia pur parziale, al problema dell'esistenza delle primitive di una funzione. Infatti, se $f : I \to \mathbb{R}$ è una funzione continua, allora una sua qualsiasi funzione integrale con punto base $x_0 \in I$

$$F(x) = \int_{x_0}^{x} f(t)\, dt$$

è una sua primitiva, dato che risulta derivabile su I e

$$F'(x) = f(x) \qquad\qquad \forall x \in I.$$

Teorema di Barrow

Il teorema fondamentale del calcolo integrale consente di ricavare un semplice metodo di calcolo degli integrali definiti che permette di non ricorrere alla definizione. Tale metodo si basa proprio sul calcolo delle primitive della funzione integranda considerata.

Teorema *Se* $f : [a, b] \to \mathbb{R}$ *è una funzione continua e* F *è una sua primitiva, allora:*

$$\int_a^b f(x)\,dx = F(b) - F(a).$$

Per indicare la differenza $F(b) - F(a)$ si usa il simbolo $[F(x)]_a^b$.

7.8 Calcolo di integrali definiti

Il calcolo "manuale" di un integrale definito può essere condotto grazie all'uso combinato del calcolo delle primitive e del teorema di Barrow. Dunque, il vero problema di calcolo risulta quello legato alla determinazione in termini di funzioni elementari di una primitiva di una data funzione.
È possibile comunque ritrovare alcuni metodi di calcolo, già noti nel calcolo delle primitive, e di ampio uso, espressi direttamente in termini di calcolo di integrali definiti.

Metodo di integrazione per parti

Teorema *Se* $f, g : [a, b] \to \mathbb{R}$ *sono due funzioni di classe* C^1, *allora vale la formula:*

$$\int_a^b f'(x)\,g(x)\,dx = [f(x)\,g(x)]_a^b - \int_a^b f(x)\,g'(x)\,dx$$

Nell'espressione precedente, g prende il nome di **fattore finito**, mentre f' si dice **fattore differenziale**.

Metodo di integrazione per sostituzione

Teorema *Sia* $f : [a, b] \to \mathbb{R}$ *una funzione continua. Se* $\varphi\,[c, d] \to \mathbb{R}$ *è una funzione di classe* C^1 *con* $\varphi([c, d]) = [a, b]$, *vale la relazione:*

$$\int_{\varphi(c)}^{\varphi(d)} f(x)\,dx = \int_c^d f(\varphi(t))\,\varphi'(t)\,dt.$$

Inoltre, se φ è iniettiva si può scrivere:

$$\int_a^b f(x)\,dx = \int_{\varphi^{-1}(a)}^{\varphi^{-1}(b)} f(\varphi(t))\,\varphi'(t)\,dt.$$

Integrazione di funzioni pari e dispari

Teorema *Sia f una funzione integrabile secondo Riemann su un intervallo $[-a, a]$, $a > 0$. simmetrico rispetto all'origine.*
Valgono le seguenti conclusioni:

1. se f è pari, allora

$$\int_{-a}^a f(x)\,dx = 2 \int_0^a f(x)\,dx$$

2. se f è dispari, allora

$$\int_{-a}^a f(x)\,dx = 0$$

7.9 Integrazione su intervalli illimitati

Se si considerano funzioni quali

$$f(x) = e^{-x^2} \qquad x \in \mathbb{R}$$

oppure

$$g(x) = e^{-x} \qquad x \in \mathbb{R}_+$$

la nozione di integrale di Riemann non è direttamente utilizzabile per "calcolare" l'area della regione di piano compresa fra il loro grafico e l'asse delle ascisse, poiché le funzioni sono definite su intervalli illimitati.
È tuttavia possibile estendere anche a casi come questi la nozione di integrale, mediante un passaggio al limite.

Definizione

- *Sia $f : [a, +\infty) \to \mathbb{R}$ una funzione localmente integrabile.*
  *Diciamo che f è **integrabile in senso improprio su** $[a, +\infty)$ se esiste finito il limite*

$$\lim_{x \to +\infty} \int_a^x f(t)\,dt \qquad\qquad (*)$$

*e in tal caso il valore di tale limite si dice **integrale improprio** di*
f su $[a, +\infty)$, *indicato con*

$$\int_a^{+\infty} f(x)\,dx.$$

- *Sia* $f : (-\infty, b] \to \mathbb{R}$ *una funzione localmente integrabile.*
  Diciamo che f *è **integrabile in senso improprio su** $(-\infty, b]$ se*
  esiste finito il limite

$$\lim_{x \to -\infty} \int_x^b f(t)\,dt \qquad\qquad (**)$$

*e in tal caso il valore di tale limite si dice **integrale improprio** di*
f su $(-\infty, b]$, *indicato con*

$$\int_{-\infty}^b f(x)\,dx.$$

- *Sia* $f : \mathbb{R} \to \mathbb{R}$ *una funzione localmente integrabile.*
  Diciamo che f *è **integrabile in senso improp** *su* $\mathbb{R}$, *se scelto*
  un qualsiasi punto $x_0 \in \mathbb{R}$ *esistono entrambi gli integrali*

$$\int_{-\infty}^{x_0} f(x)\,dx \qquad\qquad \int_{x_0}^{+\infty} f(x)\,dx.$$

Il numero

$$\int_{-\infty}^{+\infty} f(x)\,dx = \int_{-\infty}^{x_0} f(t)\,dt + \int_{x_0}^{+\infty} f(t)\,dt$$

*si dice **integrale improprio** di* f *su* $\mathbb{R}$.

Integrali impropri e funzioni integrali

È interessante notare che lo studio dell'integrabilità in senso improprio
di una funzione f localmente integrabile su un intervallo illimitato (a
destra, a sinistra o da entrambe le parti) equivale allo studio dei limiti
(a $+\infty$, a $-\infty$, oppure a $\pm\infty$) della sua funzione integrale, $F(x) = \int_a^x f(t)\,dt$.
Ciò giustifica la seguente terminologia di uso frequente:

- se $\lim\limits_{x \to +\infty} F(x)$ esiste finito, allora si dice che **l'integrale** $\int_a^{+\infty} f(t)\,dt$
  converge (analogamente su $(-\infty, b]$)

- se $\lim\limits_{x \to +\infty} F(x)$ esiste infinito, allora si dice che **l'integrale** $\int_a^{+\infty} f(t)\,dt$ **diverge** (analogamente su $(-\infty, b]$), eventualmente specificando se positivamente o negativamente

- se $\lim\limits_{x \to +\infty} F(x)$ non esiste, allora si dice che **l'integrale** $\int_a^{+\infty} f(t)\,dt$ è **indeterminato** (o non esiste) (analogamente su $(-\infty, b]$).

Si noti l'analogia con la terminologia adottata a proposito del carattere di una serie numerica.

In particolare, se converge un integrale improprio al divergere di x significa che la corrispondente funzione integrale presenta un asintoto orizzontale.

Studio della convergenza di un integrale mediante la definizione

La definizione fornisce un primo metodo per lo studio della convergenza di un integrale improprio: assegnato un problema, se possibile, si determina esplicitamente mediante il calcolo delle primitive una funzione integrale della funzione integranda e successivamente se ne calcola il limite.

Attenzione: Il limite $\int_{-\infty}^{+\infty} f(x)\,dx$ è un doppio limite, nel senso che i due estremi si muovono indipendentemente.

Ad esempio, scelto $x_0 \in \mathbb{R}$, poiché

$$\int_{-x_0}^{x_0} \operatorname{sen} x\,dx = [\cos x]_{-x_0}^{x_0} = 0$$

non distinguendo fra i due estremi, otterremmo erroneamente

$$\lim_{x_0 \to +\infty} \int_{-x_0}^{x_0} \operatorname{sen} x\,dx = 0.$$

In realtà, si ha

$$\int_{x_0}^{x_1} \operatorname{sen} x\,dx = [\cos x]_{x_0}^{x_1} = \cos x_0 - \cos x_1$$

e poiché entrambi i limiti

$$\lim_{x_0 \to -\infty} \int_{x_0}^{x_2} \operatorname{sen} x\,dx \qquad \lim_{x_1 \to +\infty} \int_{x_2}^{x_1} \operatorname{sen} x\,dx$$

non esistono, l'integrale $\int_{-\infty}^{+\infty} \operatorname{sen} x\, dx$ non esiste.

Integrale improprio di una funzione potenza

Consideriamo una funzione del tipo

$$f : [1, +\infty) \to \mathbb{R} \qquad f(x) = \frac{1}{x^{\alpha}}$$

con α parametro reale positivo.

Fissato $x > 1$, si ha:

$$\int_1^x \frac{1}{t^{\alpha}}\, dt = \int_1^x t^{-\alpha}\, dt = \begin{cases} \left[\dfrac{t^{1-\alpha}}{1-\alpha} \right]_1^x & \alpha \neq 1 \\[3mm] [\log t]_1^x & \alpha = 1 \end{cases}$$

e cioè

$$\int_1^x \frac{1}{t^{\alpha}}\, dt = \begin{cases} \dfrac{1}{1-\alpha}\left(x^{1-\alpha} - 1 \right) & \alpha \neq 1 \\[3mm] \log x & \alpha = 1 \end{cases}$$

Passando al limite per $x \to +\infty$, si ottiene:

- se $0 < \alpha \leq 1$, allora l'integrale diverge positivamente

- se $\alpha > 1$, allora l'integrale converge a $\dfrac{1}{\alpha - 1}$.

Il risultato ottenuto suggerisce che la convergenza dell'integrale considerato dipenda da "quanto velocemente" la funzione integranda tende a zero.

Linearità dell'integrale improprio

Siano f, $g : [a, +\infty) \to \mathbb{R}$ due funzioni integrabili in senso improprio e α, β due costanti reali. Allora la funzione

$$(\alpha f + \beta g) : [a, +\infty) \to \mathbb{R}$$

è integrabile in senso improprio e risulta

$$\int_a^{+\infty} [\alpha f(x) + \beta g(x)]\, dx = \alpha \int_a^{+\infty} f(x)\, dx + \beta \int_a^{+\infty} g(x)\, dx.$$

Analoga conclusione vale se ci si riferisce ad intervalli del tipo $(-\infty, b]$ oppure $(-\infty, +\infty)$.

Criteri di convergenza

Analogamente a quanto accade per la determinazione del carattere di una serie, lo studio della convergenza di un integrale improprio difficilmente può essere condotto mediante la definizione.

In effetti, solamente quando si riesce ad esprimere in termini finiti una primitiva della funzione integranda, mediante il calcolo di un limite si giunge a concludere a proposito della convergenza di un integrale.

Un approccio alternativo, quello dei cosiddetti criteri di convergenza, si basa invece sulla possibilità di conseguire risultati sulla convergenza di un integrale a partire dalla conoscenza di alcune proprietà della funzione integranda. Così facendo, in caso di convergenza, bisogna rinunciare al "calcolo" dell'integrale.

Osserviamo preliminarmente che se $f : [a, +\infty) \to \mathbb{R}$ è una funzione localmente integrabile e non negativa, allora la funzione integrale $F : [a, +\infty) \to \mathbb{R}$ definita da

$$F(x) = \int_a^x f(t)\, dt$$

risulta crescente. Dunque esiste, finito o infinito, il limite di F per $x \to +\infty$ o, se si preferisce, l'integrale generalizzato di f su $[a, +\infty)$. Ad analoga conclusione si perviene se f è non positiva oppure definitivamente non negativa o non positiva.

Ancora, nella sostanza nulla cambia per funzioni definite su intervalli del tipo $(-\infty, b]$.

In conclusione, *se la funzione integranda è di segno (definitivamente) costante, allora la convergenza o meno di un integrale equivale alla limitatezza della corrispondente funzione integrale.*

Criterio del confronto

Teorema *Siano $f, g : [a, +\infty) \to \mathbb{R}$ due funzioni localmente integrabili. Se esiste $x_0 \geq a$ tale che:*

$$0 \leq f(x) \leq g(x) \qquad \forall x \geq x_0$$

allora valgono le seguenti conclusioni:

- *se g è integrabile in $[a, +\infty)$, allora anche f è integrabile in $[a, +\infty)$*
- *se f non è integrabile in $[a, +\infty)$, allora anche g non è integrabile in $[a, +\infty)$.*

Criterio del confronto asintotico

Teorema *Siano $f, g : [a, +\infty) \to \mathbb{R}$ due funzioni positive e localmente integrabili. Se*

$$\lim_{x \to +\infty} \frac{f(x)}{g(x)} = 1$$

cioè se f è asintotica a g ($f \sim g$) per $x \to +\infty$, allora f e g sono entrambe integrabili in $[a, +\infty)$ oppure entrambe non sono integrabili in tale intervallo.

Criterio dell'ordine di infinitesimo

Teorema *Sia $f : [a, +\infty) \to \mathbb{R}$ una funzione non negativa, localmente integrabile ed esista un numero reale positivo α tale che*

$$\lim_{x \to +\infty} x^\alpha f(x) = k \in \mathbb{R}_0$$

cioè f sia infinitesima di ordine α rispetto all'infinitesimo campione $1/x$ per $x \to +\infty$.
Valgono le seguenti conclusioni:

- *se $\alpha > 1$, allora f è integrabile in $[a, +\infty)$*
- *se $\alpha \leq 1$, allora f non è integrabile in $[a, +\infty)$.*

8. Calcolo matriciale e sistemi lineari

In molte situazioni applicative si procede alla misurazione dei valori di una grandezza classificati secondo due differenti possibili criteri.

Ad esempio, il livello delle vendite di un dato bene può essere conteggiato distinguendo per luogo (città) e tempo (mese).

Per organizzare tali informazioni in modo chiaro ed efficace risulta comodo rappresentarle in una tabella organizzata per righe e colonne: nell'esempio citato, ad ogni riga si può attribuire il riferimento alla città, ad ogni colonna quello del mese.

	Gennaio	Febbraio	Marzo	Aprile	Maggio	Giugno
Città 1						
Città 2						
Città 3						

Il dato che, ad esempio, si trova in corrispondenza della terza riga e quarta colonna avrà quindi il significato di "livello delle vendite nella città 3 nel mese di aprile".

Formalizziamo e sviluppiamo le idee esposte in un contesto generale.

Definizione *Si dice **matrice di ordine** $m \times n$ (o **di tipo** $m \times n$) una tabella di numeri ordinati in m righe ed n colonne.*

Indicheremo una matrice con una lettera maiuscola, ad esempio A, e gli elementi corrispondenti con la stessa lettera minuscola, dotata di indici:

$$A = \begin{pmatrix} a_{11} & a_{12} & \cdots & a_{1n} \\ a_{21} & a_{22} & \cdots & a_{2n} \\ \vdots & \vdots & \ddots & \vdots \\ a_{m1} & a_{m2} & \cdots & a_{mn} \end{pmatrix}$$

L'**elemento** a_{ij} appartiene alla i-esima riga e alla j-esima colonna.
Denoteremo con $M(m,n)$ l'insieme delle matrici di ordine $m \times n$.

Ove sia sufficiente specificare un generico elemento di una matrice useremo la seguente notazione alternativa

$$A = [a_{ij}]$$

con $i = 1, \ldots, m$ e $j = 1, \ldots, n$.

Vettori (riga e colonna)

Definizione *Una matrice di ordine $m \times 1$ si dice **vettore colonna**, e viene indicata con una lettera minuscola in grassetto:*

$$\mathbf{a} = \begin{pmatrix} a_1 \\ a_2 \\ \vdots \\ a_m \end{pmatrix}.$$

*Una matrice di ordine $1 \times n$ si dice **vettore riga**, e viene indicata con una lettera minuscola in grassetto:*

$$\mathbf{b} = (b_1, \ b_2, \ \ldots, \ b_n).$$

Una matrice A di ordine $m \times n$ può essere vista come accostamento di n vettori colonna $\mathbf{a}_1, \ldots, \mathbf{a}_n$, di ordine m

$$A = (\mathbf{a}_1 | \mathbf{a}_2 | \ldots | \mathbf{a}_n)$$

oppure come accostamento di m vettori riga $\mathbf{a}_1, \ldots, \mathbf{a}_m$ di ordine n

$$A = \begin{pmatrix} \mathbf{a}_1 \\ \hline \mathbf{a}_2 \\ \hline \vdots \\ \hline \mathbf{a}_m \end{pmatrix}.$$

8.1 Matrici particolari

A seconda della natura e disposizione dei propri elementi alcune matrici assumono una denominazione particolare.

Matrici quadrate

Definizione *Una matrice $A \in M(m, n)$ si dice **matrice quadrata***

se il numero delle righe è pari al numero delle colonne, cioè se $m = n$:

$$A = \begin{pmatrix} a_{11} & a_{12} & \cdots & a_{1n} \\ a_{21} & a_{22} & \cdots & a_{2n} \\ \vdots & \vdots & \ddots & \vdots \\ a_{n1} & a_{n2} & \cdots & a_{nn} \end{pmatrix}.$$

Indicheremo con $M(n)$ l'insieme delle matrici quadrate di ordine n. Se A è una matrice quadrata di ordine n, gli elementi

$$a_{11}, \ a_{22}, \ \ldots, \ a_{nn}$$

formano la cosiddetta **diagonale principale**, mentre gli elementi

$$a_{1n}, \ a_{2(n-1)}, \ \ldots, \ a_{n1}$$

formano la cosiddetta **diagonale secondaria**.

Matrice nulla

Definizione *Si dice **matrice nulla**, indicata con O, una matrice i cui elementi sono tutti nulli:*

$$O = \begin{pmatrix} 0 & 0 & \cdots & 0 \\ 0 & 0 & \cdots & 0 \\ \vdots & \vdots & \ddots & \vdots \\ 0 & 0 & \cdots & 0 \end{pmatrix} \quad m \ \text{righe}$$

$$n \ \text{colonne}$$

Ci sono più matrici nulle, una per ogni ordine. Ove sia necessario, useremo i simboli $O_{m,n}$ e O_n per indicare, rispettivamente, la matrice nulla di ordine $m \times n$ e la matrice nulla quadrata di ordine n.

Matrice identità

Definizione *Una matrice quadrata di ordine n si dice **matrice identità**, indicata con I_n, se gli elementi della diagonale principale sono pari a 1, mentre i rimanenti elementi sono pari a zero:*

$$I_n = \begin{pmatrix} 1 & 0 & \cdots & 0 \\ 0 & 1 & \cdots & 0 \\ \vdots & \vdots & \ddots & \vdots \\ 0 & 0 & \cdots & 1 \end{pmatrix}.$$

Quando non sia necessario specificarne la dimensione, indicheremo la matrice identità con il simbolo I.

Matrice diagonale

Definizione   *Una matrice quadrata A di ordine n si dice* **matrice diagonale***, indicata con* $\text{diag}\,\{a_1, a_2, \ldots, a_n\}$*, se i suoi elementi al di fuori della diagonale principale sono tutti nulli:*

$$\text{diag}\,\{a_1, a_2, \ldots, a_n\} = \begin{pmatrix} a_1 & 0 & \cdots & 0 \\ 0 & a_2 & \cdots & 0 \\ \vdots & \vdots & \ddots & \vdots \\ 0 & 0 & \cdots & a_n \end{pmatrix}.$$

Se, in particolare, in una matrice diagonale gli elementi della diagonale principale sono tutti uguali fra loro, allora la **matrice** *si dice* **scalare***.*

Matrice triangolare

Definizione   *Una matrice quadrata A di ordine n si dice:*

- **matrice triangolare superiore** *se tutti gli elementi al di sotto della diagonale principale sono nulli:*

$$\begin{pmatrix} a_{11} & a_{12} & a_{13} & \cdots & a_{1n} \\ 0 & a_{22} & a_{23} & \cdots & a_{2n} \\ 0 & 0 & a_{33} & \cdots & a_{3n} \\ \vdots & \vdots & \vdots & \ddots & \vdots \\ 0 & 0 & 0 & \cdots & a_{nn} \end{pmatrix}$$

- **matrice triangolare inferiore** *se tutti gli elementi al di sopra della diagonale principale sono nulli:*

$$\begin{pmatrix} a_{11} & 0 & 0 & \cdots & 0 \\ a_{21} & a_{22} & 0 & \cdots & 0 \\ a_{31} & a_{32} & a_{33} & \cdots & 0 \\ \vdots & \vdots & \vdots & \ddots & \vdots \\ a_{n1} & a_{n2} & a_{n3} & \cdots & a_{nn} \end{pmatrix}.$$

Uguaglianza fra matrici

Definizione *Due* **matrici** $A \in M(m,n)$ *e* $B \in M(p,q)$ *si dicono* **uguali** *se:*

- *sono dello stesso ordine e*
- *ciascun elemento di A è uguale all'elemento di posto corrispondente di B:*

$$a_{ij} = b_{ij} \qquad \forall i,j \ .$$

8.2 Operazioni fra matrici

In analogia con quanto fatto per i numeri reali, introduciamo alcune regole di composizione fra matrici che godono di proprietà in parte analoghe a quelle relative ai numeri reali.

Mentre per certe operazioni (ad esempio l'addizione) l'analogia è totale, per altre (ad esempio la moltiplicazione) si riscontrano notevoli differenze con la stessa operazione definita fra numeri reali.

Addizione fra matrici

Definizione *Si dice* **addizione fra due matrici** A *e* B *di ordine* $m \times n$, *l'operazione che ad* A *e* B *associa la matrice, detta* **matrice somma** *e indicata con* $A + B$, *che si ottiene sommando gli elementi di posto corrispondente delle matrici* A *e* B:

$$A + B = \begin{pmatrix} a_{11} + b_{11} & a_{12} + b_{12} & \cdots & a_{1n} + b_{1n} \\ a_{21} + b_{21} & a_{22} + b_{22} & \cdots & a_{2n} + b_{2n} \\ \vdots & \vdots & \ddots & \vdots \\ a_{m1} + b_{m1} & a_{m2} + b_{m2} & \cdots & a_{mn} + b_{mn} \end{pmatrix} \ .$$

Proprietà dell'addizione fra matrici

- **Proprietà associativa:**

$$\forall A, B, C \in M(m,n): \quad A + (B + C) = (A + B) + C$$

- **Proprietà commutativa:**

$$\forall A, B \in M(m,n): \quad A + B = B + A$$

- **Esistenza dell'elemento neutro:**

$$\forall A \in M\,(m,n) \quad \exists O \in M\,(m,n): \quad A + O = O + A = A$$

L'elemento neutro dell'addizione coincide con la matrice nulla.

- **Esistenza dell'elemento opposto:**

$$\forall A \in M\,(m,n) \quad \exists B \in M\,(m,n): \quad A + B = B + A = O$$

La matrice B viene solitamente indicata con $-A$ e i suoi elementi sono gli opposti degli elementi della matrice A.

Moltiplicazione di una matrice per uno scalare

Definizione *Si definisce **moltiplicazione** di una matrice A di ordine $m \times n$ per uno scalare $\alpha \in \mathbb{R}$, l'operazione che associa ad A e α la matrice, detta **matrice prodotto** ed indicata con αA (o $\alpha \cdot A$), che si ottiene da A moltiplicando ogni suo elemento per α:*

$$\alpha A = \begin{pmatrix} \alpha a_{11} & \alpha a_{12} & \cdots & \alpha a_{1n} \\ \alpha a_{21} & \alpha a_{22} & \cdots & \alpha a_{2n} \\ \vdots & \vdots & \ddots & \vdots \\ \alpha a_{n1} & \alpha a_{n2} & \cdots & \alpha a_{nn} \end{pmatrix}.$$

Proprietà della moltiplicazione di una matrice per uno scalare

- **Proprietà associativa:**

$$\forall \alpha, \beta \in \mathbb{R}, \ \forall A \in M\,(m,n): \quad \alpha\,(\beta A) = (\alpha\beta)\,A$$

- **Distributività rispetto all'addizione tra scalari:**

$$\forall \alpha, \beta \in \mathbb{R}, \ \forall A \in M\,(m,n): \quad (\alpha + \beta)\,A = \alpha A + \beta A$$

- **Distributività rispetto all'addizione tra matrici:**

$$\forall \alpha \in \mathbb{R}, \ \forall A, B \in M\,(m,n): \quad \alpha\,(A + B) = \alpha A + \alpha B$$

Moltiplicazione fra matrici

Definizione *Si dice **moltiplicazione** fra le matrici $A \in M(m,n)$ e $B \in M(n,q)$ l'operazione che associa ad A e B la matrice di ordine $m \times q$, detta **matrice prodotto** e indicata con AB (o $A \cdot B$), il cui elemento di posto i,j è dato dalla somma dei prodotti degli elementi della i-esima riga della matrice A per i corrispondenti elementi della j-esima colonna della matrice B:*

$$AB = \begin{pmatrix} a_{11}b_{11} + \cdots + a_{1n}b_{n1} & \cdots & a_{11}b_{1q} + \cdots + a_{1n}b_{nq} \\ \vdots & \ddots & \vdots \\ a_{m1}b_{11} + \cdots + a_{mn}b_{n1} & \cdots & a_{m1}b_{1q} + \cdots + a_{mn}b_{nq} \end{pmatrix}$$

L'elemento di posto i,j della matrice prodotto AB è dato da

$$\sum_{k=1}^{n} a_{ik}b_{kj} \ .$$

Conformabilità

La definizione stessa di moltiplicazione fra due matrici A e B giustifica l'appellativo che a volte viene dato di "moltiplicazione righe per colonne": ogni elemento della matrice prodotto AB è dato dalla somma dei prodotti degli elementi di una specifica riga di A per i corrispondenti elementi di una specifica colonna di B.

Affinché tale operazione si possa effettuare, il numero di elementi di ogni riga della matrice A deve quindi essere uguale al numero degli elementi di ogni colonna della matrice B. Ciò equivale a chiedere che il numero delle colonne di A sia uguale al numero delle righe di B: in tal caso, le due matrici si dicono **conformabili**.

Proprietà della moltiplicazione tra matrici

- **Proprietà associativa:**
  $\forall A \in M(m,n), \forall B \in M(n,p), \forall C \in M(p,q):$

$$A \cdot (B \cdot C) = (A \cdot B) \cdot C$$

- **Proprietà distributive:**

$$\forall A, B \in M(m,n), \ \forall C \in M(n,p): \quad (A+B) \cdot C = A \cdot C + B \cdot C$$

$$\forall C \in M(m,n), \ \forall A, B \in M(n,p): \quad C \cdot (A+B) = C \cdot A + C \cdot B$$

La moltiplicazione fra matrici non gode della proprietà commutativa.

In generale, anche quando sono definiti entrambi i prodotti AB e BA si ha

$$AB \neq BA.$$

La mancanza della proprietà commutativa rende ambigua una frase del tipo "moltiplicazione fra A e B". È infatti cruciale stabilire quale sia "la posizione reciproca delle matrici" (chi sta a sinistra e chi sta a destra).

Per maggiore precisione, con riferimento al prodotto AB si dice che:

B è **premoltiplicata** (o **moltiplicata a sinistra**) per la matrice A

A è **postmoltiplicata** (o **moltiplicata a destra**) per la matrice B.

Esistenza dell'elemento neutro

Esistono un unico elemento neutro destro e un unico elemento neutro sinistro, cioè un'unica matrice quadrata B di ordine n e un'unica matrice quadrata C di ordine m tali che, per ogni matrice $A \in M(m, n)$, si ha:

$$A \cdot B = A \qquad C \cdot A = A.$$

Si verifica che $B = I_n$ e $C = I_m$:

$$A \cdot I_n = A \qquad I_m \cdot A = A \ .$$

Se A è quadrata di ordine n, vi è un unico elemento neutro, cioè un'unica matrice D di ordine n tale che

$$A \cdot D = D \cdot A = A.$$

Si verifica che l'elemento neutro D è pari a I_n.

Legge di annullamento del prodotto

La moltiplicazione, a destra oppure a sinistra, di una matrice $A \in M(m, n)$ per una matrice nulla di dimensione opportuna fornisce come risultato una matrice nulla. Tuttavia, il prodotto di due matrici conformabili A e B può essere nullo senza che nessuna delle due matrici sia nulla, **cioè non vale la legge di annullamento del prodotto**:

$$A \cdot B = O \quad \not\Rightarrow \quad A = O \ \vee \ B = O.$$

Elevamento a potenza intera (positiva) di una matrice quadrata

Sia A una matrice quadrata di ordine n. Si definisce per ricorrenza il suo elevamento ad una potenza intera non negativa:

$$\begin{cases} A^0 = I_n \\ A^k = A \cdot A^{k-1} = A^{k-1} \cdot A \end{cases} \qquad \forall k \in \mathbb{N} \backslash \{0\}$$

Vale la legge sulla somma degli esponenti:

$$A^k \cdot A^r = A^r \cdot A^k = A^{k+r} \qquad \forall k,\, r \in \mathbb{N}.$$

Si dimostrano inoltre le seguenti conclusioni:

- Se $\Lambda = \operatorname{diag}\{\lambda_1, \lambda_2, \ldots, \lambda_n\}$, allora

$$\Lambda^k = \operatorname{diag}\left\{\lambda_1^k, \lambda_2^k, \ldots, \lambda_n^k\right\}.$$

- Se A e B sono due matrici quadrate dello stesso ordine tali che $AB = A$ e $BA = B$, allora

$$A^n = A \qquad \forall n \in \mathbb{N} \backslash \{0\}.$$

Inversione di una matrice quadrata

Definizione   *Si dice **matrice inversa** di una matrice quadrata A di ordine n, una matrice quadrata B di ordine n tale che*

$$A \cdot B = B \cdot A = I_n.$$

Nel seguito indicheremo la matrice inversa di una matrice quadrata A con il simbolo A^{-1}.
Una matrice quadrata A che ammette inversa A^{-1} si dice **invertibile**.
L'operazione che associa ad una matrice quadrata A la sua matrice inversa A^{-1} si dice **operazione di inversione**.
Non tutte le matrici quadrate ammettono inversa.

Unicità della matrice inversa

Teorema   *Se una matrice quadrata A ammette inversa, questa è unica.*

Proprietà dell'inversione

- **Idempotenza:**

$$\forall A \in M\,(n) \quad \text{invertibile:} \qquad \left(A^{-1}\right)^{-1} = A$$

- **Inversa di un prodotto:**

$$\forall A, B \in M\,(n) \quad \text{invertibili:} \qquad (AB)^{-1} = B^{-1}A^{-1}.$$

Nonostante sia vero che il prodotto AB di due matrici quadrate (conformabili) invertibili è una matrice invertibile con inversa $B^{-1}A^{-1}$, può accadere che il prodotto AB sia invertibile senza che lo siano le matrici A e B.

Ad esempio, se

$$A = \begin{pmatrix} 1 & 0 & -1 \\ 2 & 1 & -3 \end{pmatrix} \qquad B = \begin{pmatrix} 2 & 3 \\ -1 & 0 \\ 1 & 3 \end{pmatrix}$$

non si può parlare di invertibilità in quanto A e B non sono quadrate, mentre la matrice

$$AB = \begin{pmatrix} 1 & 0 \\ 0 & -3 \end{pmatrix}$$

è invertibile.

Si può comunque dimostrare che se A e B sono quadrate, allora l'invertibilità di AB implica l'invertibilità sia di A sia di B.

Trasposizione di una matrice

Definizione *Si dice **trasposizione** l'operazione che associa ad una matrice A di ordine $m \times n$, la matrice di ordine $n \times m$, detta **matrice trasposta** di A e indicata con A^T (o A'), che si ottiene da A scambiando fra loro righe e colonne.*

Se a_{ij}^T è il generico elemento della matrice A^T, per ogni $i = 1, \ldots, m$ e per ogni $j = 1, \ldots, n$ vale l'uguaglianza

$$a_{ij}^T = a_{ji}$$

e quindi scriveremo

$$A^T = \left[a_{ij}^T\right] = \left[a_{ji}\right].$$

Osservazione Nel caso di matrici quadrate l'operazione di trasposizione lascia inalterati gli elementi della diagonale principale:

$$
A = \begin{pmatrix} a_{11} & a_{12} & \cdots & a_{1n} \\ a_{21} & a_{22} & \cdots & a_{2n} \\ \vdots & \vdots & \ddots & \vdots \\ a_{n1} & a_{n2} & \cdots & a_{nn} \end{pmatrix}
\qquad
A^T = \begin{pmatrix} a_{11} & a_{21} & \cdots & a_{n1} \\ a_{12} & a_{22} & \cdots & a_{n2} \\ \vdots & \vdots & \ddots & \vdots \\ a_{1n} & a_{2n} & \cdots & a_{nn} \end{pmatrix} .
$$

Osservazione Se $\mathbf{x}$ è un vettore colonna di ordine n, allora $\mathbf{x}^T$ è il vettore riga con componenti ordinatamente uguali e viceversa.

$$
\mathbf{x} = \begin{pmatrix} x_1 \\ x_2 \\ \vdots \\ x_n \end{pmatrix}
\qquad
\mathbf{x}^T = (x_1, \ x_2, \ \ldots, \ x_n) \ .
$$

Matrici simmetriche

Definizione *Una matrice quadrata A si dice **matrice simmetrica** se coincide con la propria trasposta:*

$$
\forall A \in M(n): \quad A \ \text{simmetrica} \ \Leftrightarrow \ A = A^T.
$$

Proprietà della trasposizione di matrici

- **Idempotenza:** $\forall A \in M(m,n):$ $\qquad \left(A^T\right)^T = A$
- **Additività:** $\forall A, B \in M(m,n):$ $\qquad (A+B)^T = A^T + B^T$
- **Omogeneità:** $\forall A \in M(m,n), \ \forall \alpha \in \mathbb{R}:$ $\quad (\alpha A)^T = \alpha A^T$
- **Trasposta di un prodotto fra matrici:**

$$
\forall A \in M(m,n), \ \forall B \in M(n,p): \qquad (A \cdot B)^T = B^T \cdot A^T
$$

- **Inversa di una matrice trasposta:**

$$
\forall A \in M(n) \quad \text{invertibile} \qquad \left(A^T\right)^{-1} = \left(A^{-1}\right)^T
$$

Matrici ortogonali

Definizione *Una matrice quadrata, invertibile, A si dice **ortogonale** se è invertibile e la sua matrice inversa coincide con la sua matrice trasposta:*

$$A^{-1} = A^T.$$

8.3 Determinanti

In molte situazioni, ad esempio per studiare l'invertibilità di una matrice quadrata o la risolubilità di un sistema lineare, è importante stabilire se una matrice quadrata abbia una riga (colonna) ottenibile da altre righe (colonne) mediante operazioni di addizione e moltiplicazione per uno scalare.

A tale scopo, si associa ad una matrice quadrata un indice numerico, che prende il nome di **determinante**, che segnala la presenza di tale situazione, a seconda che sia uguale o diverso da zero.

La definizione, pur non difficile, risulta piuttosto laboriosa. Segnaliamo quindi la possibilità di sostituire alla definizione la lettura delle pagine dedicate al calcolo dei determinanti.

Prodotti ammissibili

Definizione *Data una matrice quadrata A di ordine n si dice **prodotto ammissibile** un qualsiasi prodotto di n elementi della matrice A tale che gli indici di riga formino la permutazione naturale 1, 2, ..., n e gli indici di colonna una sua permutazione qualsiasi j_1, j_2, ..., j_n:*

$$a_{1j_1} \cdot a_{2j_2} \cdot \cdots \cdot a_{nj_n}.$$

Alla stessa definizione si giunge considerando un qualsiasi prodotto di n elementi della matrice A tale che gli indici di colonna formino la permutazione naturale 1, 2, ..., n e gli indici di riga una sua permutazione qualsiasi i_1, i_2, ..., i_n:

$$a_{i_1 1} \cdot a_{i_2 2} \cdot \cdots \cdot a_{i_n n}.$$

Osservazione Dalla definizione segue che in ogni prodotto ammissibile è presente un solo elemento per ogni riga e per ogni colonna.

Poiché si possono costruire tanti prodotti ammissibili quante sono le permutazioni degli indici di colonna (oppure degli indici di riga), il numero dei prodotti ammissibili che si possono costruire a partire da una matrice quadrata di ordine n è pari a $n!$.

Determinante

Definizione *Si dice **determinante (per righe)** di una matrice quadrata A di ordine n, indicato con*

$$\det A \qquad oppure \qquad |A|$$

la somma degli $n!$ prodotti ammissibili costruiti secondo tutte le permutazioni j_1, j_2, ..., j_n degli indici di colonna, ciascuno preso con il proprio segno o con segno cambiato a seconda che la permutazione j_1, j_2, ..., j_n sia rispettivamente di classe pari o dispari. Scriviamo

$$\det A = \sum (-1)^{\varepsilon}\, a_{1j_1} a_{2j_2} \cdots a_{nj_n}$$

dove $\varepsilon = \varepsilon(j_1, j_2, \ldots, j_n)$ assume il valore 0 se la permutazione degli indici di colonna è di classe pari, oppure il valore 1 se la permutazione degli indici di colonna è di classe dispari.

Il determinante di una matrice di ordine 1 coincide con l'elemento stesso:

$$\det(a) = a.$$

Determinante (per colonne)

Definizione *Si dice **determinante (per colonne)** di una matrice quadrata A di ordine n, indicato con $\det A$ (oppure $|A|$), la somma degli $n!$ prodotti ammissibili costruiti secondo tutte le permutazioni i_1, i_2, ..., i_n degli indici di riga, ciascuno preso con il proprio segno o con segno cambiato a seconda che la permutazione i_1, i_2, ..., i_n sia rispettivamente di classe pari o dispari. Scriviamo*

$$\det A = \sum (-1)^{\varepsilon}\, a_{i_1 1} a_{i_2 2} \cdots a_{i_n n}$$

dove $\varepsilon = \varepsilon(i_1, i_2, \ldots, i_n)$ assume il valore 0 se la permutazione degli indici di riga è di classe pari, oppure il valore 1 se la permutazione degli indici di riga è di classe dispari.

Si dimostra che le due definizioni di determinante, per righe e per colonne, sono equivalenti. Si può quindi parlare di determinante, senza specificare, ove non sia strettamente necessario, se lo si considera per righe o per colonne.

Determinante di matrici particolari

Il calcolo del determinante di una matrice quadrata mediante la definizione risulta in generale troppo laborioso.

In ogni caso, procedure di calcolo automatico consentono di ottenere il determinante di una matrice quadrata.

Nel seguito ci limitiamo quindi a segnalare alcune situazioni particolari nelle quali, pur procedendo "a mano", si possono ottenere rapidamente informazioni sul determinante di una matrice.

Determinante di una matrice diagonale

Il determinante di una matrice diagonale $A = \text{diag}\{a_1, a_2, ..., a_n\}$ è dato dal prodotto degli elementi della diagonale principale:

$$\det A = a_1 \cdot a_2 \cdot \cdots \cdot a_n.$$

In particolare, se A è una matrice scalare, cioè $A = cI_n$, si ha

$$\det A = c^n$$

e quindi, in particolare

$$\det I_n = 1 \qquad \forall n \geq 1.$$

Determinante di una matrice triangolare

Il determinante di una matrice triangolare (superiore o inferiore) è dato dal prodotto degli elementi della diagonale principale.

Proprietà dei determinanti

Riportiamo qui di seguito una serie di proprietà dei determinanti che spesso si rivelano utili per semplificarne il calcolo.

Poiché il determinante non cambia se calcolato per righe o per colonne, parleremo nel seguito di **linea** intendendo che le proprietà valgono sia se si ragiona per riga sia per colonna.

- **Proprietà 1** - Se gli elementi di una linea di una matrice quadrata sono tutti nulli, il suo determinante è nullo.

- **Proprietà 2** - Se una linea di una matrice quadrata A viene spostata parallelamente di k posizioni, il determinante della matrice così ottenuta è pari a $(-1)^k \det A$.

- **Proprietà 3** - Se in una matrice quadrata A si scambiano fra loro due linee parallele, il determinante della matrice così ottenuta è pari a $- \det A$.

- **Proprietà 4** - Il determinante di una matrice quadrata A che presenta due linee parallele uguali è nullo.

- **Proprietà 5** - Il determinante della matrice ottenuta moltiplicando per una costante c tutti gli elementi di una linea di una matrice quadrata A è pari a $c \cdot \det A$.

- **Proprietà 6** - Il determinante di una matrice quadrata che presenta due linee parallele proporzionali è nullo.

- **Proprietà 7** - Il determinante di una matrice che ha come elementi di una linea dei binomi è dato dalla somma dei determinanti delle due matrici che si ottengono considerando rispettivamente solo i primi e solo i secondi termini dei binomi:

$$
\det \begin{pmatrix} a_{11} & \cdots & a_{1j} + b_{1j} & \cdots & a_{1n} \\ a_{21} & \cdots & a_{2j} + b_{2j} & \cdots & a_{2n} \\ \vdots & \ddots & \vdots & \ddots & \vdots \\ a_{n1} & \cdots & a_{nj} + b_{nj} & \cdots & a_{nn} \end{pmatrix} =
$$

$$
= \det \begin{pmatrix} a_{11} & \cdots & a_{1j} & \cdots & a_{1n} \\ a_{21} & \cdots & a_{2j} & \cdots & a_{2n} \\ \vdots & \ddots & \vdots & \ddots & \vdots \\ a_{n1} & \cdots & a_{nj} & \cdots & a_{nn} \end{pmatrix} + \det \begin{pmatrix} a_{11} & \cdots & b_{1j} & \cdots & a_{1n} \\ a_{21} & \cdots & b_{2j} & \cdots & a_{2n} \\ \vdots & \ddots & \vdots & \ddots & \vdots \\ a_{n1} & \cdots & b_{nj} & \cdots & a_{nn} \end{pmatrix} .
$$

- **Proprietà 8** - Se in una matrice quadrata agli elementi di una linea si sommano i corrispondenti elementi di un'altra linea parallela moltiplicati per una costante, il determinante non cambia.

Determinante e operazioni fra matrici

Data la difficoltà nell'applicazione della definizione, risulta utile chiedersi se dalla conoscenza del determinante di una o due matrici quadrate sia possibile ottenere "in modo automatico" informazioni sul determinante di matrici ottenute applicando particolari operazioni. Segnaliamo innanzitutto che in generale se A e B sono due matrici quadrate dello stesso ordine, non vale la proprietà di additività, cioè in generale si ha:

$$\det(A \pm B) \neq \det A \pm \det B.$$

Tuttavia è possibile ottenere risultati nei seguenti casi.

Determinante del prodotto di una matrice per uno scalare

Se A è una matrice quadrata di ordine n e c è una costante reale, allora vale l'uguaglianza

$$\det(c \cdot A) = c^n \cdot \det A.$$

Determinante del prodotto di due matrici

Teorema di Binet *Il determinante del prodotto di due matrici quadrate di ordine n è uguale al prodotto dei rispettivi determinanti:*

$$\forall A, B \in M(n): \qquad \det(A \cdot B) = \det A \cdot \det B.$$

Determinante di una potenza

Se A è una matrice quadrata, allora

$$\det(A^n) = (\det A)^n \qquad \forall n \geq 1.$$

Determinante di una matrice trasposta

Il determinante della trasposta di una matrice quadrata A è uguale al determinante della matrice stessa:

$$\det A^T = \det A.$$

Determinante di una matrice inversa

Se A è una matrice quadrata invertibile, allora

$$\det(A^{-1}) = \frac{1}{\det A}.$$

Determinante e combinazioni lineari

Il teorema che segue giustifica l'opportunità di calcolare il determinante di una matrice quadrata al fine di segnalare eventuali relazioni (lineari) fra le colonne della matrice stessa.

Teorema *Il determinante di una matrice quadrata*

$$A = (\mathbf{a}_1|\mathbf{a}_2|\cdots|\mathbf{a}_n)$$

è nullo se e solo se esiste almeno una colonna $\mathbf{a}_i$ di A che si può esprimere come combinazione lineare delle altre colonne della matrice, cioè se esistono $n-1$ costanti reali

$$c_1, \ \ldots, \ c_{i-1}, \ c_{i+1}, \ \ldots, \ c_n$$

tali che

$$\mathbf{a}_i = c_1\mathbf{a}_1 + \cdots + c_{i-1}\mathbf{a}_{i-1} + c_{i+1}\mathbf{a}_{i+1} + \cdots + c_n\mathbf{a}_n \ .$$

Calcolo di un determinante

A parte alcuni casi fortunati, l'applicazione della definizione per il calcolo di un determinante risulta piuttosto laboriosa.

Riportiamo una serie di risultati che forniscono alcuni metodi per calcolare un determinante.

Determinante di una matrice di ordine 2

Il determinante di una matrice di ordine 2 è dato dalla differenza fra il prodotto degli elementi della diagonale principale e il prodotto degli elementi della diagonale secondaria:

$$a_{11}a_{22} - a_{12}a_{21} \ .$$

Determinante di una matrice di ordine 3

Il determinante di una matrice quadrata di ordine 3 è:

$$\det \begin{pmatrix} a_{11} \ a_{12} \ a_{13} \\ a_{21} \ a_{22} \ a_{23} \\ a_{31} \ a_{32} \ a_{33} \end{pmatrix} = a_{11}a_{22}a_{33} + a_{12}a_{23}a_{31} + a_{13}a_{21}a_{32} +$$

$$-a_{13}a_{22}a_{31} - a_{12}a_{21}a_{33} - a_{11}a_{23}a_{32}.$$

Tale formula è evidentemente difficile da ricordare, e dunque risulta utile presentare metodi semplici da memorizzare per effettuarne il calcolo.

Metodo di Sarrus

Si scrive la matrice data, affiancandole le prime due colonne:

$$
\begin{array}{ccccc}
a_{11} & a_{12} & a_{13} & a_{11} & a_{12} \\
a_{21} & a_{22} & a_{23} & a_{21} & a_{22} \\
a_{31} & a_{32} & a_{33} & a_{31} & a_{32}
\end{array}
$$

A questo punto si sommano fra loro i prodotti degli elementi che si trovano sulle tre diagonali che si leggono da sinistra verso destra e si sottraggono i prodotti degli elementi che si trovano sulle tre diagonali che si leggono da destra verso sinistra.

Determinante di una matrice di ordine superiore a 3

Non esistono regole simili a quella di Sarrus per il calcolo del determinante di matrici di ordine superiore a 3.

Tuttavia è possibile presentare un risultato, detto teorema di Laplace, che fornisce un metodo di calcolo del determinante di una matrice quadrata di qualsiasi ordine, dove il calcolo del determinante originario viene sostituito con il calcolo di più determinanti di ordine inferiore.

Minore complementare

Definizione *Data una matrice quadrata A di ordine n si dice **matrice minore complementare** dell'elemento a_{ij} la matrice di ordine $n-1$ che si ottiene da A cancellando la i-esima riga e la j-esima colonna.*

*Il determinante della matrice minore complementare dell'elemento a_{ij} si dice **minore complementare**, indicato con A_{ij}.*

Complemento algebrico

Definizione *Data una matrice quadrata A si dice **complemento algebrico** (o **cofattore**) di un suo elemento a_{ij} il prodotto fra il suo minore complementare A_{ij} e $(-1)^{i+j}$.*

Teorema di Laplace

Teorema *Il determinante di una matrice quadrata A di ordine n è dato dalla somma dei prodotti degli elementi di una linea qualsiasi per i rispettivi complementi algebrici:*

• *sviluppo rispetto alla j-esima colonna*

$$\det A = \sum_{i=1}^{n} a_{ij} \left(-1\right)^{i+j} A_{ij}$$

• *sviluppo rispetto alla i-esima riga*

$$\det A = \sum_{j=1}^{n} a_{ij} \left(-1\right)^{i+j} A_{ij} \, .$$

Sull'uso del teorema di Laplace

Il teorema di Laplace consente di calcolare il determinante di una matrice quadrata di ordine n, ricorrendo al calcolo di n determinanti di ordine $n-1$ (i minori complementari degli elementi della linea scelta). Ciascuno di questi determinanti, si può calcolare, a sua volta, ricorrendo al calcolo di determinanti di ordine $n-2$.

Dunque, l'applicazione ripetuta due volte del teorema sostituisce al calcolo di un determinante di ordine n quello di $n \cdot (n-1)$ determinanti di ordine $n-2$.

Iterando il ragionamento fatto sopra, l'applicazione ripetuta n volte del teorema sostituisce il calcolo di un determinante di ordine n con quello di

$$n \cdot (n-1) \cdot (n-2) \cdots \cdots 3 \cdot 2 \cdot 1 = n!$$

determinanti di ordine 1.

Ritroviamo pertanto gli $n!$ prodotti ammissibili che forniscono la definizione di determinante.

L'utilità del teorema di Laplace si apprezza comunque per due motivi:

• una volta che ci si è ridotti al calcolo di determinanti di ordine 3 non c'è più necessità di ridurre la dimensione del problema ma si può procedere con metodi di calcolo noti

• la presenza di termini nulli nella matrice di partenza diminuisce il numero di calcoli da effettuare: risulta conveniente sviluppare il determinante secondo la linea che presenta il maggior numero di zeri, riducendo così il numero di complementi algebrici da calcolare.

Corollario del teorema di Laplace

Teorema *In una matrice quadrata la somma dei prodotti degli elementi di una linea qualsiasi per i complementi algebrici degli elementi di una linea parallela (e distinta) è nulla.*

Calcolo di una matrice inversa

La definizione di matrice inversa, pur nella sua semplicità, non fornisce un metodo diretto di calcolo. È possibile tuttavia sviluppare differenti metodi di calcolo, utilizzabili da programmi per calcolatori.

Ne presentiamo di seguito uno basato sul calcolo di una particolare matrice, detta matrice aggiunta.

Matrice aggiunta

Definizione *Data una matrice quadrata A di ordine n si definisce **matrice aggiunta** di A, indicata con A^* (o, equivalentemente con $\operatorname{agg} A$) la matrice che ha per elementi i complementi algebrici degli elementi della trasposta di A:*

$$A^* = \begin{pmatrix} A_{11} & -A_{21} & \cdots & (-1)^{n+1} A_{n1} \\ -A_{12} & A_{22} & \cdots & (-1)^{n+2} A_{n2} \\ \vdots & \vdots & \ddots & \vdots \\ (-1)^{n+1} A_{1n} & (-1)^{n+2} A_{2n} & \cdots & A_{nn} \end{pmatrix}$$

Teorema *Se A è una matrice quadrata, allora*

$$A \cdot A^* = A^* \cdot A = \det A \cdot I.$$

Esistenza e calcolo della matrice inversa

Se una matrice quadrata ammette inversa è semplice dimostrare che il suo determinante è diverso da zero.

Il teorema che segue afferma che è vero anche il viceversa, fornendo inoltre un metodo per calcolare una matrice inversa.

Teorema *Condizione necessaria e sufficiente affinché una matrice quadrata A ammetta inversa è che il suo determinante sia diverso da zero.*

Inoltre, sotto tale ipotesi si ha:

$$A^{-1} = \frac{1}{\det A} A^*.$$

Rango di una matrice

Il concetto di determinante è stato introdotto al fine di avere un indice che segnali un particolare legame di dipendenza tra le colonne di una matrice quadrata.

Grazie al determinante si può costruire un ulteriore indice, detto rango, che in una matrice di qualsiasi ordine segnala quante colonne sono fra loro "dipendenti".

Per poter dare la definizione di rango di una matrice è necessario preventivamente introdurre la nozione di matrice minore.

Matrici minori

Definizione *Data una matrice A di ordine m × n, si dice **matrice minore** di ordine k una qualsiasi matrice quadrata di ordine k estraibile da A cancellando un numero opportuno di righe e colonne.*

*Si dice **minore di ordine** k il determinante di una matrice minore di ordine k.*

Definizione *Il **rango** (o **caratteristica**) di una matrice A, di ordine m × n, indicato con r (A), è il massimo ordine dei minori diversi da zero estraibili da A.*

Vale la limitazione

$$0 \leq r\left(A\right) \leq \min\left\{m,n\right\}.$$

Si dice che $A \in M\left(m,n\right)$ ha **rango massimo** se

$$r\left(A\right) = \min\left\{m,n\right\}.$$

Si ha $r\left(A\right) = 0$ se e solo se A è la matrice nulla.

Matrici non singolari

Definizione *Una matrice quadrata A di ordine n, si dice **matrice non singolare** se è di rango massimo, cioè se*

$$r\left(A\right) = n$$

*Se r (A) < n, la matrice A si dice **singolare**.*

Calcolo del rango

Dalla definizione si ricava una prima strategia per il calcolo del rango di una matrice A di ordine $m \times n$.

Se $k = \min\{m, n\}$, allora:

- si calcolano i minori di ordine k di A procedendo fino a quando non se ne trova uno diverso da zero; vi sono due possibilità:
  - ▷ se si trova un minore di ordine k diverso da zero, allora il rango di A è pari a k : $r(A) = k$
  - ▷ se tutti i minori di ordine k di A sono nulli, allora il rango di A è minore di k: si passa a considerare i minori di ordine $k - 1$ e si procede come fatto per l'ordine k
- la procedura appena descritta si arresta una volta trovato un minore diverso da zero tale che ogni minore di ordine maggiore è nullo.

Metodo di Kronecker

La ricerca del rango di una matrice a partire dallo studio dei minori di ordine massimo estraibili dalla stessa può comportare una notevole mole di calcoli, specialmente quando la matrice oggetto di studio presenta un rango particolarmente basso.

Un approccio alternativo è costituito dal **metodo di Kronecker**.

Data una matrice A di ordine $m \times n$ (non nulla):

- si estrae una matrice minore di ordine k con determinante diverso da zero (di solito, $k = 1$ o $k = 2$);
- si costruisce, se possibile, una matrice minore di ordine $k + 1$ orlando la matrice minore di ordine k con una delle $m - k$ righe e una delle $n - k$ colonne non ancora utilizzate;
- se tutte queste matrici hanno determinante nullo, allora $r(A) = k$; se invece si trova un minore di ordine $k + 1$ diverso da zero, significa che $r(A) \geq k + 1$ e bisogna procedere ad una nuova orlatura.

Forma canonica di una matrice

Differenti matrici possono essere accomunate per qualche caratteristica: ad esempio, il fatto di essere dello stesso tipo (ugual numero di righe e di colonne) oppure di avere analoga disposizione degli elementi (matrici triangolari, diagonali, ecc. ...).

Fra i differenti modi per accomunare fra loro matrici risulta interessante quello basato sul rango, che dà origine al concetto di **matrici equivalenti**.

Data una matrice qualsiasi, la determinazione di tutte le matrici ad essa equivalenti avviene mediante **trasformazioni elementari** ottenute grazie alla moltiplicazione per particolari matrici, dette **matrici elementari**.

Fra tutte le matrici equivalenti ad una matrice data è possibile scegliere quella che ha la "forma più semplice", detta **matrice in forma canonica**, per la quale risulta particolarmente semplice il calcolo del rango.

Matrici equivalenti

Definizione *Due **matrici** A e B si dicono **equivalenti**, e si scrive A ~ B, se sono dello stesso ordine e hanno ugual rango.*

Trasformazioni elementari

La definizione di matrici equivalenti coinvolge in particolare il concetto di rango, basato a sua volta sul calcolo di determinanti, di cui interessa sapere se si annullano o meno.

Esistono trasformazioni di matrici che, pur modificando il valore del determinante, ne lasciano inalterato il suo eventuale annullarsi.

Dunque, è possibile definire delle trasformazioni, dette **trasformazioni elementari**, che applicate ad una matrice, la trasformano in una matrice equivalente.

Definizione *Si dicono **trasformazioni (o operazioni) elementari** di una matrice di ordine $m \times n$ le seguenti operazioni:*

1) lo scambio della i-esima riga con la j-esima riga; l'operazione è indicata con R_{ij}

2) la moltiplicazione degli elementi della i-esima riga per una costante $c \neq 0$; l'operazione è indicata con $R_i(c)$

3) l'addizione degli elementi della j-esima riga moltiplicati per una costante c, ai corrispondenti elementi della i-esima riga; l'operazione è indicata con $R_{ij}(c)$.

Analoghe trasformazioni sono definite con riferimento alle colonne e rispettivamente indicate con

$$C_{ij} \qquad C_i(c) \qquad C_{ij}(c).$$

Data una matrice $A \in M(m,n)$, l'applicazione di una trasformazione elementare verrà indicata con due notazioni, a seconda che si voglia dare maggior risalto all'operazione effettuata oppure al suo risultato.

Considerando, ad esempio, la trasformazione $R_{ij}(c)$:

- nel primo caso, utilizzeremo la notazione

$$A \xrightarrow{R_{ij}(c)} \overline{A}$$

- nel secondo caso, utilizzeremo la notazione

$$R_{ij}(c)(A)$$

per indicare la matrice ottenuta da A tramite tale trasformazione.

Matrici elementari

L'applicazione di una trasformazione elementare ad una matrice A coincide con la moltiplicazione della stessa, a sinistra o a destra a seconda che si tratti di operazioni sulle righe o sulle colonne, per una matrice identità di dimensione opportuna, alla quale sia stata preventivamente applicata la stessa trasformazione.

Quest'ultima matrice prende il nome di **matrice elementare**.

Forma canonica

Data una matrice, tutte le matrici ad essa equivalenti hanno il medesimo rango.

Fra queste, è possibile individuarne una che abbia la "forma" più semplice possibile, e pertanto consenta la determinazione immediata del rango.

Definizione *Si dice **forma canonica** di una matrice $A \in M(m, n)$ di rango $r(A) = k$, la matrice di ordine $m \times n$, le cui prime k righe e prime k colonne costituiscono la matrice identità e avente tutti gli altri elementi nulli:*

$$
\begin{array}{c}
k \left\{ \begin{array}{} \\ \\ \\ \\ \end{array} \right. \\
m-k \left\{ \begin{array}{} \\ \\ \\ \end{array} \right.
\end{array}
\underbrace{
\begin{pmatrix}
1 & 0 & \cdots & 0 & 0 & \cdots & 0 \\
0 & 1 & \cdots & 0 & 0 & \cdots & 0 \\
\vdots & \vdots & \ddots & \vdots & \vdots & \ddots & \vdots \\
0 & 0 & \cdots & 1 & 0 & \cdots & 0 \\
0 & 0 & \cdots & 0 & 0 & \cdots & 0 \\
\vdots & \vdots & \ddots & \vdots & \vdots & \ddots & \vdots \\
0 & 0 & \cdots & 0 & 0 & \cdots & 0
\end{pmatrix}
}_{\substack{\underbrace{}_{k} \quad \underbrace{}_{n-k}}}
.
$$

Metodo di riduzione in forma canonica

L'applicazione successiva di opportune operazioni elementari consente di trasformare una qualsiasi matrice non nulla in forma canonica.
A tal fine, si considera il primo elemento della prima colonna:

- se tale elemento è nullo, si scambia la prima colonna con una colonna o una riga avente il primo elemento diverso da zero;
- si moltiplicano gli elementi della prima colonna per una costante opportuna, per rendere il primo elemento pari a 1;
- si azzerano tutti gli altri elementi della prima colonna, mediante operazioni elementari.

Si considera poi il secondo elemento della seconda colonna,

- se questi è nullo, si scambia la seconda colonna con una colonna o una riga avente il secondo elemento diverso da zero. Se ciò non è possibile, allora la matrice ha rango 1, e la procedura si arresta. Per ottenere la forma canonica, si azzerano tutti i rimanenti elementi della matrice;
- si moltiplicano gli elementi della seconda colonna per una costante opportuna, per rendere il secondo elemento pari a 1;
- si azzerano tutti gli altri elementi della seconda colonna, mediante operazioni elementari.

Si ripete il procedimento fino ad esaurimento delle colonne oppure quando si ottengono soltanto colonne nulle.

Forma canonica e calcolo del rango

Data una matrice A di ordine $m \times n$ e di rango k, dalla definizione si deduce quale deve essere la sua forma canonica.
Viceversa, il rango di una matrice in forma canonica è dato dall'ordine della matrice identità presente.
Infatti, qualunque altra matrice minore di ordine superiore (se esistente) conterrebbe necessariamente una riga di zeri e quindi avrebbe determinante nullo.

Metodo di triangolarizzazione

Poiché l'applicazione di trasformazioni elementari non modifica (la dimensione e) il rango di una matrice $A \in M(m, n)$, si può pensare di usare queste per ridurla in forma canonica.

Si può però osservare che non è indispensabile ridursi alla forma canonica per leggere il rango della matrice. È sufficiente fermarsi una volta che si è riusciti a scrivere la matrice nella cosiddetta **forma triangolare**, cioè nella forma

$$
\begin{array}{l}
k \left\{ \vphantom{\begin{matrix}1\\0\\ \vdots \\0\\0\\ \vdots \\0\end{matrix}}\right. \\
\\
m-k \left\{ \vphantom{\begin{matrix}0\\ \vdots \\0\end{matrix}}\right.
\end{array}
\begin{pmatrix}
1 & * & \cdots & * & * & \cdots & * \\
0 & 1 & \cdots & * & * & \cdots & * \\
\vdots & \vdots & \ddots & \vdots & \vdots & \ddots & \vdots \\
0 & 0 & \cdots & 1 & * & \cdots & * \\
0 & 0 & \cdots & 0 & 0 & \cdots & 0 \\
\vdots & \vdots & \ddots & \vdots & \vdots & \ddots & \vdots \\
0 & 0 & \cdots & 0 & 0 & \cdots & 0
\end{pmatrix}
$$

$$\underbrace{\qquad}_{k}\quad\underbrace{\qquad}_{n-k}$$

ove gli asterischi stanno ad indicare che non importa quale sia il valore degli elementi di posto corrispondente.

Se una matrice è ridotta in forma triangolare, il suo rango è dato dall'ordine della matrice quadrata triangolare che presenta tutti 1 sulla diagonale principale.

Infatti, qualunque altra sottomatrice di ordine superiore conterrebbe necessariamente una riga nulla e quindi avrebbe determinante nullo.

La procedura, detta di triangolarizzazione, di trasformazione della matrice in forma triangolare è analoga a quella di riduzione in forma canonica. L'unica differenza sta nel fatto che, per ogni colonna, si annullano solamente gli elementi posti sotto l'elemento reso pari a 1.

Trasformazioni elementari e calcolo della matrice inversa

Sia A una matrice quadrata, di ordine n, invertibile, cioè non singolare. Mediante l'applicazione di un certo numero s, di operazioni elementari per righe (cioè moltiplicando a sinistra la matrice A per s matrici elementari $R^1, R^2, \ldots, R^s$), si può ridurre la matrice A in forma canonica che, necessariamente, coinciderà con la matrice identità di ordine n:

$$R^s \cdot R^{s-1} \cdot \ldots \cdot R^2 \cdot R^1 \cdot A = I_n \ .$$

Ma, allora, per definizione, ciò significa che la matrice prodotto

$$R = R^s \cdot R^{s-1} \cdot \ldots \cdot R^2 \cdot R^1$$

è la matrice inversa di A, cioè $R = A^{-1}$.

Quest'ultima relazione, può essere riscritta come

$$A^{-1} = R \cdot I_n = R^s \cdot R^{s-1} \cdot \cdots \cdot R^2 \cdot R^1 \cdot I_n \ .$$

L'ultimo termine suggerisce una nuova strategia per il calcolo della matrice inversa di una matrice quadrata A invertibile: si affianca alla matrice A la matrice identità e poi, mediante successive operazioni elementari (applicate all'intera matrice così ottenuta) si riduce A in forma canonica. Al termine del procedimento, per quanto detto sopra, al posto della matrice identità si troverà la matrice inversa di A.

8.4 Sistemi lineari

La formalizzazione di molti problemi applicativi conduce alla ricerca delle eventuali soluzioni di una equazione o un sistema di equazioni in una o più incognite.
In generale, non esiste un'unica strategia per risolvere tali problemi, anche se ci si accontenta di soluzioni approssimate.
I sistemi lineari, per la loro particolare struttura, consentono di ricavare risultati di esistenza e unicità delle soluzioni, nonché di mettere a punto potenti metodi di calcolo delle soluzioni.

Equazioni lineari

Definizione *Si dice **equazione lineare algebrica** nelle incognite (reali)* x_1, x_2, ..., x_n *un'equazione del tipo*

$$a_1 x_1 + a_2 x_2 + \cdots + a_n x_n = b$$

ove a_j, *per* $j = 1, 2, \ldots, n$, *e* b *sono costanti (reali) assegnate, dette, rispettivamente, **coefficienti** e **termine noto**.*

Sistemi di equazioni lineari algebriche

Definizione *Si dice **sistema di** m **equazioni lineari algebriche** nelle* n *incognite (reali)* x_1, x_2, ..., x_n, *il sistema:*

$$\begin{cases} a_{11}x_1 + a_{12}x_2 + \cdots + a_{1n}x_n = b_1 \\ a_{21}x_1 + a_{22}x_2 + \cdots + a_{2n}x_n = b_2 \\ \qquad\qquad \vdots \\ a_{m1}x_1 + a_{m2}x_2 + \cdots + a_{mn}x_n = b_m \end{cases}$$

*Il sistema scritto in questo modo si dice in **forma scalare**.*
*Le $m \times n$ costanti (reali) a_{ij} si dicono **coefficienti del sistema**,*
*mentre le m costanti (reali) b_i si dicono **termini noti**.*

Un sistema lineare algebrico di m equazioni in n incognite può anche essere scritto nella cosiddetta **forma vettoriale**:

$$A\mathbf{x} = \mathbf{b}$$

ove:

- $A \in M(m, n)$ si dice **matrice dei coefficienti**
- $\mathbf{x} \in \mathbb{R}^n$ si dice **vettore delle incognite**
- $\mathbf{b} \in \mathbb{R}^m$ si dice **vettore dei termini noti**.

Soluzione di un sistema

Definizione *Un vettore $\mathbf{x} \in \mathbb{R}^n$ si dice **soluzione** del sistema lineare*

$$A\mathbf{x} = \mathbf{b} \qquad (*)$$

con $A \in M(m, n)$ e $\mathbf{b} \in \mathbb{R}^m$ assegnati, se sostituito al posto di $\mathbf{x}$ in (*) rende tale uguaglianza vera.

Sistemi possibili e impossibili

Definizione *Un **sistema lineare** $A\mathbf{x} = \mathbf{b}$ si dice **possibile** se ammette almeno una soluzione. In tal caso, le equazioni del sistema si dicono **compatibili**.*
*Se un sistema non ammette soluzioni si dice **impossibile**. In tal caso, le equazioni del sistema si dicono **incompatibili**.*

Sistemi omogenei

Definizione *Un sistema lineare $A\mathbf{x} = \mathbf{b}$ si dice **omogeneo** se $\mathbf{b} = \mathbf{0}$. Se $\mathbf{b} \neq \mathbf{0}$ il sistema si dice **non omogeneo**.*

Un sistema lineare omogeneo è sempre possibile: ammette sempre la soluzione nulla $\mathbf{x} = \mathbf{0}$.

Insieme delle soluzioni di un sistema lineare

L'insieme delle soluzioni di un sistema lineare si può caratterizzare completamente, nel senso che è possibile stabilire a priori se vi sono soluzioni e in questo caso "quante" esse siano.

La situazione è del tutto analoga al più semplice esempio di una equazione lineare in una variabile: $ax = b$.

Il teorema che segue fornisce informazioni sulla struttura dell'insieme delle soluzioni di un sistema omogeneo.

Teorema *Se $\overline{\mathbf{x}} \in \mathbb{R}^n$ è una soluzione del sistema lineare omogeneo $A\mathbf{x} = \mathbf{0}$, $A \in M(m, n)$, allora anche $\lambda\overline{\mathbf{x}}$ è soluzione per ogni $\lambda \in \mathbb{R}$.*
Se $\overline{\mathbf{x}}$ e $\overline{\mathbf{y}} \in \mathbb{R}^n$ sono due soluzioni del sistema lineare omogeneo $A\mathbf{x} = \mathbf{0}$, allora anche $\overline{\mathbf{x}} + \overline{\mathbf{y}}$ è soluzione.

Soluzioni di un sistema lineare omogeneo

Un sistema lineare omogeneo $A\mathbf{x} = \mathbf{0}$ ammette sempre la soluzione nulla $\mathbf{x} = \mathbf{0}$.

Risolvendo un sistema lineare omogeneo possono presentarsi due casi:

- il sistema ammette solo la soluzione nulla
- il sistema ammette infinite altre soluzioni: se $\overline{\mathbf{x}}$ è una soluzione non nulla di $A\mathbf{x} = \mathbf{0}$, allora per il teorema precedente $\lambda\overline{\mathbf{x}}$, per ogni $\lambda \in \mathbb{R}$, è soluzione di tale sistema.

Soluzioni di un sistema lineare non omogeneo

Il teorema che segue illustra quale sia la struttura dell'insieme delle soluzioni di un sistema lineare non omogeneo.

Teorema *Se $\widetilde{\mathbf{x}} \in \mathbb{R}^n$ è una soluzione particolare del sistema lineare non omogeneo $A\mathbf{x} = \mathbf{b}$, $A \in M(m, n)$, allora ogni altra soluzione di tale sistema si esprime come $\widehat{\mathbf{x}} = \widetilde{\mathbf{x}} + \lambda\overline{\mathbf{x}}$ ove $\overline{\mathbf{x}} \in \mathbb{R}^n$ è una soluzione del sistema lineare omogeneo associato $A\mathbf{x} = \mathbf{0}$ e $\lambda \in \mathbb{R}$.*

Dal teorema precedente si deduce che risolvendo un sistema lineare non omogeneo $A\mathbf{x} = \mathbf{b}$, possono presentarsi tre casi:

- il sistema è impossibile
- il sistema ammette una ed una sola soluzione: in tal caso il sistema omogeneo associato ammette solo la soluzione nulla
- il sistema ammette infinite soluzioni: in tal caso il sistema omogeneo associato ammette una soluzione non nulla.

Tali conclusioni giustificano la seguente definizione:

Definizione *Un sistema lineare* $A\mathbf{x} = \mathbf{b}$ *si dice*

- *determinato se è possibile e ammette una ed una sola soluzione*
- *indeterminato se è possibile e ammette infinite soluzioni.*

Interpretazione geometrica di un sistema lineare

Siano
$$ax + by + c = 0 \qquad \text{e} \qquad a'x + b'y + c' = 0$$

le equazioni (in forma implicita) di due rette in $\mathbb{R}^2$.

Per determinare eventuali intersezioni fra le due rette, dobbiamo individuare le coppie $(\bar{x}, \bar{y})$ che soddisfano entrambe le equazioni date.

In modo equivalente, le due rette si intersecano se e solo se ammette soluzione il sistema lineare

$$\begin{cases} ax + by + c = 0 \\ a'x + b'y + c' = 0 \end{cases} \tag{*}$$

Si possono presentare solo tre situazioni qualitativamente differenti:

- Le due rette sono parallele e non coincidenti, ossia il sistema (*) è impossibile.

- Le due rette sono incidenti in uno ed un solo punto, ossia il sistema (*) ammette una ed una sola soluzione.

- Le due rette sono coincidenti, ossia il sistema (*) ammette infinite soluzioni.

8.5 Metodi risolutivi per sistemi lineari

La discussione della possibilità di un sistema e l'eventuale calcolo delle sue soluzioni possono avvenire in vari modi.

Nel seguito ne proporremo due.

Matrice completa

Definizione *Dato il sistema lineare* $A\mathbf{x} = \mathbf{b}$, *con* $A \in M(m, n)$, *si dice **matrice completa** la matrice di ordine* $m \times (n + 1)$, *indicata con* $A|\mathbf{b}$, *ottenuta affiancando alla matrice dei coefficienti* A *la colonna dei termini noti* $\mathbf{b}$.

Teorema di Rouché-Capelli

Teorema *Un sistema lineare $A\mathbf{x} = \mathbf{b}$, con $A \in M(m, n)$, è possibile se e solo se il rango della matrice dei coefficienti è uguale al rango della matrice completa:*

$$\exists \mathbf{x}: \quad A\mathbf{x} = \mathbf{b} \quad \Leftrightarrow \quad r(A) = r(A|\mathbf{b}).$$

Sul rango della matrice completa

Dalla definizione di matrice completa di un sistema lineare $A\mathbf{x} = \mathbf{b}$ segue che il suo rango è non minore del rango della matrice dei coefficienti

$$r(A|\mathbf{b}) \geq r(A)$$

e se è maggiore, allora

$$r(A|\mathbf{b}) = r(A) + 1.$$

Teorema di Cramer

Il teorema di Rouché-Capelli consente di stabilire se un dato sistema lineare $A\mathbf{x} = \mathbf{b}$ sia possibile o meno, ma non fornisce alcun metodo di calcolo delle eventuali soluzioni.

Il teorema che segue, nonostante si riferisca solo al caso di matrici dei coefficienti quadrate, consente di calcolare le soluzioni di un qualsiasi sistema lineare possibile.

Teorema *Se A è una matrice quadrata di ordine n non singolare, allora il sistema $A\mathbf{x} = \mathbf{b}$ è determinato.*

In tal caso, il vettore soluzione $\mathbf{x}$ ha componenti:

$$\bar{x}_i = \frac{\det \tilde{A}_i}{\det A} \qquad i = 1, 2, \cdots, n$$

ove $\tilde{A}_i$ è la matrice di ordine n che si ottiene da A sostituendo alla sua i-esima colonna la colonna dei termini noti:

$$\tilde{A}_i = \begin{pmatrix} a_{11} & \cdots & a_{1,i-1} & b_1 & a_{1,i+1} & \cdots & a_{1n} \\ a_{21} & \cdots & a_{2,i-1} & b_2 & a_{2,i+1} & \cdots & a_{2n} \\ \vdots & \vdots & \vdots & \vdots & \vdots & \ddots & \vdots \\ a_{n1} & \cdots & a_{n,i-1} & b_n & a_{n,i+1} & \cdots & a_{nn} \end{pmatrix}.$$

Sull'insieme delle soluzioni di un sistema lineare

Il teorema di Rouché-Capelli e quello di Cramer forniscono il seguente metodo per il calcolo delle soluzioni di un sistema lineare $A\mathbf{x} = \mathbf{b}$ possibile. Data la matrice dei coefficienti del sistema $A \in M(m, n)$ tale che $r(A) = r(A|\mathbf{b})$, con $\mathbf{b}$ vettore dei termini noti:

- se $r(A) = n$, allora, si presentano due sottocasi:
  - ▷ se $m = n$, il sistema è quadrato e la soluzione si calcola tramite il teorema di Cramer;
  - ▷ se $m > n$, si eliminano le righe in sovrannumero e tramite il teorema di Cramer si calcola la soluzione
- se $r(A) < n$, allora vi sono delle colonne (eventualmente anche delle righe) in eccesso: le righe si eliminano, mentre le colonne non utilizzate per il calcolo del rango di A identificano incognite libere di assumere un qualsiasi valore reale, a volte denominate **gradi di libertà del sistema**; queste incognite vengono riscritte assieme al termine noto, a destra dell'uguale.

Ci si ritrova così con un sistema quadrato di ordine $r(A)$ che ammette, per il teorema di Cramer, una sola soluzione, dipendente però da $n - r(A)$ parametri reali: si dice in tal caso che il sistema ammette $\infty^{n-r(A)}$ soluzioni. Tali soluzioni si calcolano impiegando il teorema di Cramer.

Metodo di eliminazione

L'idea di base seguita nella risoluzione di equazioni è quella di semplificare l'equazione da risolvere applicandovi opportune trasformazioni, senza però modificarne l'insieme delle soluzioni.

Lo stesso approccio può essere adottato per affrontare la discussione ed eventuale risoluzione di un sistema lineare.

Sistemi equivalenti

Definizione *Due sistemi lineari si dicono **equivalenti** se ammettono lo stesso insieme di soluzioni.*

Operazioni elementari (per righe)

Definizione *Definiamo **operazioni elementari** (per riga) su un sistema lineare:*

1. scambiare fra loro due equazioni;

2. *moltiplicare una equazione per una costante non nulla;*
3. *sommare un multiplo di un'equazione ad un'altra.*

Teorema   *L'applicazione di una qualsiasi operazione elementare ad un'equazione di un sistema lineare produce un nuovo sistema equivalente a quello dato.*

Operazioni elementari e matrice completa

Le operazioni elementari sulle equazioni di un sistema lineare $A\mathbf{x} = \mathbf{b}$ possono essere viste come operazioni elementari (per riga) sugli elementi della matrice completa $A|\mathbf{b}$ associata al sistema: ritroviamo così le operazioni R_{ij}, $R_i(c)$, $R_{ij}(c)$.
Si può dimostrare che l'applicazione di trasformazioni elementari alla matrice completa di un sistema produce una nuova matrice completa associata ad un sistema lineare equivalente a quello di partenza.

Metodo di eliminazione di Gauss

Il cosiddetto metodo di Gauss si basa sull'idea di eliminare da ciascuna equazione di un sistema lineare una incognita fino a pervenire, se possibile, ad una sola equazione in una incognita: determinata la soluzione di questa equazione, procedendo a ritroso si riesce ad individuare la (o le) soluzione del sistema.
Tale modo di procedere corrisponde all'idea di triangolarizzare la matrice completa del sistema considerato.

Metodo di Gauss-Jordan

Per evitare di dover procedere a ritroso per il calcolo delle soluzioni di un sistema lineare possibile in forma triangolare, si può adottare una strategia leggermente più "dispendiosa" in termini di calcoli ma che consente di ricavare immediatamente le eventuali soluzioni di tale sistema: si riduce il sistema in **forma diagonale** anziché in forma triangolare. Tale modo di procedere, che corrisponde a porre in forma canonica la matrice completa del sistema, si dice **metodo di Gauss-Jordan**.

9. Spazi vettoriali e funzioni lineari

9.1 Vettori in $\mathbb{R}^n$

Supponiamo, a titolo di esempio, di voler descrivere al trascorrere del tempo l'evoluzione della quotazione alla Borsa di Milano di dieci titoli azionari. Ad ogni istante di tempo considerato avremo quindi dieci informazioni espresse numericamente, ciascuna delle quali si riferisce ad un particolare titolo. Risulta così opportuno organizzare tali informazioni utilizzando la seguente notazione

$$(titolo1,\ titolo2,\ \ldots,\ titolo10)\,.$$

Così, ad esempio, data l'informazione (espressa in euro):

$$(1.53,\ 2.01,\ \ldots,\ 4.01)$$

possiamo immediatamente concludere che 2.01 è la quotazione del secondo titolo azionario.

L'oggetto matematico che si introduce permette quindi di trattare contemporaneamente più informazioni numeriche.

Definizione *Si definisce **vettore** una n-upla (si legge ennupla) ordinata di numeri reali, indicata con*

$$\mathbf{x} = (x_1, x_2, \ldots, x_n)$$

ove x_j è un numero reale per ogni $j = 1,\ \ldots,\ n$.

Indichiamo con $\mathbb{R}^n$ l'insieme delle n-uple ordinate di numeri reali ossia il prodotto cartesiano di $\mathbb{R}$ con se stesso, n volte:

$$\mathbb{R}^n = \underbrace{\mathbb{R} \times \mathbb{R} \times \cdots \times \mathbb{R}}_{n \text{ volte}}.$$

Dato un vettore reale $\mathbf{x} = (x_1, x_2, \ldots, x_n)$, i numeri reali x_1, x_2, $\ldots$, x_n si dicono le sue **componenti**.

In particolare, un elemento di $\mathbb{R}$ si dice **scalare**.

Nella definizione di vettore come elemento di $\mathbb{R}^n$ non ha alcuna importanza la distinzione fra vettore riga e vettore colonna operata a proposito del calcolo matriciale. Solo ove fosse necessario impiegare operazioni tipiche del calcolo matriciale (in particolare il prodotto di una matrice per un vettore), con $\mathbf{x}$ intenderemo sempre un vettore colonna.

Rappresentazione geometrica

L'insieme $\mathbb{R}$ può essere messo in corrispondenza biunivoca con una retta nel senso che ad ogni numero reale corrisponde uno e uno solo punto su una data retta.

Allo stesso modo $\mathbb{R}^2$ e $\mathbb{R}^3$ possono essere messi in corrispondenza biunivoca, rispettivamente, con il piano e con lo spazio.

Per analogia, possiamo pensare che $\mathbb{R}^n$, $n > 3$, rappresenti un "modello" di uno spazio n-dimensionale.

Un vettore di $\mathbb{R}^2$ si identifica con un punto del piano. Fissato poi un sistema di riferimento (cartesiano) le componenti di un vettore coincidono con le coordinate del punto corrispondente.

Il vettore $\mathbf{x} = (x_1, x_2)$ può essere anche identificato con un segmento orientato che unisce l'origine con il punto di coordinate x_1 e x_2.

Analoga visualizzazione è possibile in $\mathbb{R}^3$.

9.2 Operazioni fra vettori

Introduciamo due operazioni, una fra vettori, l'altra fra un vettore ed uno scalare, che godono di alcune proprietà e che sono suscettibili di efficaci interpretazioni geometriche quando ci si limita a considerare vettori di $\mathbb{R}^2$.

Addizione di due vettori

Definizione *Si definisce **addizione** di due vettori* $\mathbf{x} = (x_1, x_2, \ldots, x_n)$ *e* $\mathbf{y} = (y_1, y_2, \ldots, y_n)$ *di* $\mathbb{R}^n$ *l'operazione che a* $\mathbf{x}$ *e* $\mathbf{y}$ *associa un vettore di* $\mathbb{R}^n$, *detto **vettore somma**, che ha per componenti la somma delle componenti corrispondenti dei due vettori dati:*

$$\mathbf{x} + \mathbf{y} = (x_1 + y_1, x_2 + y_2, \ldots, x_n + y_n).$$

Proprietà dell'addizione fra vettori

L'operazione di addizione, che ad ogni coppia $\mathbf{x}, \mathbf{y} \in \mathbb{R}^n$ fa corrispondere il vettore $\mathbf{x} + \mathbf{y}$, gode di una serie di proprietà analoghe a quelle note per l'addizione fra numeri reali.

- **Proprietà commutativa:**

$$\forall \mathbf{x}, \mathbf{y} \in \mathbb{R}^n : \qquad \mathbf{x} + \mathbf{y} = \mathbf{y} + \mathbf{x}$$

- **Proprietà associativa:**

$$\forall \mathbf{x},\ \mathbf{y},\ \mathbf{z} \in \mathbb{R}^n : \qquad (\mathbf{x} + \mathbf{y}) + \mathbf{z} = \mathbf{x} + (\mathbf{y} + \mathbf{z})$$

- **Esistenza dell'elemento neutro:**

$$\forall \mathbf{x} \in \mathbb{R}^n \ \exists\, \mathbf{0} \in \mathbb{R}^n : \quad \mathbf{x} + \mathbf{0} = \mathbf{0} + \mathbf{x} = \mathbf{x}$$

- **Esistenza dell'elemento opposto:**

$$\forall \mathbf{x} \in \mathbb{R}^n \ \exists\, \mathbf{y} \in \mathbb{R}^n : \quad \mathbf{x} + \mathbf{y} = \mathbf{y} + \mathbf{x} = \mathbf{0}$$

L'elemento opposto di un vettore $\mathbf{x}$ si indica con $-\mathbf{x}$ e le sue componenti sono gli opposti delle componenti del vettore $\mathbf{x}$.

Interpretazione geometrica dell'addizione fra vettori

Fissato un sistema di riferimento in $\mathbb{R}^2$, l'origine ha coordinate $(0,0)$ e dunque corrisponde al vettore nullo $\mathbf{0}$.

Addizionare un vettore $\mathbf{y} = (y_1, y_2)$ al vettore nullo $\mathbf{0}$ significa applicare all'origine il segmento orientato con primo estremo nel punto $(0,0)$ e secondo estremo (y_1, y_2).

Analogamente, addizionare un vettore $\mathbf{y} = (y_1, y_2)$ ad un vettore $\mathbf{x} = (x_1, x_2)$ significa applicare il segmento orientato $\mathbf{y}$ alla punta della freccia che identifica il vettore $\mathbf{x}$. Il nuovo vettore $\mathbf{x} + \mathbf{y}$ che si ottiene, per costruzione, risulta la diagonale del parallelogramma di vertici $\mathbf{0}, \mathbf{x}, \mathbf{y}$ e $\mathbf{x} + \mathbf{y}$: per tale motivo, si parla a proposito della somma di vettori di "regola del parallelogramma".

Moltiplicazione di un vettore per uno scalare

Definizione *Si definisce **moltiplicazione di un vettore per uno scalare** l'operazione che ad ogni vettore $\mathbf{x} \in \mathbb{R}^n$ e ad ogni scalare*

$\alpha \in \mathbb{R}$ *associa il vettore* $\alpha\mathbf{x}$ *che ha per componenti i prodotti fra lo scalare* α *e le corrispondenti componenti del vettore di partenza:*

$$\alpha\mathbf{x} = (\alpha x_1, \alpha x_2, \ldots, \alpha x_n).$$

Proprietà della moltiplicazione di un vettore per uno scalare

• **Proprietà associativa**

$$\forall \alpha, \beta \in \mathbb{R}, \ \forall \mathbf{x} \in \mathbb{R}^n : \qquad \alpha(\beta\mathbf{x}) = (\alpha\beta)\mathbf{x}$$

• **Proprietà distributive rispetto alla somma**

$$\forall \alpha, \beta \in \mathbb{R}, \ \forall \mathbf{x} \in \mathbb{R}^n : \qquad (\alpha + \beta)\mathbf{x} = \alpha\mathbf{x} + \beta\mathbf{x}$$

$$\forall \alpha \in \mathbb{R}, \ \forall \mathbf{x}, \mathbf{y} \in \mathbb{R}^n : \qquad \alpha(\mathbf{x} + \mathbf{y}) = \alpha\mathbf{x} + \beta\mathbf{y}$$

Significato geometrico della moltiplicazione di un vettore per uno scalare

Dato un vettore $\mathbf{x} = (x_1, x_2)$, la moltiplicazione per uno scalare reale α modifica proporzionalmente entrambe le sue componenti. Ciò implica che il vettore $\alpha\mathbf{x}$ "appartenga" anch'esso alla retta passante per l'origine e per il punto $\mathbf{x}$.

Se $\alpha > 0$, il vettore $\alpha\mathbf{x}$ avrà lo stesso **verso** (la freccia sarà orientata allo stesso modo) del vettore $\mathbf{x}$ e, a seconda che $\alpha < 1$ oppure $\alpha > 1$, la sua **lunghezza** sarà rispettivamente minore o maggiore di quella del vettore $\mathbf{x}$.

Se $\alpha < 0$, il vettore $\alpha\mathbf{x}$ avrà **verso** opposto rispetto a quello del vettore $\mathbf{x}$ e, a seconda che $\alpha > -1$ oppure $\alpha < -1$, la sua **lunghezza** sarà rispettivamente minore o maggiore di quella del vettore $\mathbf{x}$.

Vettori collineari

Definizione *Due vettori* $\mathbf{x}$ *e* $\mathbf{y}$ *di* $\mathbb{R}^n$ *si dicono vettori **collineari** (o **paralleli**) se sono proporzionali, cioè se esiste uno scalare (reale) non nullo* α *tale che*

$$\mathbf{x} = \alpha\mathbf{y}.$$

Prodotto interno

In aggiunta alle operazioni di addizione fra vettori e moltiplicazione di un vettore per uno scalare, si può definire una ulteriore operazione che a due vettori associa uno scalare. Il valore ottenuto fornisce un modo per "misurare" la posizione reciproca dei due vettori.

Definizione *Si dice **prodotto interno** (o **prodotto scalare**) di due vettori* $\mathbf{x}, \mathbf{y} \in \mathbb{R}^n$, *indicato con* $\langle \mathbf{x}, \mathbf{y} \rangle$, *la somma dei prodotti fra le componenti corrispondenti dei due vettori:*

$$\langle \mathbf{x}, \mathbf{y} \rangle = x_1 y_1 + x_2 y_2 + \cdots + x_n y_n = \sum_{i=1}^{n} x_i y_i \ .$$

Proprietà del prodotto interno

- **Omogeneità**

$$\forall \alpha \in \mathbb{R}, \ \forall \mathbf{x}, \mathbf{y} \in \mathbb{R}^n : \qquad \langle \alpha \mathbf{x}, \mathbf{y} \rangle = \alpha \langle \mathbf{x}, \mathbf{y} \rangle$$

- **Proprietà commutativa**

$$\forall \mathbf{x}, \mathbf{y} \in \mathbb{R}^n : \qquad \langle \mathbf{x}, \mathbf{y} \rangle = \langle \mathbf{y}, \mathbf{x} \rangle$$

- **Proprietà distributiva**

$$\forall \mathbf{x}, \mathbf{y}, \mathbf{z} \in \mathbb{R}^n : \qquad \langle \mathbf{x} + \mathbf{y}, \mathbf{z} \rangle = \langle \mathbf{x}, \mathbf{z} \rangle + \langle \mathbf{y}, \mathbf{z} \rangle$$

Norma euclidea

Consideriamo un vettore $\mathbf{x}$ in $\mathbb{R}^2$. Il prodotto scalare di $\mathbf{x}$ con se stesso

$$\langle \mathbf{x}, \mathbf{x} \rangle = x_1^2 + x_2^2$$

rappresenta il quadrato della lunghezza del segmento che unisce il punto A di coordinate (x_1, x_2) con l'origine O.

Infatti, se B è il punto di coordinate $(x_1, 0)$, allora il triangolo di vertici A, O e B è rettangolo. Il teorema di Pitagora ci dice che il quadrato della lunghezza dell'ipotenusa è uguale alla somma dei quadrati delle lunghezze dei due cateti:

$$\overline{OA}^2 = \overline{OB}^2 + \overline{AB}^2 = x_1^2 + x_2^2.$$

Così, è naturale definire come lunghezza del vettore $\mathbf{x}$ la radice quadrata di $\overline{OA}^2$:

$$\overline{OA} = \sqrt{\langle \mathbf{x}, \mathbf{x} \rangle} = \sqrt{x_1^2 + x_2^2}.$$

Generalizziamo ora il discorso fatto ad $\mathbb{R}^n$.

Definizione *Si definisce **norma (euclidea)** di un vettore $\mathbf{x} \in \mathbb{R}^n$, indicata con $\|\mathbf{x}\|$, la radice quadrata della somma dei quadrati delle componenti del vettore $\mathbf{x}$:*

$$\|\mathbf{x}\| = \sqrt{x_1^2 + x_2^2 + \cdots + x_n^2} = \sqrt{\sum_{i=1}^{n} x_i^2}\ .$$

La norma di un vettore $\mathbf{x}$ si può esprimere in termini di prodotto interno:

$$\|\mathbf{x}\| = \sqrt{\langle \mathbf{x}, \mathbf{x} \rangle}\ .$$

Significato geometrico del prodotto interno

Consideriamo due vettori $\mathbf{x} = (x_1, x_2)$ e $\mathbf{y} = (y_1, y_2)$, non nulli (e non collineari), in $\mathbb{R}^2$.
Indichiamo con A e B i punti del piano rispettivamente di coordinate (x_1, x_2) e (y_1, y_2), con α e β gli angoli formati dai segmenti OA e OB con la direzione positiva dell'asse delle ascisse.
Dalla geometria elementare si può scrivere

$$x_1 = \overline{OA} \cos \alpha = \|\mathbf{x}\| \cos \alpha \qquad x_2 = \overline{OA} \operatorname{sen} \alpha = \|\mathbf{x}\| \operatorname{sen} \alpha$$

$$y_1 = \overline{OB} \cos \beta = \|\mathbf{y}\| \cos \beta \qquad y_2 = \overline{OB} \operatorname{sen} \beta = \|\mathbf{y}\| \operatorname{sen} \beta.$$

Ne segue che

$$\langle \mathbf{x}, \mathbf{y} \rangle = x_1 y_1 + x_2 y_2 = \|\mathbf{x}\| \cos \alpha \cdot \|\mathbf{y}\| \cos \beta + \|\mathbf{x}\| \operatorname{sen} \alpha \cdot \|\mathbf{y}\| \operatorname{sen} \beta =$$
$$= \|\mathbf{x}\| \cdot \|\mathbf{y}\| \left(\cos \alpha \cos \beta + \operatorname{sen} \alpha \operatorname{sen} \beta \right) =$$
$$= \|\mathbf{x}\| \cdot \|\mathbf{y}\| \cos (\alpha - \beta)$$

Dunque, il prodotto scalare fra due vettori di $\mathbb{R}^2$ è uguale al prodotto delle loro lunghezze per il coseno dell'angolo fra essi compreso.

Proprietà della norma

- **Nonnegatività:**
$$\|\mathbf{x}\| \geq 0 \qquad \forall \mathbf{x} \in \mathbb{R}^n$$

$$\|\mathbf{x}\| = 0 \quad \Leftrightarrow \quad \mathbf{x} = \mathbf{0}$$

- **Omogeneità:**
$$\|\alpha\mathbf{x}\| = |\alpha| \cdot \|\mathbf{x}\| \, \forall \alpha \in \mathbb{R}, \quad \forall \mathbf{x} \in \mathbb{R}^n.$$

Disuguaglianza di Cauchy-Schwarz

Dati due vettori $\mathbf{x}$ e $\mathbf{y}$ di $\mathbb{R}^2$ vale la relazione

$$\langle \mathbf{x}, \, \mathbf{y} \rangle = \|\mathbf{x}\| \cdot \|\mathbf{y}\| \cos \gamma$$

dove γ è l'angolo compreso fra i due vettori. Poiché $|\cos \gamma| \leq 1$ qualunque sia il valore di γ, possiamo concludere che

$$|\langle \mathbf{x}, \mathbf{y} \rangle| \leq \|\mathbf{x}\| \cdot \|\mathbf{y}\| \ .$$

Si può giungere alla medesima conclusione anche per vettori di $\mathbb{R}^n$.

Teorema (disuguaglianza di Cauchy-Schwarz) *Per ogni coppia di vettori di $\mathbb{R}^n$, il modulo del loro prodotto scalare è non maggiore del prodotto delle loro norme:*

$$|\langle \mathbf{x}, \mathbf{y} \rangle| \leq \|\mathbf{x}\| \cdot \|\mathbf{y}\| \qquad \forall \mathbf{x}, \mathbf{y} \in \mathbb{R}^n.$$

Disuguaglianza triangolare

La norma della somma di due vettori è non maggiore della somma delle loro norme:

$$\|\mathbf{x} + \mathbf{y}\| \leq \|\mathbf{x}\| + \|\mathbf{y}\| \qquad \forall \mathbf{x}, \mathbf{y} \in \mathbb{R}^n.$$

Angolo fra due vettori

Dati due vettori $\mathbf{x}$ e $\mathbf{y}$ di $\mathbb{R}^2$, non nulli, vale l'uguaglianza

$$\cos \theta = \frac{\langle \mathbf{x}, \mathbf{y} \rangle}{\|\mathbf{x}\| \cdot \|\mathbf{y}\|} \tag{*}$$

ove $\theta \in [0, \pi)$ è l'angolo compreso tra i due vettori.

Poiché il lato destro dell'uguaglianza (*) ha senso anche se $\mathbf{x}$ e $\mathbf{y}$ sono due vettori non nulli di $\mathbb{R}^n$, per analogia definiamo il concetto di angolo fra due vettori in $\mathbb{R}^n$.

Definizione *Dati due vettori* $\mathbf{x}$ *e* $\mathbf{y}$ *non nulli di* $\mathbb{R}^n$, *si dice* **angolo** *fra* $\mathbf{x}$ *e* $\mathbf{y}$ *l'unico numero* $\theta \in [0, \pi)$ *tale che*

$$\cos \theta = \frac{\langle \mathbf{x}, \mathbf{y} \rangle}{\|\mathbf{x}\| \cdot \|\mathbf{y}\|}.$$

Vettori ortogonali

Consideriamo due vettori non nulli $\mathbf{x}$ e $\mathbf{y}$ di $\mathbb{R}^2$. Dalla relazione

$$\langle \mathbf{x}, \mathbf{y} \rangle = \|\mathbf{x}\| \cdot \|\mathbf{y}\| \cos \gamma$$

ove γ è l'angolo compreso fra i due vettori, poiché $\|\mathbf{x}\| \neq 0$ e $\|\mathbf{y}\| \neq 0$, si deduce che il prodotto interno $\langle \mathbf{x}, \mathbf{y} \rangle$ si annulla se e solo se si annulla $\cos \gamma$ e ciò accade se $\gamma = \frac{\pi}{2}$, cioè se i due vettori sono perpendicolari. In dimensione maggiore di due si può definire il concetto di ortogonalità fra due vettori.

Definizione *Due vettori* $\mathbf{x}$ *e* $\mathbf{y}$ *non nulli di* $\mathbb{R}^n$ *si dicono* **ortogonali**, *e si scrive* $\mathbf{x} \perp \mathbf{y}$, *se il loro prodotto interno è nullo:*

$$\forall \mathbf{x}, \mathbf{y} \in \mathbb{R}^n \setminus \{\mathbf{0}\} \qquad \mathbf{x} \perp \mathbf{y} \quad \Leftrightarrow \quad \langle \mathbf{x}, \mathbf{y} \rangle = 0.$$

Distanza fra due vettori

La norma di un vettore, visto come freccia uscente dall'origine, misura la sua lunghezza, che può essere interpretata, almeno intuitivamente, come la distanza della punta della freccia dall'origine.

Per dare significato all'idea di distanza fra due vettori $\mathbf{x}$ e $\mathbf{y}$ di $\mathbb{R}^n$, osserviamo che, dati due vettori $\mathbf{x} = (x_1, x_2)$ e $\mathbf{y} = (y_1, y_2)$, la loro distanza è la lunghezza del segmento che unisce i punti di coordinate (x_1, x_2) e (y_1, y_2). Tale quantità è pari alla lunghezza del vettore differenza fra $\mathbf{x}$ e $\mathbf{y}$.

Definizione *Si definisce* **distanza** *tra due vettori* $\mathbf{x}, \mathbf{y} \in \mathbb{R}^n$ *il numero reale non negativo*

$$d(\mathbf{x}, \mathbf{y}) = \|\mathbf{x} - \mathbf{y}\|.$$

Proprietà della distanza

- **Nonnegatività:**

  $$\forall \mathbf{x}, \mathbf{y} \in \mathbb{R}^n: \quad d\left(\mathbf{x}, \mathbf{y}\right) \geq 0 \quad \text{e} \quad d\left(\mathbf{x}, \mathbf{y}\right) = 0 \quad \Leftrightarrow \quad \mathbf{x} = \mathbf{y}$$

- **Simmetria:**

  $$\forall \mathbf{x}, \mathbf{y} \in \mathbb{R}^n: \quad d\left(\mathbf{x}, \mathbf{y}\right) = d\left(\mathbf{y}, \mathbf{x}\right)$$

- **Disuguaglianza triangolare**

  $$\forall \mathbf{x}, \mathbf{y}, \mathbf{z} \in \mathbb{R}^n: \quad d\left(\mathbf{x}, \mathbf{y}\right) \leq d\left(\mathbf{x}, \mathbf{z}\right) + d\left(\mathbf{z}, \mathbf{y}\right)\ .$$

9.3 Spazi vettoriali in $\mathbb{R}^n$

L'insieme $\mathbb{R}^n$ munito delle operazioni di addizione fra vettori e di moltiplicazione di un vettore per uno scalare, con le relative proprietà, viene detto **spazio vettoriale**, per indicare che è un insieme munito di una particolare struttura algebrica.

La presenza di questa struttura algebrica ha un'importante conseguenza: nonostante l'insieme $\mathbb{R}^n$ sia costituito da infiniti elementi, ciascuno di questi può essere espresso, grazie alle suddette operazioni, a partire da n suoi elementi opportunamente scelti.

Tali considerazioni valgono anche per particolari sottoinsiemi di $\mathbb{R}^n$.

Combinazioni lineari

Definizione *Dati k vettori $\mathbf{x}_1$, $\mathbf{x}_2$, ..., $\mathbf{x}_k \in \mathbb{R}^n$ e k scalari α_1, α_2, ..., $\alpha_k \in \mathbb{R}$, il vettore*

$$\mathbf{x} = \alpha_1 \mathbf{x}_1 + \alpha_2 \mathbf{x}_2 + \ldots + \alpha_k \mathbf{x}_k = \sum_{i=1}^{k} \alpha_i \mathbf{x}_i$$

*si dice **combinazione lineare** dei vettori $\mathbf{x}_i$ con **coefficienti** α_i.*

Assegnati k vettori $\mathbf{x}_1$, $\mathbf{x}_2$, ..., $\mathbf{x}_k$ di $\mathbb{R}^n$ e k scalari α_1, α_2, ..., α_k è immediato ricavare il vettore $\mathbf{x} \in \mathbb{R}^n$ combinazione lineare di $\mathbf{x}_1$, $\mathbf{x}_2$, ..., $\mathbf{x}_k$ con coefficienti α_1, α_2, ..., α_k:

$$\alpha_1 \mathbf{x}_1 + \alpha_2 \mathbf{x}_2 + \ldots + \alpha_k \mathbf{x}_k\ .$$

Più difficile risulta, assegnato un vettore $\mathbf{x} \in \mathbb{R}^n$, stabilire se esso sia esprimibile come combinazione lineare di k vettori assegnati $\mathbf{x}_1$, $\mathbf{x}_2$, ..., $\mathbf{x}_k$, cioè se esistono k scalari α_1, α_2, ..., α_k tali che

$$\mathbf{x} = \alpha_1 \mathbf{x}_1 + \alpha_2 \mathbf{x}_2 + \ldots + \alpha_k \mathbf{x}_k \ .$$

Se riscriviamo tale equazione in termini delle componenti dei vettori $\mathbf{x}_j$, con $j = 1, 2, \ldots, k$:

$$\mathbf{x} = \alpha_1 \begin{pmatrix} x_{11} \\ x_{21} \\ \vdots \\ x_{n1} \end{pmatrix} + \alpha_2 \begin{pmatrix} x_{12} \\ x_{22} \\ \vdots \\ x_{n2} \end{pmatrix} + \ldots + \alpha_k \begin{pmatrix} x_{1k} \\ x_{2k} \\ \vdots \\ x_{nk} \end{pmatrix}$$

allora tale relazione si può riscrivere in forma vettoriale come

$$\mathbf{x} = X\mathbf{a} \qquad\qquad (*)$$

ove X è la matrice di ordine $n \times k$ ottenuta accostando per colonna i k vettori $\mathbf{x}_1$, $\mathbf{x}_2$, ..., $\mathbf{x}_k$, e $\mathbf{a}$ è il vettore di componenti α_1, α_2, ..., α_k. Si conclude che:

> $\mathbf{x}$ *è combinazione lineare dei vettori* $\mathbf{x}_1$, $\mathbf{x}_2$, ..., $\mathbf{x}_k$ *se e solo se il sistema* $(*)$ *ammette almeno una soluzione.*

Sottospazi vettoriali

L'idea di spazio vettoriale può essere vista come un arricchimento dal punto di vista algebrico dell'idea di insieme. Viene da chiedersi se tale arricchimento si estenda anche ad un qualsiasi sottoinsieme di $\mathbb{R}^n$.

Le operazioni di addizione e di moltiplicazione per uno scalare, se sono definite su un insieme, lo sono anche solo su una sua parte. Tuttavia non è detto che l'applicazione di tali operazioni ad elementi di un sottoinsieme dia come risultato ancora elementi di tale sottoinsieme.

Definizione *Un sottoinsieme S di $\mathbb{R}^n$ si dice* **sottospazio vettoriale** *di $\mathbb{R}^n$ se una qualsiasi combinazione lineare di una qualsiasi coppia di suoi elementi appartiene ad S:*

$$\forall \mathbf{x}, \mathbf{y} \in S, \ \forall \alpha, \beta \in \mathbb{R}: \qquad \alpha \mathbf{x} + \beta \mathbf{y} \in S \ .$$

Se S è un sottospazio vettoriale di $\mathbb{R}^n$, valgono le seguenti conclusioni:

- il vettore nullo appartiene ad S
- se $\mathbf{x}$ è elemento di S, allora anche il suo opposto $-\mathbf{x}$ appartiene a S.

Se anche solo una di queste condizioni non è soddisfatta, allora l'insieme S non è un sottospazio di $\mathbb{R}^n$.

Insieme generato

Esiste un modo molto semplice per costruire uno spazio vettoriale a partire da un numero finito di vettori di $\mathbb{R}^n$.

Definizione *Assegnati k vettori $\mathbf{x}_1$, $\mathbf{x}_2$, ..., $\mathbf{x}_k \in \mathbb{R}^n$, l'insieme di tutte le loro combinazioni lineari si dice **insieme generato** da $\mathbf{x}_1$, $\mathbf{x}_2$, ..., $\mathbf{x}_k$, indicato con span $\{\mathbf{x}_1, \mathbf{x}_2, \ldots, \mathbf{x}_k\}$, ossia*

$$\text{span}\,\{\mathbf{x}_1, \mathbf{x}_2, \ldots, \mathbf{x}_k\} = \{\mathbf{x} \in \mathbb{R}^n : \ \mathbf{x} = \alpha_1\mathbf{x}_1 + \cdots + \alpha_k\mathbf{x}_k, \ \alpha_j \in \mathbb{R}\}\ .$$

Teorema *Sia V un sottospazio vettoriale di $\mathbb{R}^n$.*
Dati k vettori $\mathbf{x}_1$, $\mathbf{x}_2$, ..., $\mathbf{x}_k$ di V, l'insieme span $\{\mathbf{x}_1, \mathbf{x}_2, \ldots, \mathbf{x}_k\}$ è un sottospazio vettoriale di V.

Sistema di generatori

Definizione *Un insieme di k vettori $\mathbf{x}_1$, $\mathbf{x}_2$, ..., $\mathbf{x}_k$ di un sottospazio vettoriale V di $\mathbb{R}^n$ si dice un **sistema di generatori** (o **sostegno**) di V se ogni elemento di V si può esprimere come combinazione lineare di $\mathbf{x}_1$, $\mathbf{x}_2$, ..., $\mathbf{x}_k$, cioè se*

$$\text{span}\,\{\mathbf{x}_1, \mathbf{x}_2, \ldots, \mathbf{x}_k\} = V.$$

In generale, per stabilire se k vettori assegnati $\mathbf{x}_1$, $\mathbf{x}_2$, ..., $\mathbf{x}_k$ di un sottospazio vettoriale $V \subseteq \mathbb{R}^n$ costituiscono un sistema di generatori, bisogna mostrare che, per ogni $\mathbf{x} \in V$, il sistema lineare

$$\begin{pmatrix} x_{11} & x_{12} & \cdots & x_{1k} \\ x_{21} & x_{22} & \cdots & x_{2k} \\ \vdots & \vdots & \ddots & \vdots \\ x_{n1} & x_{n2} & \cdots & x_{nk} \end{pmatrix} \begin{pmatrix} \alpha_1 \\ \alpha_2 \\ \vdots \\ \alpha_k \end{pmatrix} = \begin{pmatrix} x_1 \\ x_2 \\ \vdots \\ x_n \end{pmatrix}$$

è possibile, cioè ammette almeno una soluzione.

Vettori linearmente indipendenti e dipendenti

Assegnati k vettori $\mathbf{x}_1$, $\mathbf{x}_2$, ..., $\mathbf{x}_k$ di $\mathbb{R}^n$, tutte e sole le loro combinazioni lineari costituiscono l'insieme span $\{\mathbf{x}_1, \mathbf{x}_2, \ldots, \mathbf{x}_k\}$.

Se però uno dei vettori $\mathbf{x}_1$, $\mathbf{x}_2$, ..., $\mathbf{x}_k$ può essere ottenuto come combinazione lineare dei rimanenti $k-1$, allora esso può essere considerato "superfluo", in quanto i rimanenti $k-1$ vettori sono sufficienti per generare l'insieme span $\{\mathbf{x}_1, \mathbf{x}_2, \dots, \mathbf{x}_k\}$.

Definizione *k vettori* $\mathbf{x}_1$, $\mathbf{x}_2$, ..., $\mathbf{x}_k$ *di* $\mathbb{R}^n$*, si dicono* **linearmente dipendenti** *se almeno uno di essi può essere espresso come combinazione lineare dei rimanenti, ossia se esistono un intero* $j \in \{1, 2, \dots, k\}$ *e* $k-1$ *scalari* α_1, α_2, ..., $\alpha_{j-1}, \alpha_{j+1}, \dots$, α_k *tali che*

$$\mathbf{x}_j = \alpha_1 \mathbf{x}_1 + \cdots + \alpha_{j-1}\mathbf{x}_{j-1} + \alpha_{j+1}\mathbf{x}_{j+1} + \cdots + \alpha_k \mathbf{x}_k.$$

Diversamente, i vettori si dicono **linearmente indipendenti***.*

Caratterizzazione dell'indipendenza lineare

Teorema *k vettori* $\mathbf{x}_1$, $\mathbf{x}_2$, ..., $\mathbf{x}_k$ *di* $\mathbb{R}^n$*, sono linearmente indipendenti se e solo se l'unica loro combinazione lineare nulla è quella a coefficienti tutti nulli, ossia se l'uguaglianza:*

$$\alpha_1 \mathbf{x}_1 + \alpha_2 \mathbf{x}_2 + \cdots + \alpha_k \mathbf{x}_k = \mathbf{0}$$

vale se e solo se

$$\alpha_1 = \alpha_2 = \cdots = \alpha_k = 0 \ .$$

Osservazione Dati k vettori $\mathbf{x}_1$, $\mathbf{x}_2$, ..., $\mathbf{x}_k$ di $\mathbb{R}^n$, se uno di questi può essere espresso come combinazione lineare dei rimanenti, non è affatto detto che ciò accada anche per tutti i restanti vettori.
Ad esempio, se consideriamo

$$\mathbf{x}_1 = \begin{pmatrix} 2 \\ 0 \end{pmatrix} \qquad \mathbf{x}_2 = \begin{pmatrix} 0 \\ 3 \end{pmatrix} \qquad \mathbf{x}_3 = \begin{pmatrix} 1 \\ 0 \end{pmatrix}$$

allora il terzo vettore è combinazione lineare dei primi due:

$$\mathbf{x}_3 = \frac{1}{2}\mathbf{x}_1 + 0 \cdot \mathbf{x}_2 \ .$$

Invece $\mathbf{x}_2$ non può essere espresso come combinazione lineare degli altri due. Infatti, se esistessero due scalari α_1 e α_2 tali che

$$\mathbf{x}_2 = \alpha_1 \mathbf{x}_1 + \alpha_2 \mathbf{x}_3$$

allora dovrebbe risultare

$$\begin{pmatrix} 0 \\ 3 \end{pmatrix} = \alpha_1 \begin{pmatrix} 2 \\ 0 \end{pmatrix} + \alpha_2 \begin{pmatrix} 1 \\ 0 \end{pmatrix} = \begin{pmatrix} 2\alpha_1 + \alpha_2 \\ 0 \end{pmatrix}$$

il che è impossibile, essendo $3 \neq 0$.

Dati k vettori $\mathbf{x}_1, \mathbf{x}_2, \ldots, \mathbf{x}_k$ di $\mathbb{R}^n$, se indichiamo con

$$X = (\mathbf{x}_1 | \mathbf{x}_2 | \cdots | \mathbf{x}_k)$$

la matrice che si ottiene accostando per colonna tali vettori, dal teorema di caratterizzazione della indipendenza lineare si conclude che:

- $\mathbf{x}_1, \mathbf{x}_2, \ldots, \mathbf{x}_k$ sono linearmente dipendenti se e solo se il sistema omogeneo $X\mathbf{a} = \mathbf{0}$ ammette almeno una soluzione non banale, ossia $r(X) \neq k$ (più precisamente $r(X) < k$)
- $\mathbf{x}_1, \mathbf{x}_2, \ldots, \mathbf{x}_k$ sono linearmente indipendenti se e solo se il sistema lineare omogeneo $X\mathbf{a} = \mathbf{0}$ ammette solo la soluzione nulla, ossia $r(X) = k$.

Rango di una matrice

Mediante la nozione di indipendenza lineare si può introdurre un'altra definizione di rango di una matrice che si dimostra essere equivalente a quella basata sulla nozione di minore.

Definizione *Si dice **rango** di una matrice $A \in M(m,n)$ il massimo numero di sue colonne (righe) linearmente indipendenti.*

Dati k vettori di $\mathbb{R}^n$, la matrice A ottenuta dal loro accostamento è di ordine $n \times k$. Poiché $r(A) \leq \min\{n,k\}$, possiamo concludere che se $k > n$ i vettori considerati sono sicuramente linearmente dipendenti, potendovi essere al massimo n vettori linearmente indipendenti.

Base di uno spazio vettoriale

Un sottospazio vettoriale V di $\mathbb{R}^n$ è caratterizzato da un qualsiasi suo sostegno, nel senso che un numero finito di vettori di V (gli elementi del sostegno) riesce a generare qualsiasi altro elemento di V.

Se i vettori di tale sostegno sono linearmente indipendenti si riesce di fatto ad ottenere il **minor** numero di vettori necessari per "costruire" tutto V.

Definizione *Un insieme di k vettori $\mathbf{x}_1, \mathbf{x}_2, \ldots, \mathbf{x}_k$ appartenenti ad un sottospazio vettoriale V di $\mathbb{R}^n$ si dice **base** di V se:*

- *è un sostegno di V*
- *i vettori $\mathbf{x}_1, \mathbf{x}_2, \ldots, \mathbf{x}_k$ sono linearmente indipendenti.*

Componenti di un vettore

Definizione *Fissata una base* $\{\mathbf{v}_1, \mathbf{v}_2, \ldots, \mathbf{v}_k\}$ *di uno spazio vettoriale* $V \subset \mathbb{R}^n$, k *scalari* α_1, α_2, ..., α_k, *si dicono* **componenti** *del vettore* $\mathbf{v} \in V$ *rispetto a tale base se:*

$$\mathbf{v} = \alpha_1 \mathbf{v}_1 + \alpha_2 \mathbf{v}_2 + \cdots + \alpha_k \mathbf{v}_k.$$

Fissata una base $\{\mathbf{v}_1, \mathbf{v}_2, \ldots, \mathbf{v}_k\}$ di uno spazio vettoriale $V \subseteq \mathbb{R}^n$, possiamo identificare ogni vettore $\mathbf{v} \in V$ con le sue componenti rispetto alla base scelta.

Infatti, se $\{\mathbf{v}_1, \mathbf{v}_2, \ldots, \mathbf{v}_k\}$ è una base di V, allora V è l'insieme delle combinazioni lineari dei vettori di tale base:

$$V = \operatorname{span}\{\mathbf{v}_1, \mathbf{v}_2, \ldots, \mathbf{v}_k\}$$

Poiché i vettori $\mathbf{v}_1$, $\mathbf{v}_2$, ..., $\mathbf{v}_k$ sono linearmente indipendenti, ogni elemento $\mathbf{v} \in V$ si rappresenta in modo unico come loro combinazione lineare.

In definitiva, ad ogni vettore $\mathbf{v} \in V$ corrisponde un unico insieme di scalari α_1, α_2, ..., α_k tali che

$$\mathbf{v} = \alpha_1 \mathbf{v}_1 + \alpha_2 \mathbf{v}_2 + \cdots + \alpha_k \mathbf{v}_k \ .$$

Base standard di $\mathbb{R}^n$

Definizione *Si chiama* **base standard** *(o* **base canonica**) *di* $\mathbb{R}^n$, *l'insieme di vettori* $\{\mathbf{e}_1, \mathbf{e}_2, \ldots, \mathbf{e}_n\}$, *con*

$$\mathbf{e}_1 = \begin{pmatrix} 1 \\ 0 \\ \vdots \\ 0 \end{pmatrix} \quad \mathbf{e}_2 = \begin{pmatrix} 0 \\ 1 \\ \vdots \\ 0 \end{pmatrix} \quad \cdots \quad \mathbf{e}_n = \begin{pmatrix} 0 \\ 0 \\ \vdots \\ 1 \end{pmatrix}.$$

Molteplicità delle basi

Un sottospazio (non banale) V di $\mathbb{R}^n$ in generale ammette infinite basi. Infatti, se $\{\mathbf{v}_1, \ldots, \mathbf{v}_k\}$ è una base di V, allora anche $\{\lambda \mathbf{v}_1, \ldots, \lambda \mathbf{v}_k\}$ è una base per V, qualunque sia lo scalare (reale) λ, purché diverso da zero.

Tale situazione pone almeno due problemi importanti:

- due basi differenti dello stesso sottospazio V hanno lo stesso numero di elementi?
- è possibile individuare una procedura automatica, un algoritmo, che permetta di passare da una base ad un'altra?

Entrambe le domande ricevono una risposta affermativa.

Teorema (sul numero di elementi di una base)   *Due basi differenti di uno stesso sottospazio vettoriale V di $\mathbb{R}^n$ hanno lo stesso numero di elementi.*

Cambiamento di base

Teorema   *Dato un vettore $\mathbf{v} \in \mathbb{R}^n$ di componenti v_1, v_2, ..., v_n rispetto ad una base $\mathbf{x}_1$, $\mathbf{x}_2$, ..., $\mathbf{x}_n$, le componenti u_1, u_2, ..., u_n dello stesso vettore $\mathbf{v}$ rispetto ad una nuova base $\mathbf{y}_1$, $\mathbf{y}_2$, ..., $\mathbf{y}_n$, si ottengono moltiplicando il vettore $\mathbf{v}$ per la matrice, detta **matrice di trasformazione**, le cui colonne sono le componenti dei vettori $\mathbf{x}_1$, $\mathbf{x}_2$, ..., $\mathbf{x}_n$ rispetto alla nuova base $\mathbf{y}_1$, $\mathbf{y}_2$, ..., $\mathbf{y}_n$.*

Dimensione di uno spazio vettoriale

Il fatto che due basi qualsiasi di uno stesso sottospazio vettoriale V di $\mathbb{R}^n$ abbiano ugual numero di elementi, rende tale numero una caratteristica peculiare di V.

Definizione   *Si dice **dimensione** di un sottospazio vettoriale V di $\mathbb{R}^n$, indicata con $\dim(V)$, il numero di elementi di una sua qualsiasi base.*

Teorema   *Siano V_1 e V_2 due sottospazi vettoriali di $\mathbb{R}^n$. Se $V_1 \subset V_2$, allora $\dim(V_1) < \dim(V_2)$.*

9.4 Funzioni lineari

Il concetto di funzione reale di variabile reale si estende facilmente al caso in cui il dominio e il codominio siano rispettivamente $\mathbb{R}^n$ ed $\mathbb{R}^m$, con n ed m numeri naturali ≥ 1.

Definizione   *Si dice che è definita una **funzione** $\mathbf{f}$ da $\mathbb{R}^n$ ad $\mathbb{R}^m$ e si scrive*

$$\mathbf{f} : \mathbb{R}^n \to \mathbb{R}^m$$

se è data una legge che ad ogni vettore $\mathbf{x} \in \mathbb{R}^n$ *associa uno ed uno solo vettore* $\mathbf{y} \in \mathbb{R}^m$.

Poiché $\mathbb{R}^n$ ed $\mathbb{R}^m$ sono spazi vettoriali, risultano particolarmente interessanti quelle funzioni che esprimono, come precisato dalla definizione, una compatibilità rispetto alle operazioni di addizione fra vettori e moltiplicazione di un vettore per uno scalare.

Definizione   *Una **funzione** $\mathbf{f} : \mathbb{R}^n \to \mathbb{R}^m$ si dice **lineare** se gode delle seguenti proprietà:*

- ***additività:*** $\forall \mathbf{x}, \mathbf{y} \in \mathbb{R}^n :$ $\mathbf{f}(\mathbf{x} + \mathbf{y}) = \mathbf{f}(\mathbf{x}) + \mathbf{f}(\mathbf{y})$
- ***omogeneità:*** $\forall \mathbf{x} \in \mathbb{R}^n, \ \forall \alpha \in \mathbb{R} :$ $\mathbf{f}(\alpha \mathbf{x}) = \alpha \mathbf{f}(\mathbf{x})$.

In modo equivalente, una funzione $\mathbf{f} : \mathbb{R}^n \to \mathbb{R}^m$ è lineare se e solo se $\forall \mathbf{x}, \mathbf{y} \in \mathbb{R}^n, \ \forall \alpha, \beta \in \mathbb{R}$,

$$\mathbf{f}(\alpha \mathbf{x} + \beta \mathbf{y}) = \alpha \mathbf{f}(\mathbf{x}) + \beta \mathbf{f}(\mathbf{y}) \ .$$

Teorema di rappresentazione

Il riconoscimento della linearità di una funzione mediante la definizione richiede la verifica delle proprietà di omogeneità e additività.

In alternativa, si può procedere più semplicemente esaminandone la legge analitica, quando disponibile.

Il teorema di rappresentazione che segue caratterizza infatti completamente le funzioni lineari sulla base della "forma" che assume la loro legge analitica, collegando lo studio delle funzioni lineari al calcolo matriciale.

Teorema   *Tutte e sole le funzioni lineari $\mathbf{f} : \mathbb{R}^n \to \mathbb{R}^m$ sono del tipo*

$$\mathbf{f}(\mathbf{x}) = A\mathbf{x}$$

con A matrice del tipo $m \times n$.
Fissate le basi in $\mathbb{R}^n$ e $\mathbb{R}^m$, la matrice A è unica.

Determinazione della matrice di rappresentazione

Dalla dimostrazione del teorema di rappresentazione si deduce che se $\mathbf{f} : \mathbb{R}^n \to \mathbb{R}^m$ è una funzione lineare ed in $\mathbb{R}^n$ e $\mathbb{R}^m$ si scelgono le basi standard, allora

$$A = (\mathbf{f}(\mathbf{e}_1) \,|\, \mathbf{f}(\mathbf{e}_2) \,|\, \ldots \,|\, \mathbf{f}(\mathbf{e}_3))$$

ossia le colonne della matrice A sono date dalle immagini tramite $\mathbf{f}$ dei vettori della base standard di $\mathbb{R}^n$.

Tutto ciò rappresenta un metodo per individuare la matrice che caratterizza una funzione lineare rispetto ad una data base.

Insieme immagine di una funzione lineare

Definizione *Si dice **insieme immagine** (o **immagine**) di una funzione $\mathbf{f} : \mathbb{R}^n \to \mathbb{R}^m$ lineare, il sottoinsieme di $\mathbb{R}^m$ dei vettori che sono immagine tramite $\mathbf{f}$ di almeno un vettore di $\mathbb{R}^n$:*

$$\mathrm{im}\,(\mathbf{f}) = \{\mathbf{y} \in \mathbb{R}^m : \ \mathbf{y} = \mathbf{f}\,(\mathbf{x}), \ \ \mathbf{x} \in \mathbb{R}^n\}.$$

Teorema *L'insieme immagine di una funzione lineare $\mathbf{f} : \mathbb{R}^n \to \mathbb{R}^m$ è un sottospazio vettoriale di $\mathbb{R}^m$.*

Rango di una funzione lineare

Poiché l'immagine di una funzione lineare $\mathbf{f} : \mathbb{R}^n \to \mathbb{R}^m$ è un sottospazio vettoriale di $\mathbb{R}^m$, esso avrà una certa dimensione che si dice **rango** di $\mathbf{f}$, indicato con $r\,(\mathbf{f})$, per il quale vale la doppia limitazione:

$$0 \le r\,(\mathbf{f}) \le m.$$

Inoltre, se $\mathbf{x} \in \mathbb{R}^n$ per la linearità di $\mathbf{f}$ possiamo scrivere

$$\mathbf{f}\,(\mathbf{x}) = \mathbf{f}\,(x_1\mathbf{e}_1 + x_2\mathbf{e}_2 + \cdots + x_n\mathbf{e}_n) =$$
$$= x_1\,\mathbf{f}\,(\mathbf{e}_1) + x_2\,\mathbf{f}\,(\mathbf{e}_2) + \cdots + x_n\,\mathbf{f}\,(\mathbf{e}_n).$$

Ciò significa che $\{\mathbf{f}\,(\mathbf{e}_1), \mathbf{f}\,(\mathbf{e}_2), \ldots, \mathbf{f}\,(\mathbf{e}_n)\}$ è un insieme di generatori per l'immagine di $\mathbf{f}$ e quindi

$$0 \le r\,(\mathbf{f}) \le n.$$

In conclusione, una funzione lineare trasforma uno spazio vettoriale in un altro spazio vettoriale che ha dimensione (finita) uguale o minore di quello di partenza.

Determinazione del rango di una funzione lineare

La determinazione del rango di una funzione lineare $\mathbf{f} : \mathbb{R}^n \to \mathbb{R}^m$ non è particolarmente complessa se si ha a disposizione la sua rappresentazione matriciale.

Infatti, se $\mathbf{f}(\mathbf{x}) = A\mathbf{x}$, con $A = (\mathbf{a}_1|\mathbf{a}_2|\cdots|\mathbf{a}_n)$, matrice di ordine $m \times n$, si può scrivere

$$\mathbf{f}(\mathbf{x}) = x_1\mathbf{a}_1 + x_2\mathbf{a}_2 + \cdots + x_n\mathbf{a}_n$$

cioè ogni elemento dell'insieme immagine di $\mathbf{f}$ è combinazione lineare delle colonne di A. Ciò significa che il rango di $\mathbf{f}$ coincide con il rango della matrice A.

Determinazione dell'insieme immagine di una funzione lineare

Se $\mathbf{f} : \mathbb{R}^n \to \mathbb{R}^m$ è una funzione lineare, un vettore $\mathbf{y} \in \mathbb{R}^m$ appartiene all'insieme immagine di $\mathbf{f}$ se esiste almeno una soluzione dell'equazione $\mathbf{f}(\mathbf{x}) = \mathbf{y}$.

In termini matriciali, se $\mathbf{f}(\mathbf{x}) = A\mathbf{x}$, con $A \in M(m,n)$, allora $\mathbf{y}$ appartiene a im($\mathbf{f}$) se e solo se esiste almeno una soluzione dell'equazione

$$A\mathbf{x} = \mathbf{y}.$$

Determinazione di una base dell'insieme immagine

La descrizione completa dell'insieme immagine di una funzione lineare $\mathbf{f}(\mathbf{x}) = A\mathbf{x}$ può avvenire una volta che si sia individuata una base di tale insieme.

Ma da quanto detto a proposito della determinazione del rango di una funzione lineare, una base di im($\mathbf{f}$) è data da un qualsiasi insieme di vettori colonna di A che siano linearmente indipendenti e in numero pari a $r(A)$.

Nucleo di una funzione lineare

Definizione   *Data un'applicazione lineare* $\mathbf{f} : \mathbb{R}^n \to \mathbb{R}^m$, *si dice* **nucleo**, *indicato con* $N(\mathbf{f})$ *(o* ker($\mathbf{f}$)*) l'insieme degli zeri di* $\mathbf{f}$, *cioè:*

$$N(\mathbf{f}) = \{\mathbf{x} \in \mathbb{R}^n : \mathbf{f}(\mathbf{x}) = \mathbf{0}\}.$$

Si noti che al nucleo appartiene sempre almeno il vettore nullo.

Teorema   *Il nucleo* $N(\mathbf{f})$ *di un'applicazione lineare* $\mathbf{f} : \mathbb{R}^n \to \mathbb{R}^m$ *è un sottospazio vettoriale di* $\mathbb{R}^n$.

Determinazione del nucleo di una funzione lineare

Dato che il nucleo $N(\mathbf{f})$ di un'applicazione lineare $\mathbf{f} : \mathbb{R}^n \to \mathbb{R}^m$ è un sottospazio vettoriale di $\mathbb{R}^n$, la sua completa descrizione può avvenire individuandone una base (e quindi anche la dimensione).

Grazie al teorema di rappresentazione di una funzione lineare, si conclude che un vettore $\mathbf{x} \in \mathbb{R}^n$ appartiene a $N(\mathbf{f})$ se e solo se è soluzione del sistema lineare omogeneo

$$A\mathbf{x} = \mathbf{0}$$

ove A è la matrice $m \times n$ che rappresenta $\mathbf{f}$.

Per individuare un base di $N(\mathbf{f})$, si risolve (ove possibile) tale sistema, determinando poi una base dello spazio delle soluzioni.

Relazione fra le dimensioni di dominio, immagine e nucleo di una funzione lineare

Una funzione lineare $\mathbf{f} : \mathbb{R}^n \to \mathbb{R}^m$ trasforma uno spazio vettoriale (il suo dominio) in un altro spazio vettoriale (il suo insieme immagine): la dimensione dell'insieme immagine non può essere maggiore della dimensione del suo dominio.

Ciò, per la definizione di dipendenza lineare tra vettori, implica che ci sono vettori di una base di $\mathbb{R}^n$ la cui immagine tramite $\mathbf{f}$ fornisce per combinazione lineare il vettore nullo.

In altre parole, "la dimensione persa" fornisce la dimensione del nucleo di $\mathbf{f}$.

Teorema *Se* $\mathbf{f} : \mathbb{R}^n \to \mathbb{R}^m$ *è una funzione lineare, allora:*

$$n = \dim \mathrm{im}(\mathbf{f}) + \dim N(\mathbf{f}) .$$

Suriettività di una funzione lineare

Definizione *Una funzione lineare* $\mathbf{f} : \mathbb{R}^n \to \mathbb{R}^m$ *si dice* ***suriettiva*** *se il suo insieme immagine* $\mathrm{im}(\mathbf{f})$ *coincide con* $\mathbb{R}^m$.

Poiché l'insieme immagine di una funzione lineare $\mathbf{f} : \mathbb{R}^n \to \mathbb{R}^m$ è un sottospazio vettoriale di $\mathbb{R}^m$, la suriettività si può esprimere in termini della dimensione dell'insieme immagine:

$$\dim \mathrm{im}(\mathbf{f}) = m.$$

Grazie al teorema sulle dimensioni si possono trarre facilmente delle condizioni di suriettività:

- Se $m > n$, allora $\mathbf{f}$ non può essere suriettiva.
- Se $m = n$, allora $\mathbf{f}$ può essere suriettiva se e solo se al suo nucleo appartiene solo il vettore nullo: $N(\mathbf{f}) = \{\mathbf{0}\}$.

Iniettività di una funzione lineare

Definizione *Una funzione lineare* $\mathbf{f} : \mathbb{R}^n \to \mathbb{R}^m$ *si dice **iniettiva** se, per ogni* $\mathbf{x}_1, \mathbf{x}_2 \in \mathbb{R}^n$, *vale l'implicazione*

$$\mathbf{f}(\mathbf{x}_1) = \mathbf{f}(\mathbf{x}_2) \quad \Rightarrow \quad \mathbf{x}_1 = \mathbf{x}_2.$$

Teorema *Una funzione lineare* $\mathbf{f} : \mathbb{R}^n \to \mathbb{R}^m$ *è iniettiva se e solo se* $N(\mathbf{f}) = \{\mathbf{0}\}$.

Riepiloghiamo i legami tra dimensione di dominio e codominio di una funzione lineare $\mathbf{f} : \mathbb{R}^n \to \mathbb{R}^m$ e la sua eventuale iniettività e suriettività:

- se $m > n$ $\mathbf{f}$ non può essere suriettiva, può essere iniettiva

- se $m = n$ $\mathbf{f}$ è suriettiva se e solo se è iniettiva

- se $m < n$ $\mathbf{f}$ può essere suriettiva, non può essere iniettiva

10. Funzioni di più variabili reali

10.1 Insiemi in $\mathbb{R}^2$

Per poter intraprendere lo studio delle funzioni reali di più variabili reali è opportuno acquisire un minimo di confidenza, almeno da un punto di vista "geometrico" con l'idea di insieme in $\mathbb{R}^2$.

Gli argomenti che qui svilupperemo esclusivamente in $\mathbb{R}^2$ si possono estendere senza particolari difficoltà al caso più generale di $\mathbb{R}^n$, con $n > 2$.

Affrontiamo, presentando alcuni esempi, il problema di rappresentare geometricamente in $\mathbb{R}^2$ insiemi descritti da equazioni e disequazioni in due incognite.

Struttura topologica su $\mathbb{R}^2$

La costruzione di una struttura topologica, basata sulla nozione di intorno, rappresenta il primo passo per l'introduzione dell'operazione di limite.

A differenza di quanto accade a proposito della struttura algebrica, il passaggio da $\mathbb{R}$ a $\mathbb{R}^2$ non comporta particolari novità concettuali.

Intorno

Definizione *Dato un punto $(x_0, y_0) \in \mathbb{R}^2$ si dice suo intorno circolare di raggio δ, $\delta > 0$, indicato con $B_\delta(x_0, y_0)$, l'insieme dei punti $(x, y) \in \mathbb{R}^2$ che distano da (x_0, y_0) meno di δ:*

$$B_\delta(x_0, y_0) = \left\{ (x, y) \in \mathbb{R}^2 : \sqrt{(x - x_0)^2 + (y - y_0)^2} < \delta \right\}.$$

I punti appartenenti ad un intorno $B_\delta(x_0, y_0)$ per definizione sono i punti interni al cerchio di centro (x_0, y_0) e raggio δ.

Per tale motivo, per indicare un intorno $B_\delta(x_0, y_0)$ parleremo anche di **palla** o **disco**.

Punti interni, esterni e di frontiera

L'introduzione della nozione di intorno permette di "raffinare" la nozione di appartenenza o non appartenenza di un punto ad un insieme di $\mathbb{R}^2$, a partire da ciò che accade "vicino" al punto dato.

Punti interni

Definizione *Un punto* $(x_0, y_0) \in \mathbb{R}^2$ *si dice **punto interno** all'insieme* $X \subseteq \mathbb{R}^2$ *se esiste un suo intorno* $B_\delta (x_0, y_0)$ *contenuto in* X.
L'insieme dei punti interni di un insieme $X \subseteq \mathbb{R}^2$, *si dice **interno** di* X, *indicato con* $\overset{\circ}{X}$.

Di fatto, la nozione di punto interno ad un insieme cattura l'idea di punto che appartiene ad un certo insieme e tale che "spostandosi" di poco a partire dal punto si trovano solo elementi dell'insieme.

Punti esterni

Definizione *Un punto* $(x_0, y_0) \in \mathbb{R}^2$ *si dice **punto esterno** all'insieme* $X \subseteq \mathbb{R}^2$ *se esiste un suo intorno* $B_\delta (x_0, y_0)$ *contenuto nel complementare di* X.

Intuitivamente, un punto è esterno ad un insieme quando non appartiene a tale insieme e spostandosi di poco da esso si trovano solo punti non appartenenti all'insieme considerato.

Punti di frontiera

Definizione *Un punto* $(x_0, y_0) \in \mathbb{R}^2$ *si dice **punto di frontiera** per l'insieme* $X \subseteq \mathbb{R}^2$ *se ad ogni suo intorno* $B_\delta (x_0, y_0)$ *appartengono sia punti di* X *sia punti del suo complementare* X^C.
L'insieme dei punti di frontiera di un insieme $X \subseteq \mathbb{R}^2$, *si dice **frontiera** di* X, *indicato con* ∂X.

La nozione di punto di frontiera si può considerare intermedia tra quella di punto interno ed esterno. Vicino quanto si vuole ad un punto di frontiera si trovano sia punti dell'insieme sia punti del suo complementare. Equivalentemente, se ci si "sposta di poco" a partire da un punto di frontiera, ci si può ritrovare nell'insieme o nel suo complementare.

Insiemi aperti, chiusi

Definizione *Un insieme non vuoto $X \subseteq \mathbb{R}^2$ si dice:*

- *insieme aperto se ogni suo punto è punto interno:*

$$X \subseteq \mathbb{R}^2 \text{ aperto} \quad \Leftrightarrow \quad X = \overset{\circ}{X}$$

- *insieme chiuso se il suo complementare X^C è aperto.*

Insiemi chiusi e frontiera

Teorema *Un insieme $X \subseteq \mathbb{R}^2$ è chiuso se e solo se contiene la sua frontiera.*

Il teorema suggerisce la seguente strategia per stabilire se un insieme $X \subseteq \mathbb{R}^2$ è chiuso: per prima cosa si determina la sua frontiera ∂X, successivamente si controlla se questa è sottoinsieme di X.

Punti di accumulazione, punti isolati

Un modo per discriminare fra elementi di $\mathbb{R}^2$ con riferimento alla loro "posizione" rispetto ad un insieme X è quello di stabilire se, vicino quanto si vuole, si trovano elementi di X oppure no. Questa distinzione è alla base della costruzione dell'operazione di limite.

Punti di accumulazione

Definizione *Un punto $(x_0, y_0) \in \mathbb{R}^2$ si dice **punto di accumulazione** per un insieme $X \subseteq \mathbb{R}^2$ se ogni suo intorno $B_\delta (x_0, y_0)$ contiene almeno un punto di X distinto da (x_0, y_0).*
*L'insieme dei punti di accumulazione di X si dice **derivato** di X, indicato con X'.*

Punti di accumulazione ed insiemi chiusi

Teorema *Un insieme $X \subseteq \mathbb{R}^2$ è chiuso se e solo se contiene il proprio derivato:*
$$X \subseteq \mathbb{R}^2 \quad chiuso \quad \Leftrightarrow \quad X' \subseteq X.$$

Punti isolati

Definizione *Un punto $(x_0, y_0) \in X$, $X \subseteq \mathbb{R}^2$, si dice **punto isolato***

di X se esiste almeno un suo intorno $B_\delta(x_0, y_0)$ che non contiene altri punti di X.

Insiemi limitati

Per insiemi in $\mathbb{R}$ l'idea di limitatezza è stata ricondotta alla possibilità di trovare una "barriera" inferiore e superiore.

In $\mathbb{R}^2$, non disponendo di una struttura d'ordine, è opportuno ricondurre tale nozione all'idea di poter "inscatolare" un insieme con un intorno.

Definizione *Un insieme $X \subseteq \mathbb{R}^2$ si dice insieme **limitato** se esiste un intorno dell'origine che lo contiene:*

$$X \subseteq \mathbb{R}^2 \quad limitato \quad \Leftrightarrow \quad \exists \delta > 0 : \ X \subseteq B_\delta(0,0).$$

*Un insieme $X \subseteq \mathbb{R}^2$ non limitato si dice **illimitato**.*

Osserviamo che:

- Nella definizione di insieme limitato si potrebbe scegliere un intorno di un qualsiasi punto, non necessariamente dell'origine.
- Se $X \subseteq \mathbb{R}^2$ è un insieme limitato, allora il suo complementare X^C è necessariamente illimitato, mentre non è detto il viceversa.
- Poiché in $\mathbb{R}^2$ non è disponibile una struttura d'ordine totale compatibile con la struttura algebrica, non ha più senso parlare di insieme limitato inferiormente e/o superiormente.
- $\mathbb{R}^2$ è un insieme illimitato.

10.2 Funzioni reali di più variabili reali

La descrizione della relazione fra due grandezze numeriche fornita dalla nozione di funzione reale di variabile reale non sempre risulta adeguata. Spesso nelle applicazioni si incontrano relazioni che coinvolgono "in ingresso" i valori di due o più grandezze numeriche.
Ad esempio:

- il livello di **produzione** di un bene e il livello di **capitale** e **lavoro** necessari alla produzione
- l'**utilità** che deriva da un certo investimento finanziario e il **rendimento** e la **rischiosità** di tale investimento

- l'**area** di un rettangolo e la **base** e l'**altezza** del rettangolo.

Definizione *Diciamo che è assegnata una **funzione reale di due variabili reali**, indicata con*

$$f : X \to \mathbb{R}, \quad X \subseteq \mathbb{R}^2$$

se è data una legge f che ad ogni elemento (x, y) di un insieme $X \subseteq \mathbb{R}^2$ associa uno ed uno solo numero reale.

Dominio naturale

Se è assegnata solo una legge che ad elementi di $\mathbb{R}^2$, fa corrispondere uno ed uno solo numero reale, ci si può chiedere quale sia il più "ampio" insieme $X \subseteq \mathbb{R}^2$ sul quale ha senso tale legge. Tale insieme X prende allora il nome di **dominio naturale** della funzione che risulta così definita.

Le "regole" per la determinazione del dominio naturale di una legge dipendente da più variabili sono le stesse già note per funzioni di una variabile reale.

Per funzioni definite su sottoinsiemi di $\mathbb{R}^2$ è opportuno ricorrere ad una visualizzazione del dominio, avendo in generale a che fare con sistemi di equazioni e/o disequazioni in due variabili.

Insiemi di livello

Ad una funzione $f : X \to \mathbb{R}$ di più variabili reali sono associati i concetti di insieme immagine e di grafico. La determinazione di quest'ultimo in generale risulta un problema troppo difficile da affrontare (si osservi che la rappresentazione mediante un disegno è possibile solo se $X \subseteq \mathbb{R}^2$).

Informazioni utili sull'andamento di f si possono però ricavare studiando i suoi insiemi di livello.

Definizione *Data una funzione $f : X \to \mathbb{R}$, $X \subseteq \mathbb{R}^2$, e un numero reale α, si dice **insieme di livello** α di f, indicato con $\mathrm{lev}_{=\alpha}(f)$, l'insieme degli elementi del dominio X che hanno per immagine α:*

$$\mathrm{lev}_{=\alpha}(f) = \{(x, y) \in X : \ f(x, y) = \alpha\}.$$

10.3 Limiti e continuità

L'introduzione dell'operazione di limite per funzioni di più variabili reali, se da un punto di vista concettuale non presenta particolari difficoltà aggiuntive rispetto a quella per funzioni di una sola variabile reale, risulta particolarmente "onerosa" dal punto di vista della sua applicazione. Infatti, a parte i casi più semplici per i quali si può operare come già noto nel caso di una sola variabile indipendente, la soluzione di casi più complessi esula dagli scopi di questo corso.

La trattazione che segue sarà quindi volutamente contenuta e sommaria, al solo scopo di illustrare rapidamente i principali punti inerenti la nozione di limite e continuità.

Definizione *Sia $f : X \to \mathbb{R}$, $X \subseteq \mathbb{R}^2$, e $(x_0, y_0) \in \mathbb{R}^2$ un punto di accumulazione per X. Si dice che f ammette **limite** $L \in \mathbb{R} \cup \{\pm\infty\}$ quando (x, y) tende a (x_0, y_0) e si scrive*

$$\lim_{(x,y)\to(x_0,y_0)} f(x,y) = L$$

se, per ogni intorno U di L, esiste un corrispondente intorno $B_\delta(x_0, y_0)$ di (x_0, y_0) tale che per ogni (x, y) appartenente a $B_\delta(x_0, y_0) \cap X$, con $(x, y) \neq (x_0, y_0)$, si ha $f(x, y) \in U$.

Teoremi sui limiti

Con dimostrazione del tutto analoga ai corrispondenti risultati per funzioni di una variabile reale, valgono i teoremi di unicità del limite, della permanenza del segno, del confronto. Valgono altresì i teoremi sull'algebra dei limiti.

Perde di senso invece il teorema di esistenza del limite per funzioni monotòne.

Ne consegue in particolare che il calcolo dei limiti avviene nei casi "coperti" dal comportamento delle funzioni elementari e dai teoremi sui limiti in maniera del tutto analoga a quanto noto per le funzioni di una variabile.

Le situazioni non risolvibili mediante i teoremi sull'algebra dei limiti, in presenza di più variabili possono diventare estremamente complicate. Il motivo è legato al fatto che ciascuna delle variabili presenti è indipendente dalle altre e perciò non è più immediata, anche in presenza di sole potenze, la valutazione dell'importanza di un termine rispetto ad un altro.

Ad esempio, consideriamo il

$$\lim_{(x,y)\to(0,0)} \frac{x}{y}.$$

Si potrebbe pensare che tale limite valga 1, in quanto ogni variabile ha ugual esponente. Ciò facendo, ci si dimentica che il modo di andare a zero delle due variabili è indipendente. Il limite esiste se, qualunque sia il modo di tendere a zero delle variabili, si ritrova sempre lo stesso risultato. Ma così non è in questo caso. Infatti:

se $y = 3x$ allora $\lim_{x\to 0} \dfrac{x}{3x} = \dfrac{1}{3}$

se $y = 3x^3$ allora $\lim_{x\to 0} \dfrac{x}{3x^3} = +\infty$

e la presenza di almeno due risultati differenti ci dice (grazie al teorema di unicità del limite) che il limite in questione non esiste.

Continuità

Definizione *Una **funzione** $f : X \to \mathbb{R}$, $X \subseteq \mathbb{R}^2$, si dice **continua** in $(x_0, y_0) \in X \cap X'$, se*

$$\lim_{(x,y)\to(x_0,y_0)} f(x,y) = f(x_0, y_0).$$

Inoltre, f è continua per definizione in ogni punto isolato di X.
Una funzione $f : X \to \mathbb{R}$, $X \subseteq \mathbb{R}^2$, si dice continua sull'insieme X se è continua in ogni punto di X che è di accumulazione per X.

La definizione di continuità per funzioni di più variabili coincide formalmente con quella nota per funzioni di una variabile reale.

L'accertamento in concreto della continuità avviene facilmente quando si ha a che fare con funzioni elementari o situazioni anche più complesse ma contemplate da alcuni teoremi: continuano infatti a valere i teoremi sull'algebra delle funzioni continue e sulla composizione di funzioni continue.

Negli altri casi si incontrano le stesse difficoltà già viste a proposito del calcolo dei limiti.

10.4 Calcolo differenziale

La nozione di derivata per funzioni di una sola variabile reale è stata sviluppata a partire dalla definizione del suo rapporto incrementale a partire da un punto.

Se ora consideriamo una funzione di due variabili reali e un punto (x_0, y_0) interno al proprio dominio, in corrispondenza ad un nuovo punto (x, y) del dominio è facile determinare la variazione assoluta di f:

$$\Delta f = f(x, y) - f(x_0, y_0).$$

Tuttavia, la costruzione di un rapporto incrementale si scontra con la difficoltà di stabilire che cosa si debba intendere per "incremento della variabile indipendente".

Il modo più semplice per superare tale difficoltà è quello di considerare solo particolari spostamenti "muovendo" una sola delle variabili indipendenti e tenendo costante l'altra.

Derivate parziali prime

Definizione   *Sia* $f : X \to \mathbb{R}$, $X \subseteq \mathbb{R}^2$, *e* (x_0, y_0) *un punto interno ad* X.

Diciamo che f *ammette* **derivata parziale prima rispetto ad** x *nel punto* (x_0, y_0) *se esiste finito il limite del rapporto incrementale di* f *a partire dal punto* (x_0, y_0), *ottenuto incrementando la sola variabile* x, *per l'incremento che tende a* 0:

$$\lim_{h \to 0} \frac{f(x_0 + h, y_0) - f(x_0, y_0)}{h}.$$

In tal caso, il valore di tale limite si dice **derivata parziale prima** *di* f *rispetto ad* x *nel punto* (x_0, y_0), *indicata con una delle seguenti notazioni equivalenti*

$$\frac{\partial f}{\partial x}(x_0, y_0) \qquad f_x(x_0, y_0) \qquad D_x f(x_0, y_0).$$

Analogamente, diciamo che f *ammette* **derivata parziale prima rispetto ad** y *nel punto* (x_0, y_0) *se esiste finito il limite del rapporto incrementale di* f *a partire dal punto* (x_0, y_0), *ottenuto incrementando* *la sola variabile y, per l'incremento che tende a 0:*

$$\lim_{k \to 0} \frac{f(x_0, y_0 + k) - f(x_0, y_0)}{k}.$$

*In tal caso, il valore di tale limite si dice **derivata parziale prima di** f rispetto ad y nel punto (x_0, y_0), indicata con una delle seguenti notazioni equivalenti*

$$\frac{\partial f}{\partial y}(x_0, y_0) \qquad\qquad f_y(x_0, y_0) \qquad\qquad D_y f(x_0, y_0).$$

*Una funzione $f : X \to \mathbb{R}$, $X \subseteq \mathbb{R}^2$, si dice **derivabile nel punto** (x_0, y_0) interno ad X se in tale punto ammette derivate parziali sia rispetto ad x, sia rispetto ad y.*

Calcolo delle derivate parziali

Consideriamo una funzione $f : X \to \mathbb{R}$, $X \subseteq \mathbb{R}^2$, e un punto (x_0, y_0) interno ad X. È possibile così trovare due numeri positivi δ e ε tali che il **rettangolo**

$$[x_0 - \delta, x_0 + \delta] \times [y_0 - \varepsilon, y_0 + \varepsilon]$$

sia contenuto in X.

Fissato y_0, risulta così definita una funzione g della sola variabile x che, al variare di quest'ultima, associa i valori che la funzione f assume:

$$g : [x_0 - \delta, x_0 + \delta] \to \mathbb{R} \qquad g(x) = f(x, y_0).$$

Allora, per definizione, f ammette derivata parziale rispetto ad x nel punto (x_0, y_0) se e solo se la funzione g è derivabile nel punto x_0 e

$$\frac{\partial f}{\partial x}(x_0, y_0) = g'(x_0).$$

Con ragionamento analogo riferito alla variabile y, si definisce la funzione di una variabile reale

$$h : [y_0 - \varepsilon, y_0 + \varepsilon] \to \mathbb{R} \qquad h(y) = f(x_0, y)$$

ed f ammette derivata parziale rispetto ad y nel punto (x_0, y_0) se e solo se h è derivabile nel punto y_0 con

$$\frac{\partial f}{\partial y}(x_0, y_0) = h'(y_0).$$

Il fatto che lo studio della derivabilità parziale e il calcolo delle derivate parziali di una funzione di più variabili reali sia un problema unidimensionale permette di concludere che:

- se $f(x, y_0)$ e/o $f(x_0, y)$ sono funzioni elementari, allora f ammette derivata parziale rispetto ad x e/o y
- valgono le "solite" regole di derivazione note per funzioni di una variabile reale
- valgono i teoremi sulla somma, differenza, prodotto e quoziente di funzioni derivabili, nonché sulla derivabilità di funzioni composte.

Attenzione: È importante ricordare, come accade per funzioni di una variabile reale, che si può derivare mediante le regole di derivazione solo quando si hanno a disposizione informazioni sulla derivabilità della funzione in esame. Diversamente si rischia di trarre conclusioni sbagliate.

Ad esempio, la funzione definita da $f(x, y) = \sqrt{x} \log y$ parrebbe non derivabile rispetto a x quando $x = 0$ in quanto l'espressione

$$\frac{\partial f}{\partial x}(x, y) = \frac{1}{2\sqrt{x}} \log y$$

perde di significato.

In realtà ciò non è sempre vero; se $(x, y) = (0, 1)$ si ottiene (per $h > 0$)

$$\frac{f(h, 1) - f(0, 1)}{h} = \frac{\sqrt{h} \log 1}{h} = \frac{0}{h} = 0$$

e quindi

$$\frac{\partial f}{\partial x}(0, 1) = 0 \ .$$

Derivabilità e continuità

La nozione di derivata parziale si basa sul controllo del rapporto incrementale di una funzione a partire da un punto, lungo le direzioni parallele agli assi coordinati. Lungo tali direzioni è garantita la continuità della funzione considerata ma, in generale, nulla si può dire sulla continuità di tale funzione nel punto scelto.

Ad esempio, la funzione

$$f : \mathbb{R}^2 \to \mathbb{R} \qquad f(x, y) = \begin{cases} 1 & xy \neq 0 \\ 0 & xy = 0 \end{cases}$$

è ovviamente discontinua in $(0, 0)$ ma, essendo nulla lungo gli assi, ammette in $(0,0)$ derivate parziali nulle:

$$\frac{\partial f}{\partial x}(0,0) = \frac{\partial f}{\partial y}(0,0) = 0.$$

Derivate parziali seconde

Se $f : X \to \mathbb{R}$, $X \subseteq \mathbb{R}^2$, è una funzione derivabile rispetto ad x, risulta definita una funzione, indicata con f_x che ad ogni (x,y) appartenente ad X associa la derivata parziale di f rispetto ad x in X:

$$f_x : X \to \mathbb{R} \qquad f_x(x,y) = \frac{\partial f}{\partial x}(x,y).$$

È naturale chiedersi se la funzione di due variabili reali f_x sia essa stessa una funzione derivabile (sia rispetto ad x, sia rispetto ad y).

Definizione   *Sia $f : X \to \mathbb{R}$, $X \subseteq \mathbb{R}^2$, una funzione derivabile rispetto ad x in un intorno $B_\delta(x_0, y_0)$ del punto $(x_0, y_0) \in \overset{\circ}{X}$:*

- *diciamo che f è **derivabile due volte in** (x_0, y_0) **rispetto a** x, se esiste finito il limite del rapporto incrementale di f_x rispetto alla variabile x a partire dal punto (x_0, y_0):*

$$\lim_{h \to 0} \frac{f_x(x_0 + h, y_0) - f_x(x_0, y_0)}{h}.$$

*Il valore di tale limite si dice **derivata parziale seconda pura** di f in (x_0, y_0) rispetto ad x, indicata con una delle notazioni equivalenti:*

$$\frac{\partial^2 f}{\partial x^2}(x_0, y_0) \qquad f_{xx}(x_0, y_0) \qquad D_{11}f(x_0, y_0);$$

- *diciamo che f è **derivabile due volte in** (x_0, y_0) **rispetto a** x **e** y se esiste finito il limite del rapporto incrementale di f_x rispetto alla variabile y a partire dal punto (x_0, y_0):*

$$\lim_{k \to 0} \frac{f_x(x_0, y_0 + k) - f_x(x_0, y_0)}{k}.$$

*Il valore di tale limite si dice **derivata parziale seconda mista** di f in (x_0, y_0) rispetto ad x e y, indicata con una delle notazioni equivalenti:*

$$\frac{\partial^2 f}{\partial x \partial y}(x_0, y_0) \qquad f_{xy}(x_0, y_0) \qquad D_{12}f(x_0, y_0).$$

Scambiando i ruoli di x e y si perviene alla nozione di derivabilità due volte di f rispetto a y o rispetto ad y e ad x e di:

- **derivata parziale seconda pura di f rispetto a y:**

$$\frac{\partial^2 f}{\partial y^2}(x_0, y_0) \qquad\qquad f_{yy}(x_0, y_0) \qquad\qquad D_{22}f(x_0, y_0)\,.$$

- **derivata parziale seconda mista di f rispetto a y e x:**

$$\frac{\partial^2 f}{\partial y \partial x}(x_0, y_0) \qquad\qquad f_{yx}(x_0, y_0) \qquad\qquad D_{21}f(x_0, y_0)\,.$$

Funzioni derivabili due volte

Definizione *Una funzione $f : X \to \mathbb{R}$, $X \subseteq \mathbb{R}^2$, si dice:*

- **derivabile due volte nel punto** (x_0, y_0), *interno ad X, se risulta derivabile due volte rispetto ad ogni variabile.*
- **derivabile due volte in** X, *se risulta derivabile due volte in ogni punto di X.*
- **derivabile due volte con continuità in** X, *se in ogni punto di X ammette derivate parziali seconde continue. In tal caso scriveremo $f \in C^2(X)$.*

Matrice hessiana

Definizione *Data una funzione $f : X \to \mathbb{R}$, $X \subseteq \mathbb{R}^2$, derivabile due volte nel punto (x_0, y_0) interno ad X, si dice **matrice hessiana** di f in (x_0, y_0), la tabella di due righe e due colonne, indicata con $H_f(x_0, y_0)$, che raccoglie ordinatamente le derivate parziali seconde di f in (x_0, y_0):*

$$H_f(x_0, y_0) = \begin{pmatrix} f_{xx}(x_0, y_0) & f_{xy}(x_0, y_0) \\ f_{yx}(x_0, y_0) & f_{yy}(x_0, y_0) \end{pmatrix}\,.$$

Teorema di Schwarz

Gli esempi di calcolo delle derivate seconde di funzioni di due variabili suggeriscono che vi sia uguaglianza fra le derivate miste. Questo fatto in realtà non è di natura generale anche se riguarda tutte le funzioni "abbastanza regolari".

In questi casi, il calcolo delle derivate miste si "velocizza", dimezzandosi il numero delle derivate seconde miste da calcolare.

Teorema *Assegnata una funzione $f : X \to \mathbb{R}$, $X \subseteq \mathbb{R}^2$, se le derivate seconde miste f_{xy} e f_{yx} esistono in un intorno di un punto (x_0, y_0) interno ad X, e sono continue in (x_0, y_0), allora esse risultano uguali in (x_0, y_0):*

$$f_{xy}(x_0, y_0) = f_{yx}(x_0, y_0).$$

10.5 Ottimizzazione libera

A differenza di quanto accade nel caso di funzioni reali di una sola variabile reale, lo studio di alcune proprietà di una funzione (segno, limiti, monotonia, ecc.) al fine di tracciarne il grafico non risulta, in generale, un obiettivo significativo o comunque raggiungibile nel caso di funzioni reali di più variabili reali.

Di grande interesse, soprattutto per le applicazioni, risulta invece la ricerca di eventuali punti di massimo e/o minimo.

Il calcolo differenziale consente di ottenere strumenti per la ricerca di tali punti concettualmente analoghi ai corrispondenti strumenti sviluppati nel caso di funzioni dipendenti da una sola variabile reale.

Estremanti

Definizione *Sia $f : X \to \mathbb{R}$, $X \subseteq \mathbb{R}^2$, una funzione. Un punto $(x_0, y_0) \in X$ si dice, rispettivamente:*

- *punto di massimo relativo per f se esiste un suo intorno $B_\delta(x_0, y_0)$ tale che*

$$f(x_0, y_0) \geq f(x, y) \qquad \forall (x, y) \in B_\delta(x_0, y_0) \cap X$$

- *punto di massimo assoluto per f se*

$$f(x_0, y_0) \geq f(x, y) \qquad \forall (x, y) \in X$$

- *punto di minimo relativo per f se esiste un suo intorno $B_\delta(x_0, y_0)$ tale che*

$$f(x_0, y_0) \leq f(x, y) \qquad \forall (x, y) \in B(x_0, y_0) \cap X$$

- *punto di minimo assoluto per f se*

$$f(x_0, y_0) \leq f(x, y) \qquad \forall (x, y) \in X.$$

*Se le disuguaglianze precedenti, per $(x, y) \neq (x_0, y_0)$, sono strette (cioè vale $>$ oppure $<$), si parla di **massimo** o **minimo forte**, mentre nei casi precedenti si parla di **massimo** o **minimo debole**.*

*Si dice **estremante** (o **punto di estremo**) un punto che è di massimo o di minimo per una funzione.*

*Si dice **(valore) massimo** e/o **(valore) minimo** di una funzione f il valore $f(x_0, y_0)$ assunto dalla funzione f in corrispondenza di un punto (x_0, y_0), rispettivamente, di massimo e/o di minimo.*

Teorema di Weierstrass

Il teorema che segue garantisce, sotto certe condizioni, la presenza di massimo e minimo assoluti.

Teorema   *Se $f : X \to \mathbb{R}$, $X \subseteq \mathbb{R}^2$ è una funzione continua sull'insieme X chiuso e limitato, allora f ammette massimo e minimo assoluti.*

Teorema di Fermat

Teorema   *Sia $f : X \to \mathbb{R}$, $X \subseteq \mathbb{R}^2$, una funzione derivabile in un punto (x_0, y_0), interno ad X.*

Se (x_0, y_0) è un estremante per f, allora le derivate parziali prime nel punto sono nulle:

$$f_x(x_0, y_0) = f_y(x_0, y_0) = 0$$

*cioè (x_0, y_0) è un **punto stazionario** per f.*

Utilizzo del teorema di Fermat

Assegnata una funzione $f : X \to \mathbb{R}$, $X \subseteq \mathbb{R}^2$, derivabile, il teorema di Fermat fornisce un metodo per selezionare eventuali punti che potrebbero essere di estremo, interni ad X: si calcolano le derivate parziali prime di f e si risolve il sistema di due equazioni in due incognite

$$\begin{cases} f_x(x, y) = 0 \\ f_y(x, y) = 0 \end{cases}$$

Le eventuali soluzioni, detti **punti stazionari**, sono gli unici punti interni ad X che potrebbero essere estremanti.

Condizione sufficiente del secondo ordine

La selezione operata dal teorema di Fermat non è sufficiente per stabilire se fra gli eventuali punti stazionari di una funzione vi siano estremanti e nel caso se questi siano punti di minimo o di massimo. Analogamente a quanto accade per funzioni di una variabile reale, una maggior regolarità della funzione considerata consente di rinvenire strumenti per risolvere il problema del riconoscimento di estremanti.

Teorema *Sia $f : X \to \mathbb{R}$, $X \subseteq \mathbb{R}^2$, una funzione di classe C^2 e (x_0, y_0) un punto interno ad X, stazionario per f. Posto*

$$\det H_f(x_0, y_0) = f_{xx}(x_0, y_0) \cdot f_{yy}(x_0, y_0) - (f_{xy}(x_0, y_0))^2$$

valgono le seguenti conclusioni:

- *se $\det H_f(x_0, y_0) > 0$ e $f_{xx}(x_0, y_0) > 0$, allora il punto (x_0, y_0) è di minimo relativo per f*
- *se $\det H_f(x_0, y_0) > 0$ e $f_{xx}(x_0, y_0) < 0$, allora il punto (x_0, y_0) è di massimo relativo per f*
- *se $\det H_f(x_0, y_0) < 0$, allora il punto (x_0, y_0) non è di estremo per f.*

Collana Unitext – La Matematica per il 3+2

A cura di:
A. Quarteroni (Editor-in-Chief)
L. Ambrosio
P. Biscari
C. Ciliberto
M. Ledoux
W.J. Runggaldier

Editor in Springer:
F. Bonadei
francesca.bonadei@springer.com

Volumi pubblicati. A partire dal 2004, i volumi della serie sono contrassegnati da un numero di identificazione. I volumi indicati in grigio si riferiscono a edizioni precedenti.

A. Bernasconi, B. Codenotti
Introduzione alla complessità computazionale
1998, X+260 pp, ISBN 88-470-0020-3

A. Bernasconi, B. Codenotti, G. Resta
Metodi matematici in complessità computazionale
1999, X+364 pp, ISBN 88-470-0060-2

E. Salinelli, F. Tomarelli
Modelli dinamici discreti
2002, XII+354 pp, ISBN 88-470-0187-0

S. Bosch
Algebra
2003, VIII+380 pp, ISBN 88-470-0221-4

S. Graffi, M. Degli Esposti
Fisica matematica discreta
2003, X+248 pp, ISBN 88-470-0212-5

S. Margarita, E. Salinelli
MultiMath – Matematica Multimediale per l'Università
2004, XX+270 pp, ISBN 88-470-0228-1

A. Quarteroni, R. Sacco, F.Saleri
Matematica numerica (2a Ed.)
2000, XIV+448 pp, ISBN 88-470-0077-7
2002, 2004 ristampa riveduta e corretta
(1a edizione 1998, ISBN 88-470-0010-6)

13. A. Quarteroni, F. Saleri
    Introduzione al Calcolo Scientifico (2a Ed.)
    2004, X+262 pp, ISBN 88-470-0256-7
    (1a edizione 2002, ISBN 88-470-0149-8)

14. S. Salsa
    Equazioni a derivate parziali - Metodi, modelli e applicazioni
    2004, XII+426 pp, ISBN 88-470-0259-1

15. G. Riccardi
    Calcolo differenziale ed integrale
    2004, XII+314 pp, ISBN 88-470-0285-0

16. M. Impedovo
    Matematica generale con il calcolatore
    2005, X+526 pp, ISBN 88-470-0258-3

17. L. Formaggia, F. Saleri, A. Veneziani
    Applicazioni ed esercizi di modellistica numerica
    per problemi differenziali
    2005, VIII+396 pp, ISBN 88-470-0257-5

18. S. Salsa, G. Verzini
    Equazioni a derivate parziali – Complementi ed esercizi
    2005, VIII+406 pp, ISBN 88-470-0260-5
    2007, ristampa con modifiche

19. C. Canuto, A. Tabacco
    Analisi Matematica I (2a Ed.)
    2005, XII+448 pp, ISBN 88-470-0337-7
    (1a edizione, 2003, XII+376 pp, ISBN 88-470-0220-6)

20. F. Biagini, M. Campanino
    Elementi di Probabilità e Statistica
    2006, XII+236 pp, ISBN 88-470-0330-X

21. S. Leonesi, C. Toffalori
    Numeri e Crittografia
    2006, VIII+178 pp, ISBN 88-470-0331-8

22. A. Quarteroni, F. Saleri
    Introduzione al Calcolo Scientifico (3a Ed.)
    2006, X+306 pp, ISBN 88-470-0480-2

23. S. Leonesi, C. Toffalori
    Un invito all'Algebra
    2006, XVII+432 pp, ISBN 88-470-0313-X

24. W.M. Baldoni, C. Ciliberto, G.M. Piacentini Cattaneo
    Aritmetica, Crittografia e Codici
    2006, XVI+518 pp, ISBN 88-470-0455-1

25. A. Quarteroni
    Modellistica numerica per problemi differenziali (3a Ed.)
    2006, XIV+452 pp, ISBN 88-470-0493-4
    (1a edizione 2000, ISBN 88-470-0108-0)
    (2a edizione 2003, ISBN 88-470-0203-6)

26. M. Abate, F. Tovena
    Curve e superfici
    2006, XIV+394 pp, ISBN 88-470-0535-3

27. L. Giuzzi
    Codici correttori
    2006, XVI+402 pp, ISBN 88-470-0539-6

28. L. Robbiano
    Algebra lineare
    2007, XVI+210 pp, ISBN 88-470-0446-2

29. E. Rosazza Gianin, C. Sgarra
    Esercizi di finanza matematica
    2007, X+184 pp, ISBN 978-88-470-0610-2

30. A. Machì
    Gruppi – Una introduzione a idee e metodi della Teoria dei Gruppi
    2007, XII+350 pp, ISBN 978-88-470-0622-5
    2010, ristampa con modifiche

31 Y. Biollay, A. Chaabouni, J. Stubbe
Matematica si parte!
A cura di A. Quarteroni
2007, XII+196 pp, ISBN 978-88-470-0675-1

32. M. Manetti
Topologia
2008, XII+298 pp, ISBN 978-88-470-0756-7

33. A. Pascucci
Calcolo stocastico per la finanza
2008, XVI+518 pp, ISBN 978-88-470-0600-3

34. A. Quarteroni, R. Sacco, F. Saleri
Matematica numerica (3a Ed.)
2008, XVI+510 pp, ISBN 978-88-470-0782-6

35. P. Cannarsa, T. D'Aprile
Introduzione alla teoria della misura e all'analisi funzionale
2008, XII+268 pp, ISBN 978-88-470-0701-7

36. A. Quarteroni, F. Saleri
Calcolo scientifico (4a Ed.)
2008, XIV+358 pp, ISBN 978-88-470-0837-3

37. C. Canuto, A. Tabacco
Analisi Matematica I (3a Ed.)
2008, XIV+452 pp, ISBN 978-88-470-0871-3

38. S. Gabelli
Teoria delle Equazioni e Teoria di Galois
2008, XVI+410 pp, ISBN 978-88-470-0618-8

39. A. Quarteroni
Modellistica numerica per problemi differenziali (4a Ed.)
2008, XVI+560 pp, ISBN 978-88-470-0841-0

40. C. Canuto, A. Tabacco
Analisi Matematica II
2008, XVI+536 pp, ISBN 978-88-470-0873-1
2010, ristampa con modifiche

41. E. Salinelli, F. Tomarelli
Modelli Dinamici Discreti (2a Ed.)
2009, XIV+382 pp, ISBN 978-88-470-1075-8

42. S. Salsa, F.M.G. Vegni, A. Zaretti, P. Zunino
    Invito alle equazioni a derivate parziali
    2009, XIV+440 pp, ISBN 978-88-470-1179-3

43. S. Dulli, S. Furini, E. Peron
    Data mining
    2009, XIV+178 pp, ISBN 978-88-470-1162-5

44. A. Pascucci, W.J. Runggaldier
    Finanza Matematica
    2009, X+264 pp, ISBN 978-88-470-1441-1

45. S. Salsa
    Equazioni a derivate parziali – Metodi, modelli e applicazioni (2a Ed.)
    2010, XVI+614 pp, ISBN 978-88-470-1645-3

46. C. D'Angelo, A. Quarteroni
    Matematica Numerica – Esercizi, Laboratori e Progetti
    2010, VIII+374 pp, ISBN 978-88-470-1639-2

47. V. Moretti
    Teoria Spettrale e Meccanica Quantistica – Operatori in spazi di Hilbert
    2010, XVI+704 pp, ISBN 978-88-470-1610-1

48. C. Parenti, A. Parmeggiani
    Algebra lineare ed equazioni differenziali ordinarie
    2010, VIII+208 pp, ISBN 978-88-470-1787-0

49. B. Korte, J. Vygen
    Ottimizzazione Combinatoria. Teoria e Algoritmi
    2010, XVI+662 pp, ISBN 978-88-470-1522-7

50. D. Mundici
    Logica: Metodo Breve
    2011, XII+126 pp, ISBN 978-88-470-1883-9

51. E. Fortuna, R. Frigerio, R. Pardini
    Geometria proiettiva. Problemi risolti e richiami di teoria
    2011, VIII+274 pp, ISBN 978-88-470-1746-7

52. C. Presilla
    Elementi di Analisi Complessa. Funzioni di una variabile
    2011, XII+324 pp, ISBN 978-88-470-1829-7

64. V. Moretti
    Spectral Theory and Quantum Mechanics
    With an Introduction to the Algebraic Formulation
    2013, XVI+728 pp, ISBN 978-88-470-2834-0

65. S. Salsa, F.M.G. Vegni, A. Zaretti, P. Zunino
    A Primer on PDEs. Models, Methods, Simulations
    2013, XIV+482 pp, ISBN 978-88-470-2861-6

66. V.I. Arnold
    Real Algebraic Geometry
    2013, X+110 pp, ISBN 978-3-642–36242-2

67. F. Caravenna, P. Dai Pra
    Probabilità. Un'introduzione attraverso modelli e applicazioni
    2013, X+396 pp, ISBN 978-88-470-2594-3

68. A. de Luca, F. D'Alessandro
    Teoria degli Automi Finiti
    2013, XII+316 pp, ISBN 978-88-470-5473-8

69. P. Biscari, T. Ruggeri, G. Saccomandi, M. Vianello
    Meccanica Razionale
    2013, XII+352 pp, ISBN 978-88-470-5696-3

70. E. Rosazza Gianin, C. Sgarra
    Mathematical Finance: Theory Review and Exercises. From Binomial
    Model to Risk Measures
    2013, X+278pp, ISBN 978-3-319-01356-5

71. E. Salinelli, F. Tomarelli
    Modelli Dinamici Discreti (3a Ed.)
    2014, XVI+394pp, ISBN 978-88-470-5503-2

72. C. Presilla
    Elementi di Analisi Complessa. Funzioni di una variabile (2a Ed.)
    2014, XII+360pp, ISBN 978-88-470-5500-1

73. S. Ahmad, A. Ambrosetti
    A Textbook on Ordinary Differential Equations
    2014, XIV+324pp, ISBN 978-3-319-02128-7

74. A. Bermúdez, D. Gómez, P. Salgado
    Mathematical Models and Numerical Simulation in Electromagnetism
    2014, XVIII+430pp, ISBN 978-3-319-02948-1

75. A. Quarteroni
    Matematica Numerica. Esercizi, Laboratori e Progetti (2a Ed.)
    2013, XVIII+406pp, ISBN 978-88-470-5540-7

76. E. Salinelli, F. Tomarelli
    Discrete Dynamical Models
    2014, XVI+386pp, ISBN 978-3-319-02290-1

77. A. Quarteroni, R. Sacco, F. Saleri, P. Gervasio
    Matematica Numerica (4a Ed.)
    2014, XVIII+532pp, ISBN 978-88-470-5643-5

78. M. Manetti
    Topologia (2a Ed.)
    2014, XII+334pp, ISBN 978-88-470-5661-9

79. M. Iannelli, A. Pugliese
    An Introduction to Mathematical Population Dynamics. Along the trail
    of Volterra and Lotka
    2014, XIV+338pp, ISBN 978-3-319-03025-8

La versione online dei libri pubblicati nella serie è disponibile
su SpringerLink. Per ulteriori informazioni, visitare il sito:
http://www.springer.com/series/5418

Finito di stampare: febbraio 2020